高职生心理素质教育与训练

练习册

系　　别：＿＿＿＿＿＿＿＿＿＿＿＿＿＿＿

班　　级：＿＿＿＿＿＿＿＿＿＿＿＿＿＿＿

姓　　名：＿＿＿＿＿＿＿＿＿＿＿＿＿＿＿

学　　号：＿＿＿＿＿＿＿＿＿＿＿＿＿＿＿

任课教师：＿＿＿＿＿＿＿＿＿＿＿＿＿＿＿

第一章　高职生心理健康导论

一、课前准备

对于即将要上的心理课程,我有话说:

二、课堂实训

(一)评估自己的心理健康水平

我们每个人都有很多心理健康元素,仿佛深山宝藏不为自己所知。表 1-1 是一张自我评价表,可以帮助你更清楚地发现自己性格中的健康元素。试着以每项 10 分为满分,给自己一个分数。

表 1-1　心理健康自我评价表

心理元素	得分	心理元素	得分	心理元素	得分	心理元素	得分
诚实		谦虚		理智		快乐	
整洁		乐观		自信		负责	
助人		果断		可靠		认真	
勇敢		谨慎		幽默		好表现	
独处		开朗		勤奋		有毅力	
坚强		热情		友善		有礼貌	
合群		稳重		进取		有朝气	

（二）校园心理百态即兴表演

以组为单位，每一组将即兴准备的校园心理百态在课堂上进行展示和表演。全班分享。

心理百态参考1：张同学平时乐观开朗，有一次在课间休息时，冷不丁被一个同学踩到了脚，张同学的鞋子上留下了深深的鞋印，他脸色大变，大发脾气。身边的同学都觉得他反应太大。原来张同学的鞋子是用暑假打工挣来的钱买的。

心理百态参考2：徐同学每天洗手时总要洗很多次，总觉得还没有洗干净，甚至要多次用洗手液、多次用水洗才放心。同学们都说她行为怪异，她自己也认为反复洗手其实没有必要，但就是控制不住，若不去反复洗手就会心里难受，焦虑不安。

心理百态参考3：王同学第一次住集体宿舍，刚开始时感觉大家像家人一样互相关心，心理很温暖。渐渐地发现自己很难适应这样的集体生活，每个人的作息时间都不一样，每天用洗手间还要看时机，衣服要自己洗，大家谈论的话题自己也插不上话，渐渐地感觉到自己跟他们不是一路人。

心理百态参考4：黄同学性格内向，平时很少与同学交往，经常一个人独来独往，总认为周围的人不可信，同时也怕跟别人交往暴露出自己的缺点。

校园心理百态带给我的启发是：

（三）话题讨论

1.判断心理健康的原则是什么？

2. 判断心理健康的标准有哪些？

_____

_____

_____

_____

3. 一个心理健康的人应具有哪些特征？

_____

_____

_____

_____

4. 校园心理百态中哪些表现是不健康的？为什么？

_____

_____

_____

_____

三、课外实践

请采访一个你认为相对身心健康的同学、朋友或亲戚,简述一下他(她)平时保持身心健康的秘诀。

第二章 认识心理咨询

一、课前准备

我眼中的心理咨询是这样的：

二、课堂实训

（一）课堂采访——我看心理咨询

（二）自我检查

心理健康是一个发展的、相对的概念，人的一生从出生到死亡都处于不同阶段的心理发展中，任何人不可能在心理上完全健康。人们的日常生活中在不同阶段、不同层面，在遇到不同的问题事件时，就像时常患感冒一样，存在或多或少或轻或重的心理困惑，也有可能出现心理问题或心理障碍。因此，任何人都需要讲究心理卫生保健，接受心理健康教育，享受心理咨询与治疗。以下条目是可能会导致心理问题的信号，是需要进行心理咨询的线索。

1. 我不知为什么经常感到烦恼，看什么都烦，无心思做事。

2. 我见了生人就脸红心跳，在人多的场合，我说不出话来。

3. 我想和别人打上一架，心里才觉得舒服。

4. 我常把自己锁在房间里独处，不愿出门，总想痛哭一场。

5. 有个人得罪了我，我想狠狠报复。

6. 我经常失眠，惧怕夜晚来临。

7. 我入睡前一定要多次检查房门锁是否锁牢。

8. 我的手好像很脏，洗多少遍都觉得没有洗干净。

9. 我的几个好朋友都先后不理我了，不知怎么得罪了他们？怎样才能拥有好朋友？

10. 我和异性在一起就紧张，怎样也感觉不自然。

11. 现有的工作（学科）非常不适合我的性格，我到底是什么样的性格？

12. 我经常不由自主地大发脾气。

13. 当让我拿主意时，我的脑子里就一片空白。

14. 即使别人在谈论天气，我也觉得是在议论我。

15. 我经常无故地感到自己有罪。

16. 我从来就不敢从高处往下看。

17. 我平常聊天很健谈，可在正式场合当众发言就紧张（或口吃）。

18. 快考试了，我又进入了脑子一片空白的状态。

19. 我总是在走路时控制不住地数脚下的地砖。

20. 我一紧张就要到厕所小便，不然就要尿裤子。

21. 我很正派，但是一见到异性，就不自觉地往对方的"敏感部位"看。

22. 小时候使我不安的事，至今还在困扰着我。

23. 其实我已经把事情做得很好了，可是我还是不满意，常常狠狠地自责。

24. 有些很脏的东西，对我毫无用处，可我仍想抚摸或存集。

25. 我总觉得自己很优秀，可从来得不到赏识，因此常常怨恨他人。

26. 我越是努力要把一件事情做好，效果反而越差。我错在哪里？

27.我很喜欢虐待小动物来寻开心。

28.与其这样烦恼,还不如死了好。如果其中有与自己相似的问题,并且在一段时间里困扰着你,那么,就请你考虑去心理咨询。

三、课外实践

请根据本次课的学习,找一个同学或朋友进行类似于咨询式的谈心模拟,或者找学校心理咨询师进行心理咨询,写下接受心理咨询的感受与体会。

第三章　高职生的自我意识与培养

一、课前准备

请在下面框内设计一个属于自己的独特名片，包括名字、昵称、爱好、特长、自画像等。

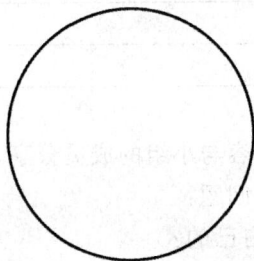

二、课堂实训

（一）分组讨论自己的名片

每位学生把自己设计的名片放在胸前，让小组里的同学都能看到。每个学生对自己的名片进行讲解，其他同学可以对名片进行提问，深入了解。

讨论后的思考请写在下面：

(二)请完成以下句子

写出以下一些描述自己的句子。

我是_____

我知道_____

我听见_____

我看见_____

我得到_____

我假装_____

我感到_____

我担心_____

我理解_____

我梦想_____

我尝试_____

我希望_____

分组讨论,将自己所写的内容与小组的成员分享、交流并讨论。

当讨论结束时,请思考以下问题:

1.你是从哪些方面来描述自己的?

2.从以上句子中能看出你是一个怎样的人?

3.你对自己的总体评价是肯定的还是否定的? 为什么?

三、课外实践

请向自己熟悉的人(家人、朋友、同学等)了解自己是个怎样的人,请至少写 10 个关于自己的特点在下面:

第四章　高职生的人格发展与塑造

一、课前准备

分组准备情景剧,并用手机拍摄成视频。

情景 1:地点:教室

　　　　人物:班主任和全班同学

　　　　事件:公开选举班干部,但班主任推荐的学生选票不多

情景 2:地点:宿舍

　　　　人物:6 个室友

　　　　事件:讨论评选奖学金,一个同学家庭经济困难,但成绩没有家庭经济
　　　　　　　条件富有的同学好

情景 3:地点:公共汽车上

　　　　人物:3 个男生和 2 个女生

　　　　事件:发现一个小偷正在偷一个老人的钱包

情景 4:地点:招聘会

　　　　人物:实习毕业生

　　　　事件:招聘单位工作人员看了简历,没有问任何问题就放到抽屉里了

情景 5:地点:学校食堂

　　　　人物:不同年级的学生

　　　　事件:某个高年级的同学插队买饭

情景 6:地点:系办公室

　　　　人物:系主任、班主任、学生

　　　　事件:该学生考试时替好友作弊

二、课堂实训

(一)情景剧视频播放,分享角色的性格特点

请写下分享过程中印象最深刻的角色,并说明理由:

9

第四章　高职生的人格发展与塑造

（二）镜子中的我

讲台上事先放一面镜子并且做好包装（看起来类似一个相册），只有老师知道这是一面镜子。学生们自告奋勇上台来欣赏"相册"里的人物，并且在黑板上依据老师的问题来评价"相册"里看到的人特点。

根据情况可以请上不同数量的学生，每位同学都在黑板上留下自己的评价。老师的提问为：

1．请用一种动物来形容"相册"里的人的特点。

2．请给"相册"里的人取一个绰号。

3．请写出"相册"里的人的特点。

4．你觉得大家会喜欢"相册"里的人吗？为什么？

最后，老师揭开"相册"的真实面目，同时根据学生的回答一起来分析分享对自己的评价，也可以与台下的学生互动，看看台上学生的自我评价是否正确、合理、实事求是。

三、课外实践

假如有一个推荐会，需要列出五项你可以向他人推荐的自己的才能，你会列出哪五项呢？

第五章　高职生学习心理

一、课前准备

回忆一下 10 多年的学习生活,你最深的体会是:

二、课堂实训

(一)在课堂上分享我的学习体会

(二)摒弃学习中的不合理理念

大学生在日常学习过程中有些不合理理念。以下是艾里斯 ABC 情绪理论中与不合理理念辩论的练习,帮助大家找出自己学习中的不合理理念。

A——缘由,在学习中困扰你的是什么? 可能是内在的、外在的、真实的、想象的、过去的、现在的或是未来的……

_____

_____

B——结果,由 A 造成的影响学习的负面情绪和自我挫折行为是什么? 比如焦虑、烦躁,学习没有动力,或者强迫学习……

　　C——不合理理念,自己在学习中有哪些不合理理念?教条式的要求如:我必须考第一;灾难化如:我的学习差得一塌糊涂,我完蛋了;挫折容忍度降低如:我无法忍受自己;绝对化的评估如:我成绩差就没有价值……

_____

_____

　　D——辩论、自问,这种理念对我造成了什么影响?有益或只是自我挫折?有什么证据可以支持我的不合理理念?这种理念符合现实状况吗?事情真的糟到不能再糟了吗……

_____

_____

_____

三、课外实践

为了提高学习效果,我将会采取怎样的行动来学习?

第六章　高职生情绪管理

一、课前准备

搜集你最喜欢的情绪表情图片 3 张。

二、课堂实训

(一)情绪猜猜看

实训目的:体察他人情绪

具体操作:

1.给一张情绪卡,指定一名同学去表演这个情绪。

2.抽取一名同学猜表演的是什么情绪,回答错误的,由他上来表演。

喜:开心、愉快、满足、快乐、欣喜、痛快、扬眉吐气、称心、狂喜、舒心、激动、甜蜜。

怒:生气、气恼、不满、气愤、盛怒、七窍生烟、勃然大怒、愤愤不平、恼羞成怒、愤恨。

哀:伤心、悲哀、痛苦、哀伤、忧郁、辛酸、凄凉、惭愧、肝肠寸断、黯然神伤、难过。

惧:紧张、不安、着急、慌乱、害怕、震惊、后怕、大惊失色、焦虑、胆战心惊、心悸。

这个活动带给你的启发是:

(二)我的情绪我做主

实训目的:回顾一周情绪和应对负面情绪的办法

具体操作:

1.下发一张纸,要求同学回顾一周的情绪变化。35 度代表非常开心,25 度代表比较开心,-10 度代表不开心,-20 度代表非常不开心。横坐标为日期,纵坐标为情绪温度,做一周情绪走势图。

2.多人一组,相互交换情绪走势图,分享导致负面情绪的事件。

3.讨论以下问题:气急败坏时,人常常有什么举动?结果如何?情绪平和时,人常常有什么举动?结果如何?比较两种情况,哪种能解决问题。

4.小组讨论,有那些避免生气的办法。把能想到的办法写下来。

5.成果展示。

(三)天使与恶魔

实训目的:体会认知对情绪的影响

具体操作:

1.将成员随机分成三人一小组

2.三个人中,分别扮演凡人、天使和恶魔的角色。天使和恶魔分别对凡人的"烦恼"从积极和消极的角度进行评价。

举例如下。

凡人:真倒霉。我的手机被偷了。

天使:大家都一样,都会遇到这样的事,你手机已经旧了,乘机换个新的。

恶魔:你一直都很倒霉的,以前的手机也是被偷的,不是吗?

3.三个人轮流交换角色,保证每个人都担任过一个角色。

通过这个练习,我的体会是_____

_____

_____

三、课外实践

研究表明每天想三件好事会让你保持好心情,请在接下去的一周内,每天花时间想三件好事。

第七章　高职生人际交往

一、课前准备

请提前做好这份《大学生人际关系综合诊断量表》

根据自己的实际情况回答以下问题,对每道题目做出"是"(√)与"否"(×)的判断。

1. 关于自己的烦恼有口难言　　　　　　　　　　　　　(　)
2. 和生人见面感觉不自然　　　　　　　　　　　　　　(　)
3. 过分地羡慕和妒忌别人　　　　　　　　　　　　　　(　)
4. 与异性交往太少　　　　　　　　　　　　　　　　　(　)
5. 对连续不断的会谈感到困难　　　　　　　　　　　　(　)
6. 在社会交往时感到紧张　　　　　　　　　　　　　　(　)
7. 时常伤害别人　　　　　　　　　　　　　　　　　　(　)
8. 与异性来往感觉不自然　　　　　　　　　　　　　　(　)
9. 与一大群人在一起感到孤独或者失落　　　　　　　　(　)
10. 易受伤害　　　　　　　　　　　　　　　　　　　 (　)
11. 与别人不能和睦相处　　　　　　　　　　　　　　 (　)
12. 不知道与异性朋友相处该如何适可而止　　　　　　 (　)
13. 当不熟悉的人向自己倾诉时,自己感到不自在　　　 (　)
14. 担心别人对自己有坏印象　　　　　　　　　　　　 (　)
15. 总是尽力使别人赏识自己　　　　　　　　　　　　 (　)
16. 暗自思慕异性　　　　　　　　　　　　　　　　　 (　)
17. 时常避免表达自己的感受　　　　　　　　　　　　 (　)
18. 对自己的外貌缺乏信心　　　　　　　　　　　　　 (　)
19. 讨厌某人或者被某人讨厌　　　　　　　　　　　　 (　)
20. 瞧不起异性　　　　　　　　　　　　　　　　　　 (　)
21. 不能专注地倾听　　　　　　　　　　　　　　　　 (　)
22. 自己的烦恼无人可以倾诉　　　　　　　　　　　　 (　)
23. 受别人排斥与冷落　　　　　　　　　　　　　　　 (　)

24. 被异性瞧不起　　　　　　　　　　　　　　　（　）
25. 不能广泛地听取各种意见　　　　　　　　　　（　）
26. 常常因为受伤害而伤心　　　　　　　　　　　（　）
27. 常常被别人谈论、愚弄　　　　　　　　　　　（　）
28. 与异性交往不知道如何更好地相处　　　　　　（　）
回答是计 1 分，回答否计 0 分。

0~8 分，你和朋友的相处困扰较少。你善于交谈，性格开朗，你喜欢朋友，朋友也喜欢你，你与异性朋友也相处很好。9~14 分，你在和朋友的相处中存在一定程度的困扰。你的人缘一般，你和朋友的关系时好时坏，处于不稳定状态中。15~28 分，你和朋友相处的困扰非常严重。超过 20 分，表明你的人际关系的困扰程度很严重，而且可能存在较为明显的障碍。你可能不善于交际，不会交流，或者不开朗，或者是明显自高自大，讨人嫌弃。

二、课堂实训

(一)扮时钟这个活动带给你的体会是：

(二)心有千千结活动带给你的体会是：

三、课外实践

请在接下去的一周内主动与 5 个陌生人打招呼，这个活动带给你最大的体会是：

第八章　高职生恋爱及性心理

一、课前准备

请自行做好大学生恋爱观心理自测。

二、课堂实训

（一）爱的能力包括：

（二）选择恋人的标准：

三、课外实践

请采访 10 位同学对大学恋爱的看法，并总结采访结果（可自己附纸）。

第九章　高职生压力管理与挫折应对

一、课前准备

请在下图中写出当前的你感受到的压力,大圈写大压力,小圈写小压力。

二、课堂实训

（一）绝处逢生活动带给你的启发是：

（二）压力的滋味活动带给你的体会是：

三、课外实践

在面临压力、经历挫折时，比较有效的应对方式有：

第十章 生命教育

一、课前准备

请看完本章第四节课外阅读。

二、课堂实训

（一）价值观拍卖（见表 10-1）

表 10-1 价值观拍卖一览表

序号	项目	价格（元）	预算价格	购买价格	序号	项目	价格（元）	预算价格	购买价格
1	友情	500			7	快乐	500		
2	智慧	500			8	权力	500		
3	健康	1000			9	财富	1000		
4	美貌	500			10	名垂青史	1000		
5	爱心	500			11	知识与技能	500		
6	自由	500			12	亲情	1000		

（二）价值拍卖活动带给你的启发是：

三、课外实践

看超级演说家视频《变美的权利》,并将看后的体会写在下面:

心理课即将要结束了,感谢你对这门课的辛勤付出,相信一定会有些收获吧!如果邀请你为你自己的此门课的成绩打分的话,你会打多少分(满分 100 分)? 如果想要为本学期的心理课做一个总结的话,你会说些什么呢(不少于 300 字)?

GAOZHISHENG XINLI SUZHI
JIAOYU YU XUNLIAN

高职生心理素质教育与训练

袁庆华 ／主编

金璐 张嘉薇 张三菊 ／副主编

ZHEJIANG UNIVERSITY PRESS
浙江大学出版社

图书在版编目（CIP）数据

高职生心理素质教育与训练 / 袁庆华主编. —杭州：
浙江大学出版社，2016.8(2020.4 重印)
ISBN 978 7 308 15987 6

Ⅰ.①高… Ⅱ.①袁… Ⅲ.①心理健康－健康教育－
高等职业教育－教材 Ⅳ.①B844.2

中国版本图书馆 CIP 数据核字（2016）第 141654 号

高职生心理素质教育与训练

主　编　袁庆华

责任编辑	曾　熙	
责任校对	杨利军　　田程雨	
封面设计	春天书装	
出版发行	浙江大学出版社	
	（杭州市天目山路 148 号　邮政编码 310007）	
	（网址：http://www.zjupress.com）	
排　　版	杭州中大图文设计有限公司	
印　　刷	嘉兴华源印刷厂	
开　　本	787mm×1092mm　1/16	
印　　张	16.75	
插　　页	12	
字　　数	410 千	
版 印 次	2016 年 8 月第 1 版　2020 年 4 月第 6 次印刷	
书　　号	ISBN 978-7-308-15987-6	
定　　价	49.00 元	

前　言

健康是人生快乐、幸福、成功的基础和前提,而健康的一部分是心理健康。心理健康是21世纪的通行证。心理学教授乔治·斯格密指出:"如果说人生的成功是珍藏在宝塔顶层的桂冠,那么,健康的心理就是握在我们手中的一柄利剑。只有磨砺好这柄利剑,才能一路披荆斩棘,最终夺得成功的桂冠。"健康的心理是大学生正常学习、交往、生活和发展的基本保证。

为满足高职院校心理健康教育教学需要,培养高职学生良好的个性心理品质,提高学生心理调适能力,促进学生积极健康地成长,我们根据对浙江建设职业技术学院十多年来开展的心理健康教育教学的工作经验思考以及教学实践佐证,编写了这本《高职生心理素质教育与训练》教材。本教材以心理健康知识为基础,将理论与实践相结合,体现出课程教学的实践性与互动性,将心理成长融入高职学生的日常生活实践之中,不仅让高职生掌握心理健康教育的理念与方法,更重要的是让其在直接真实的课堂实训体验中,感受心理的成长。

《高职生心理素质教育与训练》的编者都是从事大学生心理健康教育工作的一线老师,有着扎实的理论功底和心理学专业背景,同时又有丰富的心理咨询和心理健康教育的实践经验。编者以高职学生的心理健康成长为主线,围绕高职生心理健康特点,设计了十章内容,涉及高职学生的心理健康、自我意识、人格发展、人际交往、学习管理、情绪管理、认识生命等方面内容。在编写体例上,每章均设置"课堂实训""知识链接""案例及分析""课外阅读""课后训练与思考"栏目。

本教材由袁庆华任主编,确定框架并统稿;金璐、张嘉薇、张三菊任副主编。具体编写情况如下:第一章、第八章由袁庆华编写;第二章由林静编写;第三章由金璐编写;第四章由张嘉薇编写;第五章由汪幼辛编写;第六章由张伟编写;第七章由张三菊编写;第九章由蒋丽燕编写;第十章由董敏杰编写。

在《高职生心理素质教育与训练》编写过程中,得到了相关领导的指导及老师们、同学们的支持帮助,同时参阅了大量的文献资料,并吸收借鉴了许多国内外的学者的观点和著作,在此谨致谢意。

由于编者水平有限,书中难免有不足之处,敬请读者批评指正。

编　者
2016年6月

目　录

第一章　高职生心理健康导论

名人名言

这世界除了心理上的失败,实际上并不存在什么失败,只要不是一败涂地,你一定会取得胜利的。

——简·奥斯汀

经得起各种诱惑和烦恼的考验,才算达到了最完美的心灵健康。

——培根

【内容提要】

随着社会转型和改革开放的进一步深入,高职生面临学业、发展、生活、劳动、恋爱、交往、就业等一系列现实问题。健康的心理是高职生学习生活的基本保证,又是一个人健康成长、成才的基础。本章将告诉你什么是心理健康、影响高职生心理健康的因素,以及维护心理健康的策略等方面的内容。

第一节　课堂实训:为心理健康埋单

一、评估自己的心理健康水平

我们每个人都有很多心理健康元素,仿佛深山宝藏不为自己所知。下面是一张自我评价表,可以帮助你更清楚地发现自己性格中的健康元素。每一项以 10 分为满分,试着给自己一个分数。

表 1-1　心理健康评价表

心理元素	得分	心理元素	得分	心理元素	得分	心理元素	得分
诚实		谦虚		理智		快乐	
整洁		乐观		自信		负责	
助人		果断		可靠		认真	
勇敢		谨慎		幽默		好表现	
独处		开朗		勤奋		有毅力	
坚强		热情		友善		有礼貌	
合群		稳重		进取		有朝气	

二、校园心理百态即兴表演

以组为单位,每一组将即兴准备的校园心理百态在课堂上进行展示和表演。全班分享。

心理百态参考 1:张同学平时乐观开朗,有一次在课间休息时,冷不丁被一个同学踩到了脚,张同学的鞋子上留下了深深的鞋印,他脸色大变,大发脾气。身边的同学都觉得他反应太大。原来张同学的鞋子是用暑假打工挣来的钱买的。

心理百态参考 2:徐同学每天洗手时总要洗很多次,总觉得还没有洗干净,甚至要多次用洗手液多次用水洗才放心。同学们都说她行为怪异,她自己也认为反复洗手其实没有必要,但就是控制不住,若不去反复洗手就会心里难受,焦虑不安。

心理百态参考 3:王同学第一次住集体宿舍,刚开始时感觉大家像家人一样互相关心,心里很温暖。渐渐地发现自己很难适应这样的集体生活了,每个人的作息时间都不一样,每天用洗手间还要看时机,衣服要自己洗,大家谈论的话题自己也插不上话,渐渐地感觉到自己跟他们不是一路人。

心理百态参考 4:黄同学性格内向,平时很少与同学交往,经常一个人独来独往,总认为周围的人不可信,同时也怕跟别人交往暴露出自己的缺点。

三、话题讨论

针对校园心理百态展示开展讨论:

(1)判断心理健康的原则是什么?

(2)判断心理健康的标准有哪些?

(3)一个心理健康的人应具有哪些特征?

(4)校园心理百态中哪些表现是不健康的? 为什么?

第二节 知识链接:认识高职生心理健康

一、高职生心理健康的意义

心理健康有广义和狭义之分:狭义的心理健康是指不具有某种心理疾病或病态心理;广义的心理健康是指一个人具有良好的心理品质和健全的人格,即一个人心理上有比较完善的发展,有健全的个性,能适应客观环境,使个人心理倾向和行为与社会现实要求之间有着和谐完美的关系。人们常说,21世纪是压力时代,21世纪是心理健康的世纪。因为,进入21世纪后,人类已由躯体疾病进入到心理疾病时期。人们的生活节奏加快,工作更加繁重,竞争压力更大,在这样的情况下,最容易出现心理问题,影响人们的心理健康。而心理健康对于一个人,特别是对于生活在现代的人来说,有着非常重要的意义。

1. 心理健康是健康的重要组成部分。只有心理健康,才能拥有完整意义的健康

我们曾经认为,健康就是每年的体检表上数据都在其参考值范围内,没有医学上认为的身体上的疾病。而事实上,世界卫生组织(WHO)在其《世界卫生组织宪章》中对健康进行了界定:"健康乃是一种身体的、心理的和社会适应的健全状态,而不只是没有疾病或虚弱表现。"由此,健康不仅指躯体健康,还包括心理健康和社会适应的健全状态。而社会适应的状态取决于人的心理素质,只有心理素质好、心理素质高的人其社会适应能力才强。所以,要想拥有完整意义的健康,心理健康是不可缺少的,它是健康的重要组成部分。

2. 心理健康是行为健康的基础。只有心理健康,才有合理的正常行为

一个人,只有心理健康,其行为才合理正常。也只有行为合理正常,才能正确处理工作和生活方面的事情,工作才有成效。否则,一个人,如果由于压力过大,超过其身体和精神的承受力,势必会出现心理问题,出现心理疾病。比如,强迫症、抑郁症等心理疾病,其行为就会出现异常,在这样的情况下,就会影响一个人的正常工作和生活。情况轻,可能不能较好处理人际关系和完成必需的工作,情况较重者会出现自伤和扰乱社会秩序的行为,甚至是出现刑事犯罪。比如,一个大学生因考试不及格而跳楼自杀,马加爵残忍杀害自己的室友等,这些荒唐的行为和想法都是由于其心理出现问题,有了心理疾病而产生的。所以,只有心理健康才有行为健康。

3. 心理健康,是事业成功的重要因素。只有心理健康,才能成就其事业

一个人只有拥有健康心理,其抗压力才强,心理素质才高,心态才好;才会随着社会环境和条件的变化不断调整自己的心态,遇到困难和挫折时才会有勇气和能力对待和应付,才会越战越勇,在困难面前不低头,机会决不放过,事业才可能有成。心理健康的人,一般都拥有积极的心态,做什么事情都会充满热情,他会不断地给自己定立人生目标,不断地从事件中总结经验,不断完善自己的工作和事业。相反,如果一个人心理有问题,心态一定是消极的。他看什么事都看不惯,做什么事也不情愿,遇到小小的困难和挫折都会让他丧失工作和做事的信心。有时一个很简单的事他会看得很复杂,最后会放弃不做。所以,要干好事业,要成就事业,一定要拥有健康的心理。因为,心理健康决定着人们的心理素质,而心理素质在很大程度上决定着人们的工作绩效和他们的事业空间,影响着组织的整体工作效率。

二、高职生心理健康的标准

1. 心理健康的概念

(1)心理健康的各类定义

《简明不列颠百科全书》将心理健康解释为:心理健康是指个体心理在本身及环境条件许可范围内,所能达到的最佳功能状态,而不是指绝对的十全十美。

马斯洛和密米特尔曼(Maslow & Mittelman,1941)提出的 10 条标准是:具有适度的安全感;具有适度的自我评价;具有适度的自发性与感应性;与现实环境保持良好的接触;能保持人格的完整与和谐;善于从经验中学习;在团体中能保持良好的人际关系;有切合实际的生活目标;适度的接受个人的需要;在不违背团体的原则下能保持自己的个性。

Mariejahoda 的心理健康标准是:了解自己的身份和自己的心情;有所成就,又能面向未来;心理状态完整美好,能够抗御应激;自主,而且能认识自己需要什么;真实地、毫不歪曲地理解客观现实,然而又能具有同情和同感;做环境的主人;能工作、能爱、能玩,也能解决问题。

心理学家 H. B. English(1958)的定义为:心理健康是指一种持续的心理状态,当事者在这种情况下能做良好适应,具有生命的活力,而且能充分发展其身心的潜能,这乃是一种积极的、丰富的情况,不仅是免于心理疾病而已。

社会学家 W. W. Boehm 认为,心理健康就是合乎某一水准的社会行为。一方面能为社会所接受,另一方面能为本身带来快乐。

个体成长观(personal growth)把心理健康解释为人的积极的心理品质和潜能的最为完整的发展,认为心理潜能的最佳发展取决于人在一生中是否能够成就某种事业(Schultz,1977)。

在对主观幸福感(subject well-being)的研究中,心理健康被定义为积极的情感和生活满意两种概念的综合,认为有关正性情绪和负性情绪的争论就是心理健康的不同维度,把二者之间的平衡作为幸福的指标,而生活满意度被看作是一种认知成分,是幸福感的一种补充,是衡量心理健康的关键指标(Bradburn,1969;Andrews,1980;Diener,1984)。

总之,心理健康目前还没有一个统一的概念,每个定义都强调了心理健康的某个重要特征,值得借鉴。

(2)自我实现的人格特征

马斯洛和密特尔曼认为,具有自我实现的人格特征的人是心理健康的人。所谓自我实现的人,就是精神健全、能充分开拓并运用自己的天赋、能力、潜力的人,具有以下几个特征。

①有充分的安全感。

②对自己有较充分的了解,并能恰当地评价自己的能力。

③自己的生活理想和目标较切合实际。

④能与周围的环境保持良好的接触。

⑤能保持自身人格的完整与和谐。

⑥具备从经验中学习的能力。

⑦能保持适当和良好的人际关系。

⑧能适度地表达和控制自己的情绪。

⑨能在集体允许的前提下,有限度地发挥自己的个性。

⑩能在社会规范的范围内,适度地满足个人的基本需要。

2. 高职生心理健康的标准

根据处于青年中期的高职生具有的心理特征、高职生特定社会角色的要求以及心理健康学的基本理论,高职生心理健康的标准可以概括为以下 7 条。

(1)能保持较浓厚的学习兴趣和求知欲望

智力正常是人一切活动最基本的心理条件,而高职生智力一般都比较优秀。学习是高职生生活的主要内容,心理健康的学生会珍惜学习机会,求知欲望强烈,能克服学习中的困难,学习成绩稳定,能保持一定的学习效率,从学习中体验满足与快乐。

(2)能保持正确的自我意识并能自我接纳

自我意识是人格的核心,指人对自己与周围世界关系的认识和体验。人贵有自知之明。心理健康的学生了解自己、接纳自己、自我评价客观,既不妄自尊大而做力所不能及的工作,也不妄自菲薄而甘愿放弃可能发展的一切机会。他们自信乐观,生活目标与理想切合实际,不苛求自己,能扬长避短。

(3)能协调与控制情绪,保持良好的心境

情绪影响人的健康,影响人的工作效率,影响人际关系。心理健康的学生能经常保持愉快、开朗、乐观、满足的心境,对生活和未来充满希望。虽然也有悲、忧、哀、愁等消极体验,但能主动调节;同时能适度表达和控制情绪,做到喜不狂、忧不惧、胜不骄、败不馁。

(4)能保持和谐的人际关系,乐于交往

人际关系状况最能体现和反映人的心理健康状况。心理健康的学生乐于与他人交往,能用尊重、信任、友爱、宽容、理解的态度与人相处,能分享、接受、给予爱和友谊,与集体保持协调的关系,能与他人同心协力,合作共事,乐于助人。

(5)能保持完整、统一的人格品质

人格指人的整体精神面貌。人格完整指人格构成要素的气质、能力、性格和理想、信念、人生观等各方面平衡发展。心理健康的学生,他们的所思、所做、所言能够协调一致,具有积极进取的人生观,并以此为中心把自己的需要、愿望、目标和行为统一起来。

(6)能保持良好的环境适应能力。

环境适应能力包括正确认识环境以及处理个人和环境的关系的能力。心理健康的学生在环境改变时能面对现实,对环境做出客观的认识和评价,使个人行为符合新环境的要求;能和社会保持良好的接触,对社会现状有清晰的认识;能及时修正自己的需要和愿望,使自己的思想、行为与社会协调一致。

课堂案例

　　某学生以全校第一的成绩考上某职业技术学院,由于对大学的学习不适应,第一学期的学习成绩并不理想,此时的他不是积极地想办法让自己尽快适应大学生活,而是迷上了网络游戏,每天花大量的时间沉迷网络游戏中,甚至逃课、通宵地玩。他觉得自己的聪明才智能够在网络游戏中得到体现。

【案例分析】

　　在高职生中不乏与上述这位学生类似的人,他们在现实的大学学习和生活中找不到自信,于是采取逃避现实的态度,每天沉迷于网络世界中,用虚拟的网络世界来取代现实的生活,而没有意识到要积极地想办法去改变自己。

　　(7)心理行为符合年龄特征

　　在人的生命发展的不同年龄阶段,都有相应的心理行为表现。心理健康的人,他们的认识、情感、言行、举止都符合他所处的年龄段。心理健康的高职生应该是精力充沛、勤学好问、反应敏捷、喜欢探索的。过于老成、过于幼稚、过于依赖都是心理不健康的表现。

3. 正确理解和应用高职生心理健康的标准

　　正确理解和运用高职生心理健康标准应注意以下几个问题:

　　(1)心理不健康与有不健康的心理和行为表现不能等同

　　心理不健康是指一种持续的不良状态。偶尔出现一些不健康的心理和行为并不等于心理不健康,更不等于已患有心理疾病。因此,不能仅从一时一事而简单地给自己或他人下心理不健康的结论。

　　(2)心理健康与不健康不是泾渭分明的对立面,而是一种连续状态

　　从良好的心理健康状态到严重的心理疾病之间有一个广阔的过渡带。在许多情况下,异常心理与正常心理,变态心理与常态心理之间没有绝对的界限,只是程度的差异。

　　(3)心理健康的状态不是固定不变的,而是动态变化的过程

　　既可以从不健康转变为健康,也可以反之。因此,心理健康与否只能反映某一时间内的特定状态,而非永远。所以,判断大学生的心理健康状况应有发展的眼光。

　　(4)心理健康的标准是一种理想尺度

　　心理健康的标准不仅为我们提供了衡量是否健康的标准,而且为我们指明了提高心理健康水平的努力方向。每一个人在自己现有的基础上做不同程度的努力,都可以追求心理发展的更高层次,不断发挥自身的潜能。

三、影响高职生心理健康的因素

大学校园是与社会接触最近的一个前沿,在这里可以体验到相对真实的竞争与压力,可以让天之骄子们感受一下来自社会的气氛。但是近年来大学生心理健康问题日益增多,于是社会各界都纷纷关注这一群体的心理健康问题,不少心理学家还对此做出研究,分析是哪些原因造成当代大学生渐渐增多的心理问题。总的说来,大学生的心理问题主要是由来自社会、学校和家庭的各种压力直接造成的。由于大学生的文化层次较高,社会对其期望、要求也较高,大学生自我关注和人生目标的定位也较高,因此,他们所面临的心理压力自然要比一般的社会成员要大得多,其压力源也广得多,归纳起来主要有以下几个方面。

1. 社会环境因素

(1)社会竞争的压力

随着我国社会的变迁及各项改革的深入发展,竞争被引入人才培养和就业制度中,使高校大学生面临着各种竞争的压力。如在经济转轨、社会转型期,大学毕业生由国家统一分配安排工作转向人才市场双向选择就业,这种毕业就业制度的重大变化,会使大学生"天之骄子"的优越感受到强烈冲击,加之我国许多企事业单位正在进行人事制度改革,社会下岗失业人数逐年增多,社会在用人上也存在不正之风等,均使大学生感到前途渺茫,原有的优越感、美好的理想在为我的利益法则面前遭到拒绝,自负和浮躁受到竞争法则的轻视,这种失落感极易导致大学生心理问题的产生。

(2)信息矛盾引起的认知问题

大学生正值长身体、长知识、学做人时期,正处于世界观、人生观、价值观的形成过程中,可塑性强。随着网络信息时代的到来,各方面信息纷繁复杂,良莠共存,而大学生由于思想不成熟,缺乏经验,智力支持不足,导致对信息的加工处理能力不强,使理论与现实产生激烈的矛盾冲突。如果这些矛盾和冲突得不到及时解决,就会产生心理障碍或问题。

2. 学校环境因素

(1)生活环境的压力

生活环境的变化是促使整个人心理发生变化的基础。从中学到大学,令人感触最深的莫过于换了一个环境,开始过独立的但又是集体式的生活。它要求大学生们既要做到生活自理,又要有奉献精神。但由于当代大学生绝大多数都是独生子女,不少人往往会因第一次离开父母、家庭而缺乏生活自理能力,或因过不惯集体生活、孤独寂寞而感到压抑和焦虑。

(2)学习环境的压力

许多同学考入大学后,会突然失去自信,感到自己一无是处。这种心理失落首先是因为竞争对手变了,在"高手如林"的大学里,多数过去的"尖子"不再拔尖。此外,在大学里,竞争的内容不仅仅局限于学习成绩,眼界学识、文体特长、社交能力、组织才干等都成了比较的内容。在这种情况下，大学生们很容易产生巨大的心理落差，而对自己进行整体否定。其次，表现为学习方式、方法的变化。中学时，大部分学生习惯于老师详细讲解和具体辅导，自学能力较差，依赖性强。而在大学，学生获取知识的手段，除了听课，从老师的讲授中获取知识外，自学占了很重要的位置，它需要学生不仅有较强的学习自觉性、自主性和自制能力，而且还要学会研究性学习，善于发现和提出问题，加之大学的考试方法比较灵活等，这些变化往往使那些习惯于死记硬背、墨守成规、缺乏灵活运用知识能力的大学生遇到较多的挫折而感到自卑。

（3）个人情感的压力

大学生正值青年中期，对性的问题比较敏感。他们渴望与异性交朋友，渴望得到异性的友谊甚至爱情。但由于其生理早熟和心理滞后之间的矛盾往往导致需要爱与理解爱之间的偏差。一方面，大学生生理成熟使人萌发性意识，产生需要爱情的欲望，但道德、纪律和法律又限制着这种欲望，于是在需求与满足之间出现了尖锐的矛盾和冲突，失去心理平衡。另一方面，由于大学生的世界观、人生观相对不稳，没有树立正确的恋爱观，因而出现了诸如三角恋、单相思、失恋、胁迫恋爱以及性心理异常等现象，这些来自情感的压力，一旦不能得到及时而有效的缓解和调适，就可能引起心理失衡，严重的甚至会导致精神类疾病。

（4）人际关系压力

大学校园属人群密集型场所，因此，大学生同样面临着各种复杂的人际关系。一个大学里的同学由于来自不同的地域，文化背景、价值观念不尽相同，其个性、习惯的差异更显突出，学生容易发生人际关系方面的摩擦与冲突，并且无力自行妥善解决，导致交往受阻。也有一些大学生因缺乏交往技巧和能力，为找不到真正知己而苦恼，出现不同程度的人际关系焦虑。

3. 家庭环境因素

（1）父母期望值的压力

当今社会，家长的望子成龙心态普遍存在。为了子女的升学，诸如考大学、考研究生或出国留学等，许多家长都是煞费苦心，不惜一切代价。这样一种来自父母的强烈期望，一方面可以成为大学生们勤奋学习的动力，但另一方面也可能适得其反，成为大学生难以承受的心理负担。

（2）经济困难的压力

在经济体制转型时期，由于城乡差别以及社会分配不公而产生的收入悬殊问题在高校学生中也表现出来。就高校的贫困生而言，尽管谁也不愿插上"贫困生"的标签，但他们无法逃避的现实却是：在生活条件方面，从吃穿乃至言行举止都与大城市来的学生有很大的反差，他们除了参与学业竞争外，还得承受因高额的学费和生活开支而带来的经济方面的压力，不少贫困学生在学习之余不得不靠勤工俭学来维持学习和生活，因此，他们所承受的心理负担明显地超过了其他同学，极易导致心理上的不平衡。

4. 自身缺陷因素

有少数大学生因为遗传等因素的影响，在长相、身材等方面存在一些先天的生理缺陷;或是因为身体素质不好,患有疾病,在学习和训练的过程中往往感到力不从心;或是因为自身的个性缺陷,如性格内向、心胸狭窄、孤僻封闭、急躁冲动、固执多疑等而受到排挤。这些因素很容易使大学生产生"我不如人"的心理,久而久之,造成严重心理负荷,这样恶性循环,其心理承受力将越来越差。

四、维护高职生心理健康的策略

1.培养心理解压能力

适当的压力是身心健康所必须具备的条件,它有助于提高人的学习生活效率,但是紧张与松弛状态要维持在合理、平衡的水准之上,当平衡点趋于松弛状态,生活就会变得枯燥无味,生理活动也会停滞下来;当平衡点趋近紧张状态,生活就会变得具有冒险性和挑战性,同时也可能会影响身心健康。那么如何减轻心理压力呢?

(1)通过一些心理压力测试表来进行自我评价,从中发现自己在压力下反映出来的特点,并认识压力继续下去可能导致的后果。

(2)学会自我放松,通过自我默想,使意识范围逐步缩小,排除外界干扰,纠正情绪的失衡状态,冷静地引导自己从烦恼、愤恨、紧张等消极情绪状态中解脱出来,达到内心的平衡和安宁。

(3)在问题及后果还未引发之前将压力加以控制,例如在还没达到极度疲劳时,调整工作节奏,放缓学习计划和工作计划;或者调整生活节奏,外出运动调节身心;或者每天用一定时间平静和安定情绪,如听音乐、观花草、打太极等,通过神经和肌肉松弛来达到消除压力的目的。有的同学依赖药物、酒精、烟草等方法来应对压力,这是不足取的。

2.培养良好的心境

心境是一种使人的所有情感体验都感染上某种色彩的较为持久而又微弱的情绪状态,培养良好的心境是人的个性修养中的重要组成部分。如何培养良好的心境呢?

(1)培养乐观的情绪

相信未来,拥有希望,即使遇到失败,也不要为一时一事所困而是要相信下次会做得更好。

(2)经常记录下自己的收获,多发现并感受愉快的体验

已经做成了的事情,哪怕是几件小事,这是收获;对于未做成的事情,能总结出经验教训也是收获。日日有收获,将有助于保持良好心境,满怀信心地争取实现更大的目标。

(3)同学之间不盲目攀比

古人主张淡泊名利,今天的人们也提倡以平常心看待生活,而奋力去争本不应争得的东西,只能给人带来烦恼,例如比吃穿、比容貌、比家境等。心理学认为,盲目攀比是最大的心理误区,走出这个误区,才可能有好的心境。

(4)增强审美情趣

美的重要特征是感染性,审美形成的共感,可以使人精神愉悦,感情丰富,加深对生活的理解,更加热爱生活。对于常年苦读的大学生来说,走进大自然,接受大自然的洗

礼,或登山览胜,或临海弄潮,都有调整心境的作用。

(5)关爱他人

到社区去志愿服务,给需要帮助的人以力所能及的爱护帮助,会增强同学们的社会责任感;了解他人的生活状况,有助于同学们对照地了解自己、了解社会;在对他人的爱心付出中,同学们能看到自身的存在和发展的价值,从而积极乐观地面对社会。

3. 培养耐挫能力

人类应付挫折的能力是可以通过学习和锻炼获得的,大学生要提高耐挫力,可以参考以下方法进行锻炼:

(1)有意识地容忍和接受日常生活中的挫折情境

在挫折中学习和掌握对付挫折的方式和技巧,是增强挫折适应力的有效方法。例如,在生活中好心地为他人办事,却受到误解,这时不要大发牢骚或生闷气,而要学会理智看待;在社会工作中连连碰壁,也可以把它视为一种磨炼,下次再做时可以有效地改变方法而不是放弃目标。

(2)心理上经常做好对付挫折的准备

不要把事情设想得那么容易,不要把理想当作现实,要尽量考虑到各种可能出现的困难,做好与困难搏斗的思想准备和预案。这样,当没有遇到困难时,你会感到轻松;真的遇到困难时,也不会感到很大的心理压力和挫折感。

4. 广泛阅读心理辅导书刊

阅读相关书刊能治疗由精神和情绪引发的疾病,如抑郁、焦虑、紧张、恐惧、偏执症等。大学生是一个文化层次高、善于独立思考、有较强自我解决问题能力的群体,因此,可以带着心理问题自觉地、主动地到图书馆查阅心理咨询类书刊。图书馆是"一座心智的药房",凡是大学生常见的心理问题一般都能从书刊中找到解决的方法。例如求助"人生哲理类书刊",能够解决心理困扰排名前四项的问题,分别是就业压力、交际困难、人生目标不明确及遭受挫折;求助"小说类书刊",能够解决心理问题排名前四项的问题,分别是孤独、恋爱苦恼、厌学及焦虑;求助"休闲读物类",能够解决心理问题排名前四项的问题,分别是焦虑、孤独、挫折及讲话紧张。

5. 学会求助

每一个处于成长过程中的大学生,总会遇到发展、适应、学习、人际交往等方面的问题而产生心理上的困扰。当遇到困扰时,一方面要利用所学的心理知识进行心理的自我调适;另一方面,要学会求助,可以向家长、老师、同学倾诉和咨询,寻求帮助;还可以主动跟学校的心理咨询老师联系,获得专业的心理辅导,防止由较小的心理困扰演变为较严重的心理问题或心理障碍。

第三节 案例及分析

一、案例1

他真的不愿意与人交往吗？

小张是由系心理辅导站老师转介来进行心理咨询的。据了解，小张寝室的四个同学联名写了一封信给学生处领导，其大意是他们觉得小张的心理不太正常，感觉他平时对人很冷淡，但有时跟人说话时很容易为一件小事动不动就发脾气，并口出狂言。

原来，小张平时在同学的印象中是一个性格内向孤僻的人，很少跟寝室同学有交流，也很少参加他们的活动。心情不好的时候经常以摔书本或者踢东西为发泄方式。偶尔也会对看不顺眼的同学进行语言攻击，说话比较粗鲁。给人的印象是小张不愿意跟人交往，喜欢一个人独来独往。他真的是这样的同学吗？

在经过心理老师的辅导后，该生明白了原来自己在同学中留下的印象是自己的原因造成的，他也意识到长期这样下去只会让自己越来越孤独，所以他决定改变，先主动融到同学中间去，一段时间以后小张慢慢开朗了起来。

【案例分析】

由于生活节奏的加快以及人际交往的复杂化越来越明显，这很容易给人们的心理带来不适应和挫折感，从而产生各种人际交往问题。在这些问题中，自我封闭是相对突出的，并且是对人们身心健康危害较大的交往障碍之一。从社会心理学和人际关系心理学的角度说，自我封闭是个人将自己真实的思想、情感、欲望掩盖起来，试图与世隔绝，严重者对任何人都不信任，还有很深的戒备，很少或根本没有社交活动，隔断了与他人的交往。由于人的本质属性是社会性，因此自我封闭会对患者身心健康造成严重的影响。心理学家认为，如果一个人总是不愿与人交流，不愿说出自己真实的感受，那他就是一个孤独的人。

经过咨询了解到，小张的童年和少年生活是不快乐的。他从小内心充满了矛盾和压抑，想反抗，但是没有勇气，心理反而加重了冲突。当这种压力的能量超过了他所能负荷的程度时，他就用恐吓的方式来保护自己，恐吓周围的人以达到自我保护的目的。而面对问题，他也习惯了采用消极逃避的方式。

对于小张的状况，应该如何进行心理调适呢？

首先，当事者应该打开心扉，增加沟通。尝试着慢慢与身边的人进行友好的沟通，将这份友好表现在一个简单的微笑上，因为微笑的感染力可以超过所有其他的表情，人们总会反射式地以微笑回报你的笑容,而开怀大笑更能迅速创造一个轻松的气氛。

其次,踏踏实实,自信的交往。无论出身如何,生活背景怎样,大家走到一起,建立的是平等交往的平台,别人具有优越的生活环境和条件,自己也具有善良淳朴、吃苦耐劳的个性特征,各有优势,也各有不足。所以大家没有高低之分,拿出自信来,表达对别人的赞美,同时也不要贬低自己。

最后,适应环境,摆脱怯懦。不同的环境需要不同的表达方式,这是需要在生活中多看、多学、多练习才能掌握的人际沟通技巧。

二、案例 2

原来大学生活还可以这样的丰富多彩!

女大学生小徐从农村考入了杭州的一所大学,从温暖的小家庭来到了校园中的大家庭,为此,从来没有住过校的她完全不能适应。每晚熄灯前,她都会开始每天必做的"功课"——打电话向父母报告自己一天的生活。开学后一个多月,她仅手机费就花了近 500 元。在电话里她经常对爸爸妈妈诉苦:学校里洗澡要排队,衣服要自己洗,食堂的饭菜难以下咽。时常会感到紧张不安,心慌气短,无所适从。这样的情形被同寝室心理委员看到了,就主动找机会去跟小徐聊天谈心,听她诉说心中的烦恼,陪她一起参加学校的各样活动。渐渐地小徐跟爸爸妈妈汇报的内容产生了变化,基本上是在学校的开心快乐和友谊之类的了。在小徐看来,原来大学生活还可以这样的丰富多彩!

【案例分析】

上大学后,生活环境有了很大的变化,没有了家长无微不至的照顾、事无巨细的提醒,许多事情需要独自处理,真正的独立生活开始了。从离不开父母的家庭生活到事事完全自理的大学生活,大学新生难免手足无措,因此如何适应大学生活是大学新生面临的重要功课。

小徐同学在家里缺乏生活自理能力。不可否认,现在的大学新生中独生子女的比例越来越高,他们入学前大都生活在父母身边,生活上养成了很强的依赖性,进入大学以后需要自主安排个人事务,一些自理能力较差的新生对此往往感到无法适应。对于中学时期从未住过集体宿舍的学生来说,他们早已习惯拥有自己相对独立的小天地和学习空间,而进入大学后要住集体宿舍,个人的生活习惯要与学校的管理规定、他人的生活习惯相适应,不少人在适应住校生活方面存在困难。新生因不适应生活环境所产生的焦虑与挫折感若得不到及时消除,很容易引发不良的连锁反应。因此,大一新生宜做好以下几点。

首先,放弃处处依靠父母的念头,在新的环境中培养自己处理事务的能力。遇到困难时,不要总是抱怨,而要考虑怎样才能合理应对,在此过程中,逐渐成熟起来。

其次,大一新生要合理安排自习以适应大学里的自主性学习。开学初期,可将自习时间列成表格,逐渐改变以往的被动学习习惯。在学习上尤其注意不要把自己的长远目标过早地放在大学一年级完成。

再次,不要过多地指责别人。如果你常在心里指责别人,这种毛病就可能成为习惯。应逐渐克服这种毛病,总爱批判别人的人是缺乏自信的表现。

最后,为人坦诚,不要不懂装懂。对不懂的东西坦白承认,这不仅不损害你的形象,还会给人以诚实可信的印象;多数人都喜欢有个听众,因此,当别人讲话时,不要急于插话,你只要认真倾听别人的讲话,别人就一定会喜欢你;对他人的魅力和取得的成就要勇于认可,并表示钦佩和赞赏;在自己的身边找一个患难相助、荣辱与共的朋友,这样在任何情况下你都不会感到孤独。

第四节　课外阅读

一、阅读材料1:大学新生如何尽快适应大学生活

从某种意义上来说,能考上大学的学生在中学阶段通常是班级中的中心人物。进入大学以后,如果重新排定座次,就只能有少数人能保持原来的中心地位和重要角色。大多数学生将从中心角色向普通角色转变,自我评价可能会受到不同程度的冲击。

其实,刚刚跨入校门的大学新生,就像一名运动员,在省队里面可能是第一名,后来进了国家队就可能变成第三、第四名了,但是能进国家队,本身就足以说明他是一个优秀运动员了。所以,适当地降低对自己的期望值,接受"不完美"的自己,放松捆绑自己精神的枷锁,你就会以开朗的心情投入大学生活,从而得到丰富多彩的人生感受。

随着角色的转变,学习方法也应该有所变化。承袭过去在高中阶段的学习方法,即使勤奋用功可能也难以获得能力的全面提高,这在大学新生里是相当普遍的现象。大学的学习方法与中学有很大不同,比如,不再是老师监督学生,而是要学生主动求教老师,自主学习;大量的时间需要自己去安排,而不是被老师占有;要学会研究性学习,善于发现和提出问题等等。大学的学习是变被动为主动,并非仅仅是听课和读教科书,和老师同学讨论、阅读参考书目、听学术讲座等等,都是学习,关键是要充分利用校园中的这些特有资源,并将学到的知识很好地加以整合。从旧的学习方法向新的学习方法过渡,这是每个大学新生都必须经历的过程。正确认识到角色的改变,尽早做好思想准备,适应新的学习方法,就能较好地、顺利地度过这一阶段,少走弯路,减少心理压力,促进学业成绩的提高。

1. 有效进行自我评价

大学阶段是自我意识形成的重要阶段,健全的自我意识,是大学生塑造健康人格,培养良好情绪的基础,也是大学生全面发展的重要条件。自我评价是自我意识的一个方面,是指人对自身条件、素质、才能等各方面情况的一种判断,而新生对自我的评价得当与否,将直接影响到大学生活中的学习效能、职业选择、事业奋斗的自信心。

许多同学考进大学后,突然发现在"高手如云"的班集体中,自己原来的优势不复存在了,这种"失落"感的形成是因为在中学里面,学习成绩的好坏,一直是学生自我评价的重要标准。但是进入大学后,竞争的内容不再仅仅是学习成绩,眼界学识、文体特长、社交能力、组织才干等,都成了比较的内容。在这种比较之下,有的人会因为低估自己的才智和能力,对自我评价过低,造成长时间的情绪低落,更有甚者会为了避免挫败感而封闭自己。

其实,"金无足赤,人无完人",每个人都有自己的长处和短处。要学会对自己做出公正的全面的评价,不要死盯着自己的短处,要善于挖掘和发展自己的优势,也可以补偿自己的不足。人的知识、才能通常是处于离散、朦胧状态的,需要人们不断地挖掘、发现和开发。要从个人兴趣爱好、思维方式的特点,毅力的恒久性,已有的知识结构,献身精神与果敢魅力等多方面进行考察和测试,这将有助于对自己做出科学的自我评价。

2.主动适应全新环境

对于一个大学新生来说,离开熟悉的环境,离开深有感情的老师和同学,离开疼爱自己的父母,踏入一个全新的环境,学习尽快适应这些环境是有必要的。

由于大学的校园范围比较大,所以首先要尽快熟悉校园的地形。直接向高年级的同学请教是熟悉校园环境的一个最快捷的方法,大多数的高年级同学都比较愿意帮助新生尽快适应校园生活。另外,向老乡请教也是不错的选择。

有些新生在熟悉环境后,感觉对大学生活有"幻灭"之感。抱怨学校教学设备陈旧,图书资料贫乏,甚至怀疑自己当初拼搏是否值得。这是因为他们在入学之前,心中将大学过于美化,面对现实校园便产生了失落感。虽然,这些年高校改革取得了一些成效,但还是赶不上发展的需要,如这几年的"扩招",使许多大学校舍和师资非常紧张。在北京的重点大学,8个人一个宿舍也并不少见。面对不尽如人意的现实,更需要新生放弃不切实际的期待,发挥自己的主观能动性,相信环境并不能决定一切,在同样的环境下,人也可以达到不同的发展水平。大学生应该充分利用环境中的优势,使个人的能力与潜力得到最大限度的促进与提高。

大学新生除了熟悉校园环境,还应该主动接触这个社会环境。把自己关在大学校园里面闷头读书,对外面的社会不闻不问,是永远也不会适应社会环境的。勇敢地走出"象牙塔",到校园外面的世界看一看,不逃避现实也不做无根据的幻想,有目的地进行一些有益有利的社会实践活动,从而认清自己在这个社会环境中的实际位置。

3.建立良好人际关系

法国作家罗曼·罗兰说过:"有了朋友,生命才显示出它全部的价值。智慧、友爱,这是照亮我们黑夜的唯一光亮。"可见友谊在人生中的分量。

由于大学同学来自"五湖四海",学生的"异质化"程度很高,地区的差异使他们在思想观念、价值标准、生活方式、生活习惯等方面存在着明显的差异,因此,在遇到实际问题时往往容易发生冲突。那么在大学里学会与不同背景的同学相处,学会处理同学间的矛盾和冲突,无疑会有利于今后走入社会。

首先要学会承认各人有各人的生活习惯和价值体系,你与别人生活在一起,你就应该连同他们的生活方式一起接受。如果感觉别人的生活方式有碍于你,可以与其进行沟通,委婉地提出,并适当地进行自我调整。需要注意的一点是,给别人提意见一定不能当着众人的面,以免使对方难堪、丢面子。

要想处理好同学之间的关系,还要做到对人宽,对己严,切忌以自我为中心。在平时的生活中,做到三主动:即主动与同学打招呼,主动和同学讲话,主动帮助别人。在帮助别人的时候,不要过于计较别人能不能、会不会报答你。

此外,要主动去做一些公共的工作,以增加同学们对你的好感,同学间的关系也就会融洽了。

4. 培养生活自理能力

对于一部分新生来说,上大学是他们第一次离家,第一次开始独立生活。因此,学会自我管理,培养生活自理能力是大学生活的重要一课。

高中生的大部分时间和精力都用在学习上,生活上的事情绝大多数由父母包办打理,从做饭、洗衣服到理发,有的家长甚至每天给孩子收拾床被、打洗脸水等,等到上大学后,生活环境有了很大的变化,孩子没有了父母、长辈的悉心照料,许多事情要开始学会独自处理了,可以说,真正的独立生活开始了。

刚入大学的新生,首先应学会日常生活的打理。要学会准时起床、运动,学会自己料理床铺、收拾房间,学会自己洗衣服、缝补衣服,学会自己照料自己……在学习的过程中,如果能够和同学进行交流就更好了,因为同学间的互相影响和互相学习能够在一定程度上促进生活自理能力的提高。

独立生活的另外一个重要方面是对钱财的管理。由于家长一般每月或每几个月给一次生活费,大学生就要自己独立计划如何进行消费。计划不当甚至没有计划的学生常常在最初的时间里大手大脚,把后面的伙食费提前花掉。因此,大学新生要学会一种“理财”的观念,要注意考虑:在生活中,哪些开支是必需的,哪些开支是完全不必要的。钱要花在刀刃上,要避免完全不必要的消费,可花可不花的尽量少花。此外,还要根据父母的经济能力和自己“勤工俭学”的能力来进行日常消费。有了对这些基本情况的分析,再确定自己每个月的“消费计划”,使之切实可行。并且要尽量按照计划执行,多余的钱可以存入银行,以备急需时使用。

入学几个月或半年之后,大学新生对大学生活就会逐渐适应了。

二、阅读材料 2:自我心理调适的方法

大学生在身心发展过程中,有意识地掌握一些常用的自我心理调适方法,如心理自动调适法、意义寻觅法、认识调控法等,对自我心理放松、消除心理压力是必要而可行的。

1. 心理自动调适法

人类在面临挫折时,常常会调动自身的适应机制,心理学称心理防御机制。心理防御机制力图减少焦虑的情绪,维持心理平衡,是个体自我保护的心理制动机制,它如同人体生理活动一样,具有保持生理、生活活动相对稳定和平衡的内稳能力。心理防御机制

的更大价值体现在为个体寻找解决挫折更为积极、有效的方法提供时机。常用的心理防御机制有：压抑作用、投射作用、文饰作用、不长作用、升华作用等。

当然，心理防御机制需要我们正确认识，适时适度运用。应该看到有些心理防御机制只能起到暂时平衡心理和情绪的作用，并不能从根本上解决问题。心理健康的人是在积极意义上使用心理防御机制，而心理不健康的人总是依赖心理防御机制，其结果使适应能力日趋削弱、人格和心理发展受到影响。

2. 意义寻觅法

意义寻觅法事一种自我寻找和发现生命意义，树立明确的生活目标，以积极向上的态度来面对和驾驭生活的心理自助方法。心理学家弗兰克认为，"人是由生理、心理和精神三方需求满足的交互作用统合而生成的整体，生理需求的满足使人存在，心理需求的满足使人快乐，精神需求的满足使人有价值感"。对生命和生活意义的探索和追求是人类的基本精神需要，人追求的既非弗洛伊德所说的求乐意志，也非阿德勒所说的求权意志，而是追求意义的意志。而一些人在遭受生活挫折时常常会感到失去了生活目标，对生活的意义感到迷惘，出现"生存挫折"或"存在空虚"的心理障碍。表现为：对生活的厌倦、悲观失望或无所适从。在对美国自杀未遂的大学生的调查中80％的人是因为"存在空虚"所致，在北美和西欧就诊的神经症中有20％的病人有"存在空虚"感，可称之为"迷惘精神症"。弗兰克认为，人生的意义是建立在精神层面的价值感的获得。人生的意义感不是赋予，而是需要寻找，意义寻觅法的核心就是要学会寻找失落的生活目标和价值，建立起明确和坚定乐观的人生态度。

人的健康心理需要精神层面的人生意义来支撑。这是因为：①精神追求可以统领所有的心智，使你关注未来的事情，忽略微小的心理波动，以良好的心态投入生活和工作之中。一些伟人，他们遇到的困难可谓不小，但在伟大的理想支配下，他们全身心投入事业，已经没有时间、没有心思来关心自己的心理苦恼。②有了精神追求，还可以使人有勇气面对各种困难，包括心理痛苦。所谓"天将降大任于斯人也，必先苦其心志，劳其筋骨……"，哲学家尼采说："懂得为什么活着，就什么困难都可以克服。"对于有精神追求的人，痛苦和挫折只是磨炼自己的试金石。

3. 认识调控法

心理问题常伴随情绪反应，情绪反应产生在主体认识到刺激的意义和价值之后，对同一刺激，不同的评价将会引起不同的情绪反应。所以可以用调整、改变认知的方法调控情绪反应和行为。认知调控方法是指当个人出现不适度、不恰当的情绪反应时，理智地分析和评价所处的情境，理清思路，冷静地做出应对的方法。认知调控的关键是控制与即时情绪反应同时出现的认知和想象。例如当人非常愤怒时，常会做出过激行为。如果此时能够告诫自己冷静分析一下动怒的原因、可能的解决办法，可慢慢地恢复平静，找到恰当的方式解决问题。认知调控方法的原理基于认知对情绪的整合作用，认知和情绪分属于大脑不同部位控制，控制情绪的是大脑较原始的部分，控制认知的是大脑在情绪中枢之上发展的新皮质部分。情绪反应速度快，但内容较原始；认知反应稍迟于情绪反应,但其内容更显理智,能够整合情绪反应。

认知调控方法在实际应用时可分为以下两步:①分析刺激的性质与速度。人类情绪反应是进化选择的结果,有利于种族的生存与发展,是驱动我们应付环境、即刻反应的本能冲动,虽然伴有认知过程的结果,但即刻的认知往往笼统、模糊,其诱发的反应往往强烈。冷静分析问题所在,可以即时调控过度的情绪反应。②寻找多种解决问题的方案,比较选择后择优而行。情绪引发的即刻反应往往是冲动性本能反应,很多问题都有多种可能的解决方案,寻找最佳方法至关重要,而思考是解决问题的前提。

4. 活动调适法

活动调适法是指通过从事有趣的活动,以达到调节情绪,促进身心健康的一类方法。包括读书、写作、绘画、雕塑、体育运动、听音乐、歌唱、舞蹈、演戏、劳动等多种活动方式。活动调适寓心理治疗于娱乐之中,不仅易为人接受,而且易于操作,可以广泛地运用于一般性的心理不平衡和轻微的心理障碍。活动调适法的实质在于用活动的过程来充实生活,用活动中获得的愉悦来驱散不良的情绪。因此应随时把握利用活动中所提供的有利机遇和信息去发现问题,改变错误的认知,调适不良的情绪,纠正不适应的行为,提高自信心。活动的种类要根据自身的文化程度,原先的个人爱好、兴趣和实际条件来选择。

5. 合理宣泄法

合理宣泄法就是利用或创造出某种条件、情境,以合理的方式把压抑的情绪倾诉和表达出来,以减轻或消除心理压力,稳定思想情绪。宣泄是一种释放,其作用在于把压抑在心里的愤怒、憎恨、忧愁、悲伤、焦虑、痛苦、烦恼等各种消极情绪加以排解,消除不良心理,得到精神解脱。因此,宣泄是摆脱恶劣心境的必要手段,它可以强化人们战胜困难的信心和勇气。无论是失恋、亲人亡故等重大痛苦,还是惧怕某人、某种场合等,通过倾诉或用行动表达出来,实际上是对有碍于身心健康的情绪进行自我调节。所以宣泄的过程也是人们进行心理自我调整的过程。

宣泄的主要方式有以下几种。

(1)倾诉

心里有什么问题和积怨,可以找同乡、战友、领导尽情地倾诉出来。倾诉对象一般是最亲近、最信赖、最理解自己的人,否则就不能无所顾忌地畅所欲言。在倾诉的过程中,可能因自己情绪激动、过度悲伤等因素,说话唠唠叨叨,词不达意,说过头话,甚至发牢骚,对此倾听者要给予理解、同情和安慰,并适时予以正确引导。

(2)书写

用写信、写文作诗或写日记等方式,使那些因各种原因而不能直接对人表露的情绪得到排解。比如写日记,自己对自己"说",想"说"什么就"说"什么,没有任何心理压力,许多不良情绪就在字里行间化解了。

(3)运动

有了消极情绪,闷坐在房子里可能"剪不断,理还乱",到室外去打打球、跑跑步或爬爬山,呼吸一下新鲜空气,让怒气和痛苦随汗水一起流淌,心情就会开朗起来。

（4）哭泣

中国有一句老话——"男儿有泪不轻弹"，似乎男子汉是不应该哭泣的。其实，从身心健康这个角度来讲，"泪往肚里流"是不可取的。流泪也是一种宣泄，无论是偷偷流泪还是号啕大哭，都可以将消极情绪排泄出来，从而令不愉快的情绪得到缓解，减轻心理压力。

（5）身心放松法

放松训练是为达到肌肉和精神放松的目的所采取的一类行为疗法。人的生理活动与心理活动密切相连，放松训练就是通过肌肉松弛的练习来达到心理紧张的缓解与消除。研究证明，放松训练所导致的松弛状态，可使大脑皮层的唤醒水平下降，通过内分泌系统和植物神经系统功能的调节，使人因紧张反应而造成的心理失调得以缓解并恢复正常。放松训练对于缓解紧张性头痛、失眠、高血压、焦虑、不安、气愤等生理心理状态较为有效，有助于稳定情绪、振作精神、恢复体力、消除疲劳，对增强记忆、提高学习效率、增强个体应付紧张事件的能力也有一定的效果。

放松训练的方法有许多种，这里简要介绍五类简便易行的放松训练法。

①一般身心放松法

常用的身体放松的方法有做操、散步、游泳、洗热水澡等；常用的精神放松方法有听音乐、看漫画、静坐等。哪些人需要放松，何时需要放松，可以通过观察身体和精神状态来确定。从身体方面，可以观察饮食是否正常，睡眠是否充足，有无适当运动等；从精神方面，可以观察处事是否镇定，是否容易分心，是否心平气和等。如果观察后的判断是否定的，就需要进行放松训练。

②想象性放松

在指导做想象性放松之前，应先让被指导人群放松地坐好、闭上眼睛，然后给予言语性指导，进而由他们自行想象。常用的指示语是："我静静地俯卧在海滩上，周围没有其他人，我感受到阳光温暖的照射，触到了身下海滩上的沙子，我全身感到无比的舒适，微风带来一丝丝海腥味，海涛声……"在给出上诉指示语时，要注意语气、语调的运用，节奏要逐渐变慢，配合对方的呼吸。

③精神放松练习法

就是通过引导注意力集中在不同的感觉上，达到放松的目的。比如可以指导他们把注意力集中在视觉上，静心地看着一支笔、一朵花、一点烛光或任何一件柔和美好的东西，细心观察它的细微之处；集中在听觉上，聆听轻松欢快的音乐，细细体味，或闭目倾听周围的声音；集中在触觉上，触摸自己的手指，按按掌心，敲敲关节，轻抚额头或面额；集中在嗅觉上，找一朵鲜花，集中注意力，微微吸它散发的芳香等等。也可以指导他们闭上眼睛，试将将生活中的一切琐碎和不愉快的事情忘掉，着意去想象恬静美好的景物，如蓝蓝的海水，金色的沙滩，朵朵白云，高山流水等。

④渐进肌肉放松法

在进行渐进性肌肉放松训练时，要注意选择不受干扰、温度适宜、光线柔和的房间或室外，让他们坐姿舒适。然后引导其想象最令自己松弛和愉快的情景，并在一旁用语言指导和暗示。指导语是："坐好，尽可能使自己舒适，并使你自己放松；现在，首先右手握拳,并把右拳逐渐握紧,在你这样做时,你要体会紧张的感觉,继续握紧拳头,并体会右手和右臂的紧张;放松,让你的右手指放松,看看你此时的感觉如何;接下来,你自己试试全部再放松一遍。再来一遍,把右拳握起来,保持握紧,再次体会紧张感觉;放松,把你的手指伸开,你再次注意体会其中的不同;然后,你左手也这样做。"以上方法也可用于放松左手与左臂,接着放松面部肌肉,颈、肩和上背部,然后胸、胃和下背部,再放松臀、股和小腿,最后身体完全放松。

⑤深呼吸放松法

当在某些特殊的场合感到紧张,而此时已无时间和场地来慢慢练习上诉的放松方法时,可以使用最简便的深呼吸放松法。这和日常生活中人们自我镇定的方法相似。具体做法是:让他们站定,双肩下垂,闭上双眼,然后慢慢地做深呼吸。可以配合他们的呼吸节奏给予如下指导:"一呼……一吸……一呼……一吸",或"深深地吸进去,慢慢地呼出去;深深地吸进去,慢慢地呼出去……"大学生掌握这种方法以后,也可自行练习。

三、阅读材料3:以阳光心态用心生活

什么是阳光心态? 有人说,阳光心态就是健康的心理,是一种积极、进取的心态。也有人说,阳光心态是积极、知足、感恩、达观的一种心智模式。心态能不能塑造? 答案是肯定的。那么,怎样塑造阳光心态呢?

1. 竖立目标,科学安排时间

目标是激发人的积极性、产生自觉行为的动力。人一旦没有生活目标,就会意志消沉,浑浑噩噩。大学新生正处于充满理想、憧憬未来的青年中期,但大多数学生只把考上大学作为中学学习奋斗的目标,对大学生活缺乏长远的打算。升入大学后,中学阶段的目标已经实现,有的人认为,大功告成,可以松口气了;有的人甚至把"混文凭""跳龙门""留城市"作为目标,满足现状,不思进取,使刚刚开始的大学生活缺乏驱动力。因而,这些学生感到生活茫然、空虚、枯燥、乏味。大学新生中这种现象的出现,主要是没有及时树立新的学习和生活目标所致。因此,大学新生需要尽快熟悉大学生活,树立新的奋斗目标。

时间对每个人都是宝贵的,高职院校强调学生的实践动手能力,增加了很多实训和实习的时间,再除去寒暑假,三年的学习时间更短,大学生活可以说是转瞬即逝。现在的大学生学习内容越来越广泛,业余生活越来越丰富多彩。能否充分利用好时间,是大学生活成败的关键;而能否在大学里培养出时间管理的本领,也在很大程度上决定了将来能否适应快节奏的社会生活。

大学生要分析自己的支配的时间,再根据自己的需要对它作合理的分配。要养成根据需要制订时间表的习惯,如每周的时间表,每天的时间计划。这样一来,你每天都是充实的,不会无所事事。但是,要注意无论目标和计划多么完美,也无论时间表安排得多么周密,如果不执行,就是纸上谈兵。我们制订了目标和计划就一定要付诸实施,在实际生活中利用好时间。在平时的生活中我们也常常会碰到一些干扰,诸如我们自身的办事拖拉、懒惰等不良习惯对时间管理造成的影响,对此,我们要学会克服。

"时间就像海绵里的水,只要愿意挤,总还是有的。"在大学生活中,课余时间比高中

多了很多,如何利用好这部分时间是很重要的。许多同学就是不能合理利用这些时间,所以觉得无聊、茫然。实际上若能充分利用好这些时间,我们的生活就会大有改观。要善于利用零散的时间,集中精力高效做事,简化生活(在众多的爱好中集中精心挑选几个最喜欢的活动去参与,其他的事就取消)。

大学生要注意科学用脑,改进学习方法,力戒"疲劳战术",提倡"积极性休息"。其实,疲劳是人体的一种保护性反应。疲劳时大脑高级神经活动的相应部位会产生保护性抑制。如果这时还要勉强学习,不仅效率低,而且还会影响大脑皮层的兴奋与抑制的平衡。久而久之,容易导致各种神经症,产生身心疾病。所谓"积极性休息",就是采取合理措施,让大脑的各种神经细胞依次交替,大脑皮质的兴奋和抑制过程重新分配的休息方法。

大学生还要学会享受时间,在做完一件事后,利用想象性放松的方法,闭上眼睛想象一些美丽的场景,让自己放松一下。另外,在节假日可以选择一些休闲娱乐活动作为心理调剂,如琴棋书画、唱歌跳舞、登山跑步、聚会旅游等,在休闲娱乐中享受美好生活,让我们的大学生活更加丰富多彩。

总的来说,就是要做到选定目标,制订计划,投入行动。

课堂案例

　　林华刚进入高职院校时,对自己的专业和前途感到茫然和困惑。她不知道该怎样安排自己的大学生活。后来,在和老师讨论后,经过短暂的调整,她制订了大学生活的三年规划。根据规划,还制订出周计划和日计划。在周密合理的时间安排下,她一直坚持和努力着。第一学期结束了,林华不但成绩优异,还因其表现优良,被评为优秀学生干部,也轻松取得了技能证书。在这些荣誉和成绩的背后,林华最有感触的是,她这一个学期有计划的生活,让她走出了迷茫,避开了空虚,更加自信,更加快乐。

2. 开源节流,健康消费

从迈进大学校门起,大学生就要学会独自打理自己所掌握的那一部分钱财。

不论在此之前有无理财经验,都需在大学时期使自己具备理财的能力。因为理财能力是现代人都必须具备的基本素质,它直接关系到人一生的发展与幸福。

要学会理财先要培养正确的金钱观。由于中国传统观念认为"君子喻于义,小人喻于利",许多人认为追求财富,崇拜金钱是庸俗的。其实,追求财富是正大光明的行为。金钱是有益的,它能让人们从事很多有益的活动。但要注意如果为了金钱不顾一切,那就成了金钱的奴隶,这时金钱也就成了包袱。正确的金钱观应该是:重视金钱在你的生活中所起的作用,但也不能为了金钱而迷失自我。

要把自己的财富管理好,需要具备两个条件:一是提升自己的价值。上学时可以向家里伸手要钱,一旦毕业,就要自谋生路。这就意味着你必须在大学毕业前就为自己将来的生计做好打算。而最有效最实际的打算莫过于提升自己的价值,即努力广泛而深入地学习,力争使自己与同龄人相比,拥有更好的技术、更强的能力、更专业的知识、更丰富的社会活动经验乃至掌握比较独到的技能。只要你能创造出为更多人所需要的东西,你就为自己将来赚取更多的财富储备了资本。上了大学并不意味着工作有了保证,如果在学校里没有提高自己的综合素质,将来仍然有可能被淘汰,因而提升自我的价值是未来在社会上安身立命的根本,也是管理自己财富的前提。二是保持自尊。自尊是一个人要求自己受到社会、集体和他人尊重,维持自己荣誉的意识倾向,是一种精神需要,是人格的体现。自尊对于做人很重要,对于理财也很重要。现实中金钱最易于让人失去自尊,而去做违背自己内心道德准则的事情。因此在理财时,应与金钱友好相处,在金钱面前保持自尊,不出卖自己应有的原则。

明白了理财的原则还得做好收支预算,从开源和节流这两个方面锻炼自己的能力。开源即扩大资金的来源。大学生可以通过自己的优秀表现获取奖学金;如果家里经济困难,可以申请助学金;还可以通过勤工助学、兼职的方式来缓解自己的经济困难。不过,要想理好财,只是通过开源还不够,还需要学会节流,即节省开支。要做好这一点,首先要树立俭朴的意识。大学生的消费,主要分为基本生活消费(衣、食、住、行)、学习消费(学费、书杂费、考证费、购买电脑等费用)、休闲及娱乐消费(休闲、旅游、娱乐)、人际交往消费(人情、恋爱)等几个方面。但大学生理财意识淡薄,还没有相应的理财观念和水平,每月消费经常超支。多数同学主要经济来源还是家庭提供,对家长的依赖性非常强。除了学费、住宿费外,大学生的消费多在饮食方面。各种形式的聚会成为在校大学生饮食消费的一个重点。聚会的理由多种多样:老乡聚会、放假归来、过生日、考试得高分、当了班干部、得了奖学金等,都要请客吃上一顿,否则被视为不够朋友。支出较大的还有手机消费,它是在校大学生除了饮食之外的第二大消费项目。另外,大学生对服装消费的档次也越来越高,男生买衣服的宗旨是不买而已,要买就买质量好的、价格高的;女生买衣服则总是买个不停,只要自己喜欢的都会买回来,不喜欢了,马上就不穿了。许多大学生特别是女生非常注重形象打理。成套的品牌化妆品成为一些有经济实力的女生的最爱,而做头发则成为女生美丽消费的另一重要方面。此外,在恋爱方面的消费也不容忽视。爱情是神圣的,但也需要强大的经济基础。如今的爱情不再有免费的午餐,一些男生为了“爱情”一掷千金,甚至不惜负债。大学生恋爱支出主要在吃饭、零食、逛街、泡吧娱乐等方面,礼品消费是恋爱消费中绝对的“大头”,逢年过节(情人节、圣诞节等)或是两人过生日及特殊的纪念日,恋人之间必要互送礼物,此项花费少则几十元,多则数百元。这些消费状况都反映出大学生消费心理存在的一些不足。作为学生,我们依然属于消费群体,脱离了家庭的帮助和支持,我们是很难度过校园生活的。因此,不管家庭富裕还是困难,我们都应该做到珍惜别人的劳动成果,理解父母的心血,学会科学的安排生活,合理的消费,做一个具有勤俭美德、心理健康的人。

大学生在购物方面要养成良好习惯。购物前,应该列好购物清单,列出你确定“需要”的,而不是“想要”的。“想要”的东西太多,只有“需要”的东西才会对我们有用,同时改变自己逛街的方式。不要无目的的在街上转悠,规定自己每周或每半个月只有一天可以购物,拿着购物清单把需要买的东西在这一天全部搞定。若有购物冲动,可以马上去做些别的事来转移冲动。

有人说："一切成就,一切财富,都始于一个意念,即自我意识。"从现在开始,有意识地培养自己的理财能力,逐步积累下去。当自我理财的意识深入到你的内心深处时,你就具备了一项在现代社会中立足的基本能力。

课堂案例

吕兰生长在一个落后的小山村里,2002 年被一所高职院校录取,在吕兰的家里,姐姐因交不上学费已被迫辍学;患癌症两年多的奶奶撒手人寰,给他们一家留下了一大堆债务;爷爷已经 70 多岁了,虽然身体还算健康,但已不能有太多劳作;妈妈身体一直有病,只能做点家务;妹妹和弟弟还在念高中;一家人的负担全落在父亲肩上,他经营着 11 亩土地,为了孩子能读上书,父亲卖了耕牛,并利用农闲的时候外出打工或者做点小生意。

带着些许苦涩来到学校,在跨进大学校门的时候,吕兰在心里告诉自己:"一切要靠自己了!""穷人的孩子早当家",她很快学会了精打细算的生活,小心翼翼地计算着手中的每一分钱。吃饭,早晨 3 个馒头一碗稀饭,中午和晚上各一个 5 毛钱的馅饼。这样一天 2 块钱就能填饱肚子;衣服,除非迫不得已才买,每件控制在 40 元以内,她常年换洗的衣服仅有两套;她没有化妆品,只有一块香皂、一瓶护手霜。吕兰幽默地说:"这样既省事又省钱。"她每个月的花费基本上控制在 100 元左右,每学期生活费坚决不超过 800 块。而周围的同学,每学期的花费几乎没有少于 1500 元的,有的同学每个月 600 元都觉得"捉襟见肘"。吕兰深知父母的艰辛和生活的压力,也倍加珍惜这来之不易的学习机会。她从来不羡慕有钱的人,也从未抱怨过父母,因为她觉得父母能把自己带到这个世界,把自己抚养长大已是莫大的恩情了。她说:"其实贫困并不可怕,关键是用什么样的心态去面对。"节假日对大多数大学生来说是休息和放松的时间,而当别人逛街、看电影或去旅游时,吕兰却常常顶着烈日或冒着寒风去做市场调查,或者强忍着晕车的痛苦去做家教。

吕兰在极大的压力下走过了两年时光,她说"乐观"是自己两年来最大的收获。两年里,她努力地学习,努力地打工,积极地参加学校各种各样的活动,争取各种各样的奖励等,从不给自己空闲的时间,她觉得自己过得很充实,很幸福。

课后训练与思考

1.你为尽快适应大学做了哪些准备?

2.你是如何理解心理健康的标准的?

3.你平时常用的心理调适方法有哪些?

第二章　认识心理咨询

名人名言

一切成就,一切财富,都始于健康的心理。

——卡耐基

不能改变现实,但能改变你的视角。

——佚　名

【内容提要】

随着社会的进步,人们希望提升生命质量,拥有健康心理。为此心理咨询将会成为人们生活的一部分。本章将从心理咨询的含义、心理咨询中常见的心理问题、心理咨询的原则以及心理咨询的误区等几个方面帮助大学生正确认识心理咨询,了解心理咨询,并在适当的时候学会心理求助。

第一节　课堂实训:你需要心理咨询吗?

一、课堂采访——我看心里咨询

1. 目的

通过同学间的采访和交流了解大学生是怎样看待心理咨询的,帮助大家形成正确的心理咨询观。

2. 具体操作

(1)要求大家随机采访在座的 3 名同学并作适当的记录,被采访的同学要真实回答,采访的话题包括以下几个方面的内容。

①你有过心理咨询的经历吗? 若有请简要说说心理咨询的体会,若无请说明不选择

心理咨询的原因。

②你所理解的心理咨询是怎样的？

③你是怎样看待那些去寻求心理咨询的人？

（2）分组讨论交流采访的内容并总结

分组讨论后，每组派代表上台分享。

二、自我检查

心理健康是一个发展的、相对的概念，人的一生从出生到死亡都处于不同阶段的心理发展中，任何人不可能在心理上完全健康。人们在日常生活中的不同阶段、不同层面，在遇到不同的问题或事件时，就像时常患感冒一样，存在或多或少或轻或重的心理困惑，也有可能出现心理问题或心理障碍。因此，任何人都需要心理卫生保健和心理健康教育，享受心理咨询与治疗。以下条目是可能会导致心理问题的信号，是需要进行心理干预的线索。

（1）我不知为什么经常感到烦恼，看什么都烦，无心思做事。

（2）我见了生人就脸红心跳，在人多的场合，我说不出话来。

（3）我想和别人打上一架，心里才觉得舒服。

（4）我常把自己锁在房间里独处，不愿出门，总想痛哭一场。

（5）有个人得罪了我，我想狠狠报复。

（6）我经常失眠，惧怕夜晚来临。

（7）我入睡前一定要多次检查房门锁是否锁牢。

（8）我的手好像很脏，洗多少遍都觉得没有洗干净。

（9）我的几个好朋友都先后不理我了，不知怎么得罪了他们？怎样才能拥有好朋友？

（10）我换了几个单位，总是和领导不对路，我该怎么办？

（11）我和异性在一起就紧张，怎样也感觉不自然。

（12）现有的工作（学科）非常不适合我的性格，我到底是什么样的性格？

（13）我经常不由自主地大发脾气。

（14）当让我拿主意时，我的脑子里就一片空白。

（15）即使别人在谈论天气，我也觉得是在议论我。

（16）我经常无故地感到自己有罪。

（17）我从来就不敢从高处往下看。

（18）我平常聊天很健谈，可在正式场合当众发言就紧张（或口吃）。

（19）我和爱人在一起，经常找不到快乐。

（20）快考试了，我又进入了脑子一片空白的状态。

（21）我总是在走路时控制不住地数脚下的地砖。

（22）我一紧张就要到厕所小便，不然就要尿裤子。

（23）我很正派，但是一见到异性，就不自觉地往"敏感部位"看。

（24）小时候使我不安的事，至今还在困扰着我。

（25）其实我已经把事情做得很好了，可是我还是不满意，狠狠地自责。

（26）有些很脏的东西，对我毫无用处，可我仍想抚摸或存集。

（27）我总觉得自己很优秀，可从来得不到赏识。因此常常怨恨他人。

（28）我越是努力要把一件事情做好，效果反而越差。我错在哪里？

（29）我很喜欢虐待小动物来寻开心。

（30）与其这样烦恼，还不如死了好。

如果其中有与自己相似的问题，并且在一段时间里困扰着你，那么，就请你考虑去做心理咨询。

第二节　知识链接：关于心理咨询

一、心理咨询概述

1. 什么是心理咨询

在汉语的解释中，咨是商讨，询是询问，心理咨询是来询者就自己心理、精神、情感方面存在的问题，向咨询专业人员进行诉说、商讨和询问，以求问题解决的过程。心理咨询是在良好人际关系的氛围中进行的，咨询师会耐心认真地倾听你的诉说，帮助你分析问题产生的原因，辨明你心理问题的性质，和你一起商讨解决问题的对策，使你的心理恢复平衡。通过心理咨询可以使你的潜能得到挖掘，有助于增强你的心理素质，提高你适应环境的能力，达到增进你身心健康的目的。

心理咨询应强调以下几个基本要素。

第一，心理咨询解决的是心理精神方面存在的问题，而不是帮助来访者处理生活中的具体问题。比如，一个因考试焦虑而来访的大学生希望咨询师帮他消除考试焦虑的心理问题，并替他交涉缓考问题。消除考试焦虑是心理问题，咨询师要力求给予帮助；而缓考问题是具体问题，咨询师不负责解决这方面的问题。消除考试焦虑是心理上的根本问题，而缓考要求是由于来访同学的心理焦虑引发的，心理问题解决了，缓考的要求也就容易消除。

第二，心理咨询是来询者的自愿行为。家长、教师和同学可能对你提出前往心理咨询的建议，但如果你不愿意来，谁也不会强求你，咨询师也不会主动去找你来咨询。心理咨询是一项坐等上门的服务，因为心理咨询只有在来询者自愿的情况下才有助于问题的解决。在现代社会，心理咨询是一项很受欢迎的工作，许多大学生都从心理咨询中得到帮助，因而主动询求咨询的人也越来越多，有时甚至应接不暇。

第三，心理咨询不是一般的助人行为，而是一种专业性很强的工作。它是应用心理学的知识、理论和方法从心理上对来访者进行帮助。心理咨询师必须经过专业训练，具有心理咨询的专业知识，方可从事这项工作。在日常生活中，人们也可以在心理上进行互相帮助，例如，通过聊天使紧张情绪得到缓解，但这是日常交往，而不是心理咨询，心理咨询有其特定的目的任务和解决问题的方法,因而是一种专业行为。

第四,心理咨询强调良好的人际关系氛围。良好的人际关系氛围是心理咨询的必要条件,只有在良好的人际关系氛围中,来访者才肯坦率地谈论自己的问题,只有在这种情况下,才能真诚地商讨和解决问题。心理咨询与一般的教育不同,咨询师不会以教育者自居,更不会板起面孔对来访者进行"教育",因此,来访同学不必有任何畏惧和顾虑。

第五,心理咨询是一种特殊的学习和成长过程。心理咨询是一种助人成长的活动,特别是处于成长过程中的青年学生,通过心理咨询能使自己在个性发展、身心健康等方面领悟许多新的道理,在解决心理问题的过程中成长、成熟。心理咨询是帮助来询大学生自强自立的过程,通过心理咨询使来访者学会正确对待自己、正确对待他人、正确认识社会、正确理解人生。这些问题的解决,有助于减少内心世界的矛盾与冲突,有助于缓解心理压力和调整情绪。这些都是人格上的学习和成长过程。

2. 心理咨询常见的误区

心理咨询是正常缓解心理压力与提高心理承受能力的好办法,几乎每个人一生中都需要心理咨询,但现实中还有不少人对心理咨询存有一些认识上的误区。

(1)有病的人才会去心理咨询

寻求心理咨询的人绝大部分都是心理健康的正常人。他们在生活中遇到了自己无法解决的问题,比如学习问题、人际交往问题、恋爱问题、婚姻问题、家庭关系问题、子女教育问题、职业选择等问题。这些问题都是我们正常人生活的一部分,寻求专业人士的帮助是他们寻求心理咨询的主要动机。

那些极少数的具有问题的患者,如有强迫症、恐惧症、性心理障碍的患者,则需要寻求专业的心理治疗,由对心理咨询和治疗有相当研究和实践经验的专家进行。因此,寻求心理咨询的人是正常人,而需要心理治疗的人才是心理有问题的人。

(2)心理咨询就是聊天

心理咨询不同于一般意义上的聊天,尽管心理咨询的方式主要是谈话,但心理咨询利用心理学的专业理论知识,还有社会学、医学等方面的知识,通过严格科学的理论体系和操作规程,达到解决心理问题的目的,帮人解除心理危机,促进人格的发展。这完全不同于朋友间的聊天、亲友的劝解安慰、老师的教育或领导的思想政治工作。

(3)心理咨询就是给你提建议

心理咨询工作的基本理念是"助人自助"。通过心理咨询过程,纠正求助者错误地认识观念和提高求助者的认识能力,透过求助者自身认识和观念的改变来协助求助者解决问题。心理咨询工作者的一个信条是"每个人都是解决自己问题的专家",求助者的问题只有求助者有能力、有资源来解决,而求助者的能力和资源只有求助者自己最了解,因此解决问题的方法主要靠求助者自己发现。

心理咨询的目标并不是给求助者提建议,而是让求助者看到自己的问题,认识到自己具有解决问题的能力和找到解决问题的方法和途径,咨询师的任务是引导求助者找到解决问题的办法。

(4)心理问题可以一次解决

心理问题往往无法通过一次心理咨询就能彻底解决。这是因为心理问题的解决是一个自然的过程。不能期望一次咨询就可以解决问题，比如导致心理的错误观念的转变、不健康的行为方式的消除、童年不幸经历的创伤都不可能在一夜之间得到解决。因此，对心理问题的解决需要一定程度的耐心。

心理问题解决需要多长的时间一般取决于两个方面的因素。第一个因素是求助者的配合程度，如果求助者没有解决问题的意愿，或者对咨询师的要求不积极配合，这就会拖延心理问题解决的时间。第二个因素是病程和泛化程度。心理问题形成的时间越长需要的时间越长，心理问题对工作、学习、生活、家庭等生活方面影响越大，解决起来需要的时间就越长。

（5）阅读心理问题自助书籍可以解决自己的心理问题

心理问题的解决首先需要正确诊断。求助者由于缺乏专业知识和能力，对自己的心理问题性质、类型和病因缺乏正确判断，往往导致求助者夸大或者错误诊断自己的心理问题，结果是自己的问题没有得到解决，反而增加了新的烦恼。许多求助者就是因为对症状不了解而随意给自己诊断为强迫症、恐惧症等带来更大的烦恼。

其次，心理自助书籍往往对心理问题提出一般性的解决方案和策略，这种策略对读者缺乏针对性。每个人问题的形成原因、每个人的性格和能力、每个人解决问题的资源都是不同的，每个人问题的解决方案往往不可能照搬书上的解决方案。

正因为如此，寻求心理咨询有助于求助者心理问题的解决，而阅读心理自助书籍不一定能解决问题。

（6）心理问题不要紧

心理问题的治疗不如生理疾病那样迫在眉睫。生理疾病由于有比较明显的症状使得患者无法或者不愿意忍受，从而产生强烈的求治动机。心理疾病则由于没有那么明显而急迫的症状表现，往往患者会因为各种原因而拖延治疗。

其实心里问题对患者生活、工作和家庭的影响大大地超过生理疾病的影响，严重的影响患者的生活质量。比如一个具有抑郁个性的丈夫可能导致夫妻关系不和睦、工作中同事关系不好、工作效率低，凡是和他有关的人都可能受到他的心理问题的影响。而如果丈夫生病住院，则夫妻关系、同事关系等方面不会受到影响。显而易见，心理问题比生理问题更应该受到重视。

（7）去做心理咨询丢人

由于历史的原因和许多客观因素的限制，人们对自己的心理世界还不太了解，许多人还分不清"神经"与"精神"、"精神"与"心理"以及"思想"的区别。对心理咨询的惧怕与怀疑可能源于对"精神病"的无知，去心理咨询怕被当成"精神不正常"看待，心理问题被当成"心理病态""思想问题"。有时轻微的心理问题如不加以科学解决，最后都有可能发展成重型精神病。"捂"着、"瞒"着会让心理问题得不到解决，实在悲哀。心理咨询是促进人的成长与发展的最佳途径之一，是预防心理障碍有效方法，是提高生活质量实现人生成功的必由之路。心理咨询的最基本原则里面包括"绝对保密"，你可以把内心世界坦诚给心理医生，心理医生会给予精心的维护保养。心理咨询将使你远离愚昧及封建迷信,接受现实、挑战自我。认为"看心理医生丢人"的人是软弱的人,是不敢接受自我与现实的人,其心理也不太健康。现代有进步思想的人已经毫无顾虑地走进心理咨询室,充满信心地走向成功的未来。

(8)搞心理咨询的人都是心理有问题的人

从事心理咨询职业的人的动机比较多样。有的人的确因为过去曾经罹患心理疾病,对心理疾病给患者带来的痛苦深有体会,从而立志从事心理咨询;有的人因为给予他人帮助而感到快乐,喜欢助人的职业,选择作心理咨询师;也有的人因为看到心理咨询行业有发展前途而从事心理咨询行业。

心理咨询师作为一个人不可能完全没有自己的心理问题,他们有心理问题也会寻求更高水平的心理咨询师的指导。不管怎样,作为职业要求,心理咨询师不会因为自己的问题影响心理咨询工作的开展。

(9)没有生活经验不能做心理咨询

心理咨询工作不但要依靠咨询师的咨询理论和技术,也要靠咨询师的生活经验。因为心理咨询师的工作不是要给求助者以具体的指导,而是通过心理咨询的技术启发求助者自己找到解决问题的办法。在这个过程中是否具有与求助者相同的生活经验不是必要条件。

当然,咨询师是否具有相应生活经验对心理咨询会带来一定的影响。如果咨询师缺乏相应生活经验,咨询师可能会需要更多时间和求助更为详细的叙述来理解求助者的问题。也就是说,咨询师缺乏相应经验并不影响求助者问题的解决,但是会影响咨询的效率。

3. 心理咨询的作用

心理咨询的终极目的是助人自助。它是一门使人愉快和成长的科学。这里的成长,是心理学意义上的人格成长,它含有心理成熟、增强自主性和自我完善的意思。心理咨询主要有以下几个作用。

(1)建立新的人际关系

在咨询过程中,来访者可以直抒胸臆,不必隐晦。因为他们的诸如冒失等举止不会遭到非议。在咨询过程中,他们的过激言行和冷淡的情绪反应,心理咨询师常常会用积极地态度去回应,促进来访者做出新的建设性的积极反应,并成功地帮助来访者运用于其他人际交往中。

(2)认识内部冲突

心理咨询师会帮助来访者认识到,大部分心理困扰是源自于自己尚未解决的内部冲突,而不是源自于外界,外部环境不过是一个舞台,内部冲突是舞台上的主角。

(3)纠正非理性观念

来访者通常确信自己清楚知道自己需要什么和正在做什么,而实际上并非如此,通常他们是以种种非理性观念做自我说明。心理咨询促进他们对自己的错误观念进行认真思考,代之以更准确的理性观念。

(4)深化来访者的自我意识

心理咨询师引导来访者进行自我探索。当人们真正认识了自己时,他们也就认识了自己的需要、价值观、态度、动机、长处和短处。他们一旦认识自己,就可以比较客观地规划自己的人生。

（5）学会面对现实

来访者一般会比较多地回味过去,计划未来,而常常逃避现实,以此来减缓自己的焦虑。同时总是按照自己的愿望摆布现实,希望能得到周围人的支持和肯定。咨询师往往会引导来访者回到现实中,树立他们敢于面对现实的勇气和信心。

（6）增加心理自由度

大多数来访者至少在一个相当重要的方面是缺乏心理自由度,心理咨询师协助他们给自己的心理更大自由的机会,接受矛盾和不完美。

（7）帮助来访者做出新的有效行动

来访者只有使自己的欲望合理化,行动理智些,才能减少内心的烦恼。往往来访者心理障碍的症结不是控制不住自己的欲望,而是不能通过有效地行动去改变或满足自己的欲望。咨询师的工作就是让来访者用合理的行动去缓解或解除烦恼。

二、高职生心理咨询中常见的心理问题

1. 与适应环境有关的心理问题

从中学进入大学以后,学习和生活环境会发生明显的变化。如从走读改变为住校过集体生活,饮食起居都不习惯;六七个人住在一间宿舍,脾气禀性各不相同,大家生活在一起也有一个磨合的过程;大学教师的教学方法与中学教师的有很大差异,一时也不习惯;有些同学初次离开父母和家乡,对父母十分想念,甚至因此暗自落泪。大学新生都有一个从不适应到适应的过程。在适应环境的过程中,同学们可能会产生紧张、焦虑、孤独等负面情绪。如能得到心理咨询老师的及时辅导和帮助,消极情绪就可以得到疏导。每个学年开始的时候,新同学来咨询的较多,他们都能从心理咨询中受益。

2. 与学习有关的心理问题

学习是学生时代的首要任务,在校学习成绩的好坏,关系到走上社会以后能否胜任工作,对一生的发展都有重要影响。这一点同学们是明白的,大家也都希望自己在校能获得优良的学习成绩。但如何才能实现这一目标,相当一部分同学在心理上都或多或少存在困扰。比如,学习成绩名列前茅的同学,怕失去排名前列的位置而焦虑;不懂科学用脑规律的同学不注意体育运动和劳逸结合,在严重的时候会出现失眠、乏力、头痛等亚健康状态,并为此烦恼不已;学习成绩落后的同学心理上压力更大。也有的同学因为中学学习过于紧张而产生厌学情绪。此外,考试焦虑、专业兴趣等都可能出现问题,而这些问题都可以通过心理咨询得到帮助和解决。

3. 人际交往方面的心理问题

人活在世上是需要朋友的,青年对友谊更加渴望。然而,不少同学却感叹"知音难觅",举目四望,似乎在自己周围无可交之友。问题发生在哪里呢?心理咨询师会帮你进行分析。与交往有关的还有多方面的问题,如社交恐惧、赤面恐惧、孤独感、依赖感、支配

欲、对人敌视等，都属于社交心理障碍，这些也应通过心理咨询求得帮助。

4.与恋爱有关的心理问题

青年人开始进入"恋爱季节"。虽然学校并不提倡大学生谈恋爱，更反对中学生早恋，但是正值青春发育期的少男少女们，心头萌动的"钟情""怀春"的心态往往使禁令无能为力。他们可以不公开谈恋爱，但心中"春潮"的涌动是难以遏制的，因而在校园的心理咨询中恋爱心理问题难以避免。与恋爱有关的心理问题表现在许多方面：尚未谈恋爱的人，在心头憧憬着美好的爱情生活；暗恋上某一个人时，会体验到单相思之苦；走进"恋爱围城"的人，激动和失落的情绪潮起潮落，一旦失恋，其痛楚更是刻骨铭心……恋爱是一种激动人心的情感，但正确处理这种情感需要有理智和能力。年轻人在恋爱过程中产生的郁闷向谁倾诉，在处理自己面临的问题时与谁磋商，心理咨询师应该说是最合适的人选。

5.青春发育期的身心健康问题

中学生和大学低年级的学生在生理上正处于青春发育期（简称青春期）。青春期身体变化的核心内容是性机能的成熟。在性机能成熟的过程中，身体上会产生一系列的变化，除了体形体态等变化外，女性月经来潮、男性分泌精液等现象也会给青年人心理上带来紧张和不安。由于我国在学校很少开设性健康教育的课程，因而，相当多的同学对自身的变化缺少相关的科学知识和心理准备。有的同学以为自己得了病，偷偷地买些药服用；也有的同学在心理上产生不必要的自责和负罪感；还有的同学为"手淫"而苦恼……这些问题都应该通过性健康教育或心理咨询得到辅导。此外，性机能的成熟和结婚并不同步。结婚成家需要以立业为前提条件，而生理上成熟导致的性冲动都不受是否立业的限制。另外，由于受西方性解放思潮的影响，婚前性行为在青年学生中也时有发生，由此会引发种种现实问题和心理冲突，需要有人帮助和指导。

6.求职就业前的心理问题

在校学习的目的，是为了毕业后能运用自己的专长通过就业为社会服务。而围绕着求职就业也会有许多心理上的困扰。进入高年级以后，就面临着升学和就业的选择。中学生多数人会选择高考，大学生也有不少人毕业后会选择报考硕士研究生，继续深造。但更多的大学生面临的是就业问题。围绕着就业，既有兴奋，又有焦虑的心态。兴奋的是经过十几年的寒窗苦读，终于要走向社会，能在社会服务中发挥自己的光和热；焦虑的是在双向选择中，能否找到一份满意的工作。这方面的问题也可以通过心理咨询，从认知和心理上得到帮助和调整。

7.其他心理问题

人的心理问题有多种多样的表现，除上述几方面以外，还会有许多其他方面的表现。如有的同学缺乏良好的自我意识，遇事易产生自卑、自傲、自恋或自暴自弃等心态；有的同学在处理经济问题和勤工助学方面也存在着焦虑和困惑；还有的同学因身体欠佳，在无偿献血之前也会有许多担心和疑虑……

三、心理咨询的原则

1.理解、支持的原则

主动上门进行咨询的人,是意识到自己心理上存在某种问题、想要通过咨询得到帮助的人。他们对咨询人员抱有很大的希望,同时也可能存有某种担心和疑虑。担心咨询人员不能诚恳相待,不能理解他们的苦衷,因而初询者容易心存疑虑。咨询人员会热情诚恳地接待来访者,向来访者讲明心理咨询的基本精神和原则,鼓励他们解除顾虑、畅所欲言。在人的精神需求中,人与人之间的理解和支持至关重要,它可以使人心头的郁结得以消融,使感到孤立无援的人获得勇气和力量。来访者的心理问题各式各样,有些问题在常人看来可能是难以理解的,但咨询人员对此会有正确的理解,并会给予真诚的关怀与帮助。所谓支持,并非在具体问题上给予支持与帮助,而是在心理上给予支持与鼓励。这种支持的作用,有时比对具体问题的支持更为有力。

2.保密性原则

保密性原则是心理咨询中最重要的原则。它是鼓励来访者畅所欲言的心理基础,同时也是对来访者人格及隐私的最大尊重。当建立相互信任的咨访关系以后,来访者可能谈出自己未向任何人透露过的内心隐秘,这表明了他对心理咨询人员的信任,同时也是真正治愈心理疾病的开始。坚持保密性原则是咨询师职业道德之所在,同时,来访者个人的隐私也是受到法律保护的。《中华人民共和国宪法》保护公民的隐私权,来访者向咨询人员谈论的个人情况,属于隐私权范围,受到法律的保护,因此,保密性原则在心理咨询中会得到认真的贯彻,这一点可以放心。心理咨询的保密范围包括为来访者的谈话内容保守秘密,不公开来访者的姓名,拒绝关于来访者情况的调查以及尊重来访者的合理要求等内容。

3.耐心倾听和适当询问的原则

心理咨询不是心理学讲座,咨询过程绝不是由咨询工作者向来访者讲述心理学知识,而是启发来访者自己讲述问题。倾听是心理咨询中的重要步骤,只有认真倾听才能了解对方存在的心理问题,才能理解人。不仅如此,认真听取来访者的诉说还可以起到帮助来访者解除心理重负、放松紧张情绪的作用。当一个人为心理重负压得透不过气来的时候,当他的情感和行为不能被人理解的时候,如能有人耐心地听他诉说,并帮他理清问题的头绪的时候,他会感到如释重负,常言说的"一吐为快"也就是这个道理。在心理咨询的过程中,你可以把闷在心中的话向咨询人员倾诉,他会认真倾听,并帮你分析问题,共商解决问题的办法。在来访者谈自己的问题的过程中,咨询人员也会提出一些问题,这是为澄清问题、进行正确心理诊断的需要。

4.疏导抚慰和启发引导的原则

在心理咨询过程中,咨询人员会从情绪上对你进行疏导,加以适当的抚慰与鼓励。俗话说:"良言一句三冬暖。"心理咨询人员要通过自己的工作,使有心理重负的人感到温暖和力量,使他们逐步摆脱消沉的情绪。进而使精神振作起来。对于来访者的一些模糊认识,咨询人员不会随声附和,更不能无原则地迁就,而会给予正面的启发和引导。在认真耐心听取来访者倾诉内心苦闷的基础上,咨询人员会和你共同分析问题,帮助你调整看问题的角度和方法,使你学会正确对待自己和他人,从而建立新的认知结构,提高适应环境的能力。实践证明,来访者通过和咨询人员推心置腹地交谈,会从多方面受到启示,悟出许多道理,从而以积极的态度调整情绪,面对现实。

5.促进成长的非指示性原则

心理咨询或心理治疗中还要坚持非指示性原则。这一原则是美国人本主义心理学家罗杰斯提出的。他认为,心理咨询应以咨访双方的真诚关系为基础,这种关系不是一种外部指导或灌输的关系,而是一种启发或促进内部成长的关系。因为人有理解自己、不断趋向成熟、产生积极的建设性变化的巨大潜能,因而心理咨询和心理治疗的任务在于启发和鼓励这种潜能的发挥,而不是包办代替地进行解释和指导。心理咨询的过程中,在弄清来访者存在的问题进而寻求解决问题方法的时候,咨询人员不会主观地指示来访者一定要怎样做或一定不怎样做,而是与来访者共同分析讨论,设想有助于问题解决的各种方案及不同方案可能导致的不同后果,但究竟采取哪一种方案去解决问题,则应由来访者自己进行选择,咨询人员不能包办代替。这也同样是对来访者的尊重。

6.咨询、治疗和预防相结合的原则

心理咨询和心理治疗虽有区别,但在本质上是相通的。咨询过程本身就有一定的治疗作用,而心理治疗也离不开必要的咨询过程。例如,来访者向咨询人员倾诉压抑的情绪,咨询人员帮助来访者寻找心理障碍产生的根源和进行抚慰本身就有疏泄治疗的作用;咨询人员帮助来访者克服焦虑、恐惧、强迫意念等种种心理障碍的过程,也是在进行心理治疗,所以心理咨询中很难排除心理治疗的成分。对待心理疾病也要像对待生理疾病一样,以预防为主。在心理咨询过程中,经过咨访双方推心置腹地深入交谈,敏锐的咨询工作者可能会发现,来访者受到某些消极的心理暗示产生疑病、恐病或对他人无根据的猜忌,也有人由于消极厌世而产生轻生的意念。对于这些情况,咨询工作者会及时加以开导,帮助来访者解除疑虑和消极意念,鼓起战胜困难的勇气,以积极的态度面对人生,或采取其他合适的措施预防一些不幸事件的发生。

第三节 案例及分析

一、案例1

她患抑郁症了吗

小白是大一女生,第一次远离家乡和父母来到大学求学。刚进大学时,她对一切事物都感到新鲜有趣,但渐渐发现,新的事物那么多,信息量那么大,要适应那么多新东西其实是很难的。此后,她做事情都觉得很困难,不容易上手,对此小白感到十分懊恼,经常自责,情绪十分低落。

意识到自己的这种状态,小白开始经常关注心理学方面的杂志和网站。有一次她看到一篇描述抑郁症的文章,结合自己的状况,觉得自己有些抑郁症状,她便不断搜索关于抑郁症方面的文章,并且按照其中介绍的一些方法对自己进行治疗,寻求解脱,但效果甚微。小白越来越确信自己患了抑郁症,常以一个病人的心态看待自己,因而对前途悲观失望,找不到学习的动力、小白终日无精打采、反应速度减慢、分析能力下降、生活懒散,时常觉得大学生活和学习没有意思。上课无法集中注意力,成绩总是排在班上的后几名。

同时小白对各种活动失去兴趣,整天待在宿舍里,也不跟宿舍同学说话,只是一个人躺在床上听音乐,或者自怜自艾,以泪洗面,觉得自己很孤独,很无助,没有人可以依靠。

【案例分析】

小白的抑郁症状首先是源自对大学生活的不适应。

其次,是因为她本身性格固执,喜欢钻牛角尖,对自己关注太多。

再次,她身上具有抑郁症患者歪曲认知的一些特点:一是对看不到自己的优点,或是把自己的优点看待微不足道;二是把自己的抑郁表现夸大成没有指望的心理疾病。由于这些负强化的思维导致了认知上的歪曲,她对自身、周围环境和未来都产生了一些消极看法,看不到自身的优点,如此恶性循环,症状越来越严重,快乐的感觉越来越少,最终整日悲观失望。

建议小白求助心理咨询师并积极配合治疗。还可以通过以下几个方式促进治疗。

第一,建议小白填写生活事件表,标出各种与情绪有关的事件在生活中发生的频率,以及这些事件引起的愉快及不愉快程度,通过这种方法可以使她意识到不同事件与心境的关系,并进行有意识的情绪调整。

第二,从认知的角度探讨小白的问题。小白可以填写一张认知重构表,把会影响自己情绪的事件找出来,然后分析其中有没有不合理的观念。若有,则用合理的观念取代它,并在实际生活中反复实践。

第三,学会控制自己的情绪,合理地宣泄。

第四,制订学习上的长远目标和短期目标,针对这两种目标制订合理的、可以实施的学习计划。尝试把目标分解为一个个小目标,然后逐个实现。这样可以避免因为目标太大而无法实施的情况。

二、案例 2

她为何洗个没完

文静是一名大学二年级的女孩,自幼胆小、认真、爱清洁、讲卫生。一年前,同宿一女生得了肝炎,从此,她饭前便后特别注意洗手,每次非要用肥皂洗得"干干净净"才肯进食。后来,洗手的次数越来越多,时间也越来越长,而且一定要计时,每次非要洗到5分钟不可。如果父母、同学劝她少洗手,她就会发脾气,甚至不吃饭。即使冬天,她也照常洗手,常因洗手时间长而影响生活和学习。再后来,她不但洗手,连她经常用的东西都不断地洗,比如洗杯子、洗钢笔,她甚至把随身听拆了,一个部件一个部件地洗。

前段时间,她的症状进一步加剧,她认为外边所有的东西都很脏,不愿意出门,每次出门回来都要洗澡,而且持续很长时间,大概五天就可以用掉一块香皂。她现在已无法继续正常地学习和生活,休学在家。

她知道这样做没有必要,但却无法控制自己。

【案例分析】

文静所表现出来的症状无疑是强迫症。强迫症的人,性格多属"内向型"。他们大多具有认真、细致、耐心、遵守纪律等优良品质,常常被人们称为"好孩子"。但是,当这些好品质极端化以后就形成了引发强迫症的性格因素:好思虑、多疑、胆小、犹豫不决、谨小慎微、做事呆板等。

文静小时候,父母的生活习惯、工作特点、教育方式对她的成长有着重要的影响。当她的行为与父母的观念不相适应的时候,她一般会强迫自己去接受和适应,心中却留存了潜在的背叛意识。当室友生病时,就像一把打开文静心病的钥匙,促使她表现出强迫症状。

建议文静应该正确认识到强迫症是一种心理障碍,不要产生恐慌,要相信自己。心理矫正是治疗强迫症最有效的方法,文静应主动配合心理医生改善自身心理环境、心理素质,提高认识水平,阻断强迫思维,从纠正强迫行为入手,进行心理治疗。

在心理咨询时,可以采用系统脱敏法。现实系统脱敏法是这样的,在给来访者建立恐惧事件层次之后,咨询师将来访者引导到恐惧事件的情境之中,让来访者体验这种焦虑心理,反复多次之后,使其逐渐适应此种情境,不再感到害怕。然后再引导他进入下一个深层次恐惧事件的情境中。注意系统脱敏治疗都是由最轻的事件到最严重的事件逐步展开的,并且逐渐加大作业的量。

其次,可以采取思维中止法。让来访者在手腕上套一根橡皮筋,引导来访者在头脑里出现"强迫想法"时,就弹手腕上的皮筋,并让其说出指导语:"这是我的强迫症,是自己强迫自己,应当马上终止!"不要"迁就"自己的症状。可以反复做这个作业。

总之,在心理咨询指导下,经过系统脱敏、交互抑制、思维终止等方法的治疗,强迫症状是会大为改善的。

三、案例3

从电影《心灵捕手》看心理咨询

故事梗概

影片讲述了一个桀骜不驯,却又聪明绝顶的年轻人的故事。本片主人公威尔(Will)仅有 20 岁,他从未上过大学,却对数学有着痴迷的爱,自己博览群书,但是由于卑微的出身和经济的贫困,他只能在麻省理工学院(MIT)做一名清洁工。一位著名的数学教授注意到了他,从此改变了威尔的命运:一天,教授在黑板栏上写下一道他觉得十分困难的题目,希望他那些杰出的学生能提供答案,可是无人能解。威尔在下课打扫时发现了这道数学题,并轻易地解开了这个难题。数学教授在找不到真正的解题者之后,又出了另一道更难的题目,终于找出了这个数学天才——这个可能是下一世纪的爱因斯坦的年轻人。

威尔从小被亲生父母所遗弃,后来又受到养父的虐待,缺乏家庭的爱和管束,对任何人都不信任,内心极度自卑,而他的外表却是桀骜不驯,甚至到处打架滋事,并被少年法庭宣判送进少年看护所。最后经过数学教授的保释并向法官求情,才让他免受牢狱之灾。虽然教授希望威尔能够重拾自己的人生目标,用尽方法希望他打开心结,但是许多被教授请来为威尔做心理辅导的心理学家,却都被这个有着惊人的高智商的小伙子洞悉心理后受到羞辱,纷纷宣告威尔已"无药可救"。

数学教授在无计可施的情况下,只好求助他的大学同学及好友桑恩(Sean),希望他来开导这个异常聪明而又前途迷茫的年轻人。在众人的帮助下,威尔会不会将以前生命中所遭受的困境都抛之脑后,重新找回生活的目标呢?到底最后他能不能打开心胸拥抱生命?会不会把他之前所遭遇的困境抛诸脑后?心理咨询真有如此大的魔力打开这个青年的心扉,捕捉到他的心灵吗?

【案例分析】

咨询师的最基本的功能是与来访者建立良好的咨访关系,并帮助来访者找到问题的症结。咨询师可以采用的技术有很多,但关键还是咨询师的真诚、信任、同理心、以当事人的利益为重的职业素养,以及他们敏锐的洞察力。咨询技巧包括对峙、澄清、反复逼问等方法。让我们看看这位高明的咨询师是如何巧妙打开这个桀骜不驯的年轻人的心扉的。

1.真诚的沟通

当威尔毫无顾忌地批评并同样用他的博学来羞辱这位咨询师的时候,咨询师桑恩在恼羞成怒之后陷入了强烈的心理矛盾之中,但是他并没有放弃,他按时与威尔见面,并毫不隐瞒说出了自己的心理感受和矛盾,说出威尔的过人之处,威尔被桑恩的真实和真诚所动容,心灵受到了震颤。

2.同理心

桑恩通过和威尔交谈,发现这个小伙子桀骜不驯、夸夸其谈的背后实际上是深深的自卑,他敏锐地洞察到威尔所做的所有事情,都是源于他强烈的自我保护意识,包括威尔对数学教授安排的所有工作的嗤之以鼻,对自己深深喜爱的女友的粗鲁拒绝的对自己才华的无情糟蹋,等等,都让桑恩对威尔有了更深刻的认识,这是因为桑恩能将心比心,充分设身处地为威尔着想。

3. 澄清

威尔虽然聪明绝顶,却无法看清楚自己的问题,他一方面大谈搬砖头应该受到尊重,做杂役也不是什么丢人的事情;而另一方面却每天乘40分钟的火车,到全球最受敬重的大学去做杂役,并躲起来把难题解答在黑板上,然后又否认是自己做出来的。桑恩看清楚了这一切,他质问威尔为什么这么做,为什么不在自己的家门口做杂役呢?威尔哑口无言。桑恩继续展开攻势,问威尔的志向是什么?威尔随口乱说,说要到南方牧场去当牧羊人,桑恩敞开屋门,对威尔说:"不要浪费我的时间,你走吧。"习惯了口出狂言的威尔大感不解,连声强调咨询的时间还没有结束,桑恩说:"对于一个简单问题都不能诚实回答的人谈话,是浪费我的时间。"威尔无语离开,却留给了威尔许多沉思,他开始反思自己,反思自己矛盾的行为和言语。

4. 对峙

桑恩与威尔有5次交锋,包括一言不发的对峙,言辞激烈的对峙,行为粗暴的对峙等,每一次对峙都让威尔对自己的了解深入了一步。每一次的对峙都给予威尔和桑恩无限的思考,思考自己存在的价值和意义,思考在面临考验的时候是退缩放弃还是直面挫折。这也是这部影片最扣人心弦的部分,故事的一波三折正是通过不同的对峙淋漓尽致地体现出来。

5. 反复逼问

当桑恩从威尔的档案中了解到威尔是一个孤儿,自幼就被本该爱护他的人舍弃,并受到养父的虐待,满身是伤疤的时候,心里感到强烈的震撼,因为桑恩也经历了同样的遭遇,他明白了威尔自卑的根源,从更深层次上理解了威尔要在别人舍弃他之前先舍弃别人,这也是他强烈的自我保护的根源。谈起这段痛苦的经历的时候,面对威尔表现出的无所谓的态度,桑恩没有气恼,反而用同一"这不是你的错"连连逼问威尔,威尔在桑恩的逼问下,由无所谓到认真对待这句话,到恼怒,到痛哭流涕,到与桑恩紧紧拥抱,威尔在经历了这一系列的心理感受后充分理解了桑恩的话,自己的过去经历真的不是自己的错,为什么自己要一直背着这个沉重的包袱不肯真实地面对生活,不肯接受真挚的情感,一直拿别人的错误来惩罚自己,一直通过践踏自己的才华来抚慰自己?他认清楚了自己,看到了自己的优缺点。这是一个多么残酷而漫长的过程,同时也是一个改变自我、开启新生活的契机。

桑恩就像一个机敏而富有智慧的猎手一样,在桀骜不驯的威尔面前,通过自己的真诚和娴熟的心理咨询技术打开了威尔的心扉,捕捉到了威尔的心灵,找到了威尔的心理问题的症结所在,帮助这个富有才华的年轻人重新找到了属于自己的生活,使他把所遭遇的困境和痛苦抛诸脑后,重新打开心胸拥抱生命。

第四节　课外阅读

一、阅读材料1：大学生求助心理面面观

1. 为什么要求助

　　每个人的大学求学之路并非都是一条铺满了鲜花的平坦大路，难免会有荆棘和坎坷。你可能会为如何适应大学生活而苦恼，可能会为学习方法不适应而着急，可能会为人际交往而费神，还可能会因爱情问题而困扰……对于大多数人来说，可以通过自我调节改善自己的心理状态，但也有少部分学生因自我调节能力有限，致使不良的情绪和心理状态影响到自己的学习和生活，这时候就需要寻求帮助了。我们这里谈的求助主要指心理求助。心理求助是指大学生个体在遇到心理和情绪等方面的困难时，向他人寻求帮助以达到解决困惑的过程。

　　生活在这个世界上的人们需要彼此支持，互相帮助。每个人都有自己的局限性，没有哪个人能独自解决自己所有的麻烦，没有谁是永远的"常胜将军"。大学生追求独立自主，这似乎与求助是矛盾的。有些人可能误以为独立就是不需要别人的帮助，求助是一种依赖的表现。其实，求助是寻求支持，在自己能力有限时，寻求他人帮助是是否能够维持独立的很重要的一个方面。求助不表示依赖，依赖是指自己能做的事也让别人为自己做。从广义上讲，独立与依赖也不是互相排斥的。成熟的人既是独立的，又是彼此依赖的，因为他们知道什么时候需要他人的支持，即能够依赖他人，没有他人支持的独立只是一种孤独而已；也知道该依靠自己的时候决不能一味依赖他人，否则自己将永远无法独当一面。

　　"自助者，天助之。"一个人在遇到困难时，最终还是要靠自己来解决问题，这是对的，自己的事总要自己去面对。但有些人可能误读了这句话的含义，经常对自己说，"求人不如求己"，因而不去求助。但实际上，求助在广义上说也是自我帮助的一种形式。自我帮助更多的途径是通过自我学习、自我分析，也包括参加各种技能技巧培训、听讲座、看书、上网，以及去图书馆查阅资料等，从而判断和解决问题。求助则意味着他人的参与，通过他人的帮助来解决自己的问题。他人的帮助相当于书籍、资讯等的作用，但是，他人可能提供更为有针对性的帮助，更能根据你的个人特点和具体情况而进行帮助，因而更为有效。常言道，"当局者迷，旁观者清"，"不识庐山真面目，只缘身在此山中"。他人的帮助可以让你对自己的问题有更清楚的认识，也可以提供一些解决问题的方法，当然最后要付诸行动去解决问题的还是你自己。

　　有些大学生在遇到心理问题时自己没有足够的内在资源去应对，又不知道向谁求助，以至于最后出现心理崩溃而造成了严重的后果。在上大学之前你也许习惯的是他人的主动帮助，从现在开始，你要学习积极主动的寻求帮助，尤其是寻求心理上的帮助。

2. 大学生向谁求助

一般而言,人们在向他人求助时有两种途径:其一是包括家人、朋友、师长等在内的非正式途径;其二是包括心理咨询师和精神科医生等在内的专业途径。社会支持系统是个体的非专业帮助的来源,而心理咨询则是帮助个体解决心理问题的一种专业途径。

所谓个人的社会支持系统指的是个人在自己的社会关系网络中所获得的、来自他人的物质和精神上的帮助和支援。一个完备的社会支持系统包括家人、亲戚、朋友、同学、老师、同事、上下级、合作伙伴、邻里等。对于陷入困境的人而言,社会支持犹如雪中送炭,带给我们持久的温暖、安全以及重振生活的信心、勇气和力量。从表面上看,每个人的社会关系网都差不多,无非是父母手足、老师同学等,但深入观察发现,每个人从中获得的支持却有很大的差异。有些人在遇到困难时总能获得及时的而又有力的帮助;而有些则不然,在陷入困境的同时,也迅速陷入孤立无援的状态。为什么拥有同样的社会关系网,人们所得到的支持却有那么大的差异? 这是因为,尽管社会支持系统是在现有的社会关系网络中产生的,但是社会关系网并不等于社会支持系统。社会支持系统是需要人努力建设并维护的,否则,就有可能受到伤害。社会支持系统需要平时细心的呵护。如果我们平时不懂得体贴、关心并帮助他人,不懂得与他人分享生活,那么,我们就很难构建自己的社会支持系统。尽管人离不开社会支持,但在遇到困那时,我们还是要尽可能依靠自己,或者是社会服务机构,不要事事求助于他人。这样,在遇到难以处理的大问题时,你就有可能从亲友、熟人等关系中获得最广泛而有效的支持。

那么怎么评估自己的社会支持系统呢? 需要问自己两个问题:第一,如果陷入困境,有多大把握能得到他人及时有效的帮助? 第二,这些"他人"都包括谁? 将这些人列出来。通过这两个问题,我们就能比较清楚地看到,当自己遇到困难时,可能获得谁的帮助。如果一个人的社会支持很丰富很健全,即使遇到挫折,也能够很好地恢复过来。一个人有多少社会支持,在很大程度上决定着一个人内心深处的安全感。

在面对心理困难时,除了社会支持系统以外,很重要的心理帮助来自于心理咨询这一专业求助途径。专业帮助的优势在于提供帮助的专业人士受过专业培训,使用一定的理论和方法来帮助求助者,而且具有保密性,通常能够更有效率地帮助当事人解决心理问题。

3. 大学生求助的特点

大学生的社会支持系统主要来源于家人、亲戚、朋友、恋人、同学、老师等。有研究表明,在遇到问题和困难时,大学生倾向于首先向家人和朋友寻求精神上的理解和安慰,然后才是向关系密切且经验较多者寻求有效的解决问题的方法。中国青少年研究中心的调查报告显示,当大学生有了心理问题的时候,首先选择的是向朋友倾诉(79.8%),其次是向母亲(45.5%)、同学(38.6%)、恋人(30.9%)、父亲(22.9%)或同龄亲属(15.8%)倾诉,选择向心理咨询师倾诉的仅占 3.2%。

大学生在试图解决心理问题时,从求助的对象来看大多数人愿意从家人和朋友那里得道帮助,而不愿意到专业的心理咨询机构寻求帮助。从对待求助的态度来看,女性比男性对心理咨询持更肯定的态度,而且在遇到心理问题时,她们更愿意接受专业人员的帮助；而男性较女性更倾向于自己解决问题，对求助于人更为消极。另外，来自农村的大学生较来自城镇的大学生更不愿意向人求助。

从求助的倾向看，先靠自己努力解决问题，再向家人朋友等社会支持系统求助，最后再求助于专业人员，这是合理合适的，一般性的心理困惑和心理困扰，比如恋爱交友中常见的一些问题，爱人朋友等非专业人员可以根据自己的经验和认识，答疑解惑。然而，当不能独立应付心理困扰，而且不能从非专业人员处获得有效帮助的时候，可以尝试寻求专业的心理帮助。当自己的心理问题对自己的学习和生活的影响较严重时，及时求助于专业人员可能会更有效的解决问题。

有调查表明，自从高校开展心理健康教育工作以来，大学生的心理健康意识已经开始增强。调查显示，有85.3％的同学认为心理健康"重要"，近90％的大学生对心理健康方面的知识开始给予"关注"。可见，大学生越来越重视自己的心理健康问题，对心理咨询之类的专业帮助也有了一定的了解，但在实际工作中发现，多数大学生在遇到心理困扰时并不愿意向专业人员求助，总是尝试自己独立解决问题，即使自己不能解决也不向他人求助；有些大学生尝试过向身边的非专业人员（如家人、朋友等）求助，但效果不理想，由于对心理咨询的误解或太在乎他人的看法，而不向专业人员求助；有些学生曾经尝试向专业人员求助，但没有得到有效的帮助，因而不再信任专业帮助。所以，本章在心理咨询一节会探讨寻求专业心理帮助的一些具体问题。

4. 大学生应如何求助

大学生在学习和生活中遇到心理困难和困惑是不能避免的，那么怎样才能有效的获得帮助呢？前面已经讨论了求助的必要性、求助的对象、求助的困难，这里要简要谈谈关于求助的几个原则。

（1）自我帮助

当遇到心理问题时，第一个寻求帮助的对象永远是自己，自我调节是基本的。在学生中开展的有关调查表明，大学生在面临心理危机时，由于受传统文化和社会舆论的影响，主要依靠自我调节和向好友倾诉来解决。产生大学生心理问题的原因固然十分复杂，但有一个共同的原因就是缺乏适当的自我调节方法，学会自我认识、自我调节、自我发展、自我完善，是解决大学生心理困扰的有效手段。大学生要增强解决问题的能力和心理承受力。这需要大学生通过多种途径学习为人处世的技巧，还要有勇气去尝试体验生活，不断地积累经验和教训，不要怕失败和犯错误。我们还可以阅读各类心理学书籍，查阅有关资料以丰富自己的认识。但在看书学习时，要注意避免对号入座的倾向。因为有些人可能根据书中的描述，找出自己曾经有过或现在正有的一些心理困扰，认定自己患有某种心理障碍而忧心忡忡，或者认定他人患有某种心理疾病而对其持有偏见。

（2）必要时主动求助

我们要学习积极主动的求助。有些大学生由于名誉、自尊、面子问题、隐私问题，或种种的顾虑而不去求助，结果很可能把一个简单的问题复杂化，或者越积越多而增加了解决问题的困难程度。当我们自己不能很好地解决自己的问题的时候，要积极的求助。求助不等于懦弱，也不等于终生的救济。另外，要相信会有人愿意帮助你。有时为了找到一个真正能帮助你的人,需要求助几个不同的人或不同的心理服务机构。

(3)选择恰当的求助对象

求助对象范围其实是很广的。大学生求助最多的就是父母、朋友(包括恋人)。很多时候,值得信赖的老师和长辈也是很好的生活导师,大学生可能不善于利用这些资源。这些老师和长辈有着丰富的生活经验和阅历,可能更为中立,时空上更为便利。我们要注意培养自己的社会支持系统,知道遇到哪类问题可以找什么人求助。无论如何,向专业人员求助可以是你的备选方案。这里顺便谈谈关于网络求助的问题。现代社会,不少学生还会利用互联网进行求助。但你的问题可能得到一些人的理解和支持,也有些人不理解、不支持,因此,要根据自己的判断选择性地接受他人的建议。

(4)关心别人,协助需要帮助的人获得恰当的帮助

有些时候,当一个人处于某种情绪状态时,其思维和行为会受到一定的影响。比如,情绪低落时看问题会很悲观,会以为自己无法走出困境,其他人也帮不上忙,因而不会主动求助。这时周围的同学、朋友可以主动给予关心。作为朋友,也许不能帮助当事人解决问题,但是,朋友的陪伴就是最好的帮助。另外,还可以协助当事人获取专业的帮助,可以帮着查询专业服务机构,督促他进行求助。

二、阅读材料 2:心理咨询的理论和方法

1. 精神分析的理论和方法

这是由弗洛伊德创建的第一个系统解释心理病理学的理论流派。它既是一种人格理论,又是一种心理治疗的方法。这一理论把注意力集中于求助者的过去经历上,努力去理解他们的内部心理动力过程。在精神分析治疗中,咨询者与求询者的关系是影响治疗的关键因素。咨询者主要运用的技术包括释梦、自由联想、投射技术,以及日常生活经验和人际关系分析等。这些技术主要用以分析求助者无意识的内容,从而使求助者领悟到其问题的症结所在。因此,领悟疗法是精神分析流派的主要方法。

领悟疗法是指利用阐述、解释的方法来说明行为、情感和心理活动原因的心理治疗方法。其特点在于通过分析求助者内心冲突的潜在原因,经过回忆、联想、发觉进而领悟病因与症结,从而找到病因,消除病因,治愈心理疾病。由于领悟治疗法是通过患者对症状原因的领悟而奏效的,因此不适用于那些没有领悟能力和自知力的人。

2. 行为主义的理论和方法

它试图从学习原则的角度提供解决特殊行为问题的方法。具体做法是通过求助者不断的学习和实践,以矫正其不适行为。主要有两种方法。

(1)系统脱敏法

这是行为治疗的一项基本技术,常用于恐惧症、焦虑症的治疗。治疗一般为三个步骤:首先训练病人松弛肌肉,然后建立焦虑层次,借着让患者在肌肉松弛的情况下,从最低层开始想象产生焦虑的情境。如果仍能保持松弛就可以进一步想象较高的焦虑层次,逐步增强直到完全消除恐惧与焦虑。

（2）强化的方法

它是根据操作性条件作用原理发展起来的。例如,某一行为得到奖赏,以后这个行为重复出现的频率就会增加;反之,某一行为得到惩罚,这一行为出现的次数就会减少。强化的方法就是系统地应用强化手段去增进某些适应性行为,减弱或消除某些不适应行为的方法。强化的类型有正强化与负强化。

3.人本主义的理论和方法

这一流派理论认为,人对外界的知觉或认知决定了他的行为,只有了解人的内心现象世界,才能给人提供帮助。持这一观点的心理分析师最关心的是求助者的意识经验和内心现实。他们在咨询中往往给求助者以最大的信任,让他们自由探索自己的内心世界,以提高自我觉知的能力,达到自我的协调发展。他们所采用的技术主要是人际关系分析、自我暴露、角色扮演等。如求询者中心疗法就是一种常用的治疗方法。

它是依靠调动求助者自身的潜力来治愈自身障碍的方法。人本主义理论认为,人在自身内部有理解自己、改变自我态度,并指导自己行为的潜能,只要提供真诚、关注、理解的适宜气氛,人的潜能就可以开发出来。因为人在受到关注、肯定、珍视的情况下,能对自己采取更关心的态度,使自身内在体验能够得到自然的流露从而焕发出内在的活力。

4.认知治疗的理论和方法

认知治疗是 20 世纪六七十年代崛起的一种新的心理治疗方法。最有代表性的是合理情绪疗法。这种理论认为,人的情绪结果不是由诱发性事件引起的,而是由他对引发事件的信念系统所引起。

面对一件事情,人们对于事件的解释、评价和看法,影响着人们对该事件的情绪和行为反应。而解释、评价和看法都源于人们的信念,而不是事件本身。合理的信念产生合理的情绪和行为反应,不合理的信念则产生不合理的情绪和行为反应。例如,考试不及格的学生,面对失败可能会有不同的想法。一个学生会想:"这次没考好,真让人伤心,还是复习得不够充分。"而另一个学生会这样想:"我简直糟糕透了,连考试都考不好,真没脸见人。"这样两个学生的不同想法,会导致他们不同的情绪和行为反应。对第一个学员来讲,考试失败的确让人伤心,但他会查找失败的原因,重做努力;第二个学员的情绪反应可能不仅仅是难受而是非常抑郁,并可能因此一蹶不振。如果我们用合理的信念去解释面对的诱发事件,情绪问题就可迎刃而解了。

合理情绪疗法的治疗过程就是以理性治疗非理性。在实施过程中,向当事人指出他的问题与其不合理信念有关,并帮助当事人辨别什么是合理信念,什么是不合理信念;改变当事人的思考方式,帮助其放弃不合理信念。

课后训练与思考

1.心理咨询的作用和意义有哪些?

2.大学生常见的心理问题是什么?

3.你常用的自我心理调适方法有哪些?

第三章　高职生的自我意识与培养

📝**名人名言**

先相信自己,然后别人才会相信你。

————罗曼·罗兰

认识自己,方能认识人生。

————苏格拉底

【内容提要】

了解认识自我意识在心理健康中的重要作用,认识高职生在自我意识发展中出现的问题,学习增强自我价值感、建立健康自我形象的途径和方法。

第一节　课堂实训:自我探索

一、设计自己的名片

每个学生用彩纸和彩笔为现在的自己设计一个名片,包括名字、昵称、爱好、特长、自画像等,方式不限。

分组讨论:每位学生把自己设计的名片放在胸前,让小组里的同学都能看到。每个学生对自己的名片进行讲解,其他同学可以对名片进行提问,深入了解。

当讨论结束时,请思考以下问题:

(1)你的名片反映了怎样的自我形象?

(2)今天设计的名片中与平时的自己有什么区别?

(3)你对自己有没有新的认识和领悟? 如果有的话,是什么?

二、请完成以下句子

写出以下一些描述自己的句子。

我是 ＿＿＿＿＿＿＿＿＿＿＿＿＿＿＿＿＿＿＿＿＿＿＿＿＿＿＿＿

我知道 ＿＿＿＿＿＿＿＿＿＿＿＿＿＿＿＿＿＿＿＿＿＿＿＿＿＿

我听见 ＿＿＿＿＿＿＿＿＿＿＿＿＿＿＿＿＿＿＿＿＿＿＿＿＿＿

我看见 ＿＿＿＿＿＿＿＿＿＿＿＿＿＿＿＿＿＿＿＿＿＿＿＿＿＿

我得到 ＿＿＿＿＿＿＿＿＿＿＿＿＿＿＿＿＿＿＿＿＿＿＿＿＿＿

我假装 ＿＿＿＿＿＿＿＿＿＿＿＿＿＿＿＿＿＿＿＿＿＿＿＿＿＿

我感到 ＿＿＿＿＿＿＿＿＿＿＿＿＿＿＿＿＿＿＿＿＿＿＿＿＿＿

我担心 ＿＿＿＿＿＿＿＿＿＿＿＿＿＿＿＿＿＿＿＿＿＿＿＿＿＿

我理解 ＿＿＿＿＿＿＿＿＿＿＿＿＿＿＿＿＿＿＿＿＿＿＿＿＿＿

我梦想 ＿＿＿＿＿＿＿＿＿＿＿＿＿＿＿＿＿＿＿＿＿＿＿＿＿＿

我尝试 ＿＿＿＿＿＿＿＿＿＿＿＿＿＿＿＿＿＿＿＿＿＿＿＿＿＿

我希望 ＿＿＿＿＿＿＿＿＿＿＿＿＿＿＿＿＿＿＿＿＿＿＿＿＿＿

分组讨论,将自己所写的内容与小组的成员分享、交流并讨论。

当讨论结束时,请思考以下问题:

(1)你是从哪些方面来描述自己的?

(2)从以上句子中能看出你是一个怎样的人?

(3)你对自己的总体评价是肯定的还是否定的? 为什么?

三、猜猜我是谁

每位学生准备一张白纸,写下 5 个自己的特征,包括外貌特点、行为作风特点等,不必署名。完成后,交给老师。老师从中任意抽取一张念出上面的特点,请大家猜一下"他"是谁。请跟同学们一起分享活动中的感受。

四、小测试:你想知道自己的心理年龄吗?

以下共有 20 题,每题都有 3 个备选答案。根据你的实际情况,选择一个最适合你的答案。答案后面的数字代表选择该答案的得分。

(1)你喜欢哪种类型的人? （　）

A.我常被那些比自己更强的人吸引　　1

B.我较喜欢接近那些看上去喜欢和尊敬我的人　　3

C.我喜欢那些看来需要我的人　　5

(2)你正试图向一位朋友解释一个重要问题,他不赞成也不理解。你会: （　）

A.继续解释　　5

B.觉得受伤或生气,不再说话　　1

C.回避这个问题　　3

(3)假如你和朋友聚会,你开始觉得情绪低落了。你会: （　）

A.请求原谅并尽快回家　　　3

B.宁可痛苦也要作陪,直到最后　　　1

C.强作欢颜,不让人注意到你的情绪　　5

(4)当你病倒在床时,你最喜欢以下哪种生活方式:　　　　　　　(　　)

A.喜欢被人们忙着伺候　　　1

B.喜欢自己一个人静静待着　　　5

C.喜欢被人注意、照顾,但宁愿看看书和搞点别的消遣　　　3

(5)每个人对吃饭都有比较固定的习惯,下列哪种情况最与你相符?　　(　　)

A.我喜欢妈妈一直为我做某种食物　　　1

B.只要是好吃的,我全都爱吃　　　3

C.我最喜欢自己做的饭菜　　　5

(6)在学校里遇到了烦恼,放学后你会:　　　　　　　　　　　(　　)

A.出去散心,忘掉烦恼　　　5

B.希望回家得到安慰　　　1

C.去找个朋友倾吐一下心中的不快　　　3

(7)你一直在取笑一个好脾气的朋友,而他(她)突然与你吵起来。你会:　(　　)

A.觉得难堪　　　1

B.和他(她)吵　　　3

C.把这归罪于自己,并力图弥补过失　　　5

(8)某个你刚认识的人,吃力地想教导你某件你很清楚的事。你会:　(　　)

A.告诉他你早知道　　　3

B.不说什么,但也不听　　　1

C.等他讲完,再显示你对此道十分精通　　　5

(9)如果你得了一笔奖学金,你会:　　　　　　　　　　　　(　　)

A.存起来　　　3

B.用来买你一直想要但并非必需的东西　　　1

C.用来买家庭日用品　　　5

(10)下列哪种活动最使你感兴趣?　　　　　　　　　　　　(　　)

A.能使你与别人接触的任何活动　　　3

B.摆脱学习压力,进入纯粹愉快的活动　　　1

C.组织运动或其他有益的活动,像种花、做木工活等等　　　5

(11)如果一个朋友说了有辱你的话,你会怎样?　　　　　　　(　　)

A.愤恨地与他绝交　　　5

B.不管这话多么可笑,心里很难过　　　1

C.不知道该怎么说　　　3

(12)你最关心的那个人是不是:　　　　　　　　　　　　　(　　)

A.与你相比,他(她)更需要你　　　5

B.与你相比,他(她)同等地需要你　　　3

C.与你相比,你更需要他(她)　　　1

(13)你正与某个人爱得火热,你的一位老朋友对此人早有了解,他(她)关心你并对你提出警告。你会怎样?　　　　　　　　　　　　　　　　　　　　(　　)

A.反感地听他(她)讲　　　5

B.听从他(她)说的任何事　　　3

C.反对他(她)说的任何事　　　1

(14)收到了意外的礼物,你会如何?　　　　　　　　　　　　　　　(　　)

A.想一想该回敬些什么　　　5

B.感到高兴　　　1

C.想想送礼者要些什么　　　3

(15)你已经安排好了假日的日程,但离假日还有一个月。你会不会:　　(　　)

A.感到如此激动,以至于这期间的日子看起来那么烦人和漫长　　　1

B.花很多时间去想象你将要做的事　　　3

C.在此期间仍然像往常那样过日子　　　5

(16)一个朋友在最后一分钟取消了与你的约会,而且毫无正当理由,你会怎样想?

(　　)

A.他(她)找到了更好的事情　　　1

B.他(她)遇到了什么麻烦　　　5

C.他(她)有点没头脑,但你并不会为此很烦恼　　　3

(17)当你对某事发生兴趣时,你会怎样?　　　　　　　　　　　　(　　)

A.努力做这件事,长时间紧追不舍　　　5

B.投入进去,但很快失去了热情　　　1

C.有时 A,有时 B,还要看是什么兴趣　　　3

(18)你怎样看待自己,下列哪种情况最与你相符?　　　　　　　　(　　)

A.可惜没遇上机会,不然我会做出很大成绩来,而不是像现在这样　　　1

B.我取得的一切都与我长期的努力相符　　　5

C.我花费大量的时间做着我不想做的事　　　3

(19)一个朋友指出了你某种缺点,你会怎样?　　　　　　　　　　(　　)

A.感到愤恨　　　5

B.烦恼并一度感到羞惭　　　1

C.去问问另一个朋友这是否真实　　　3

(20)你很想与某人成为好朋友,后来邀他(她)去参加舞会,可被拒绝了,你会怎样?

(　　)

A.觉得自己真傻　　　1

B.不知道自己做了什么事使他(她)反感,但对此并不特别难过　　　3

C.耸耸肩膀对自己说,世界上又不是只有他(她)一个　　　5

【评分标准】

将每题的得分相加,算出总分。你的总分为:

20～45 分:你的实际年龄仍然稳定在儿童状态。你爱听赞扬,总想取悦别人,有许多不切实际的想法,特别渴望在感情上得到安慰。

46～74 分:你的内心世界是青少年状态,既需要独立自主,又需要关心、爱护,存在着矛盾的性格倾向。情绪变化大,不稳定。

75～100 分:你很成熟,处理日常问题时相当老练。理性占优势,有很强的责任心。

五、我的"放大镜"

1. 由老师先说明活动的目的和方式

首先由老师说明活动的目的和方式。老师播放某首歌曲,同学们传物,歌曲停止时,接物者即为核心人物。请在座的同学说出对这位核心人物的看法,无论是优点还是缺点。核心人物对大家的评论加以归纳,并做出必要的澄清和说明。

2. "放大镜"的作用

在座的同学可以先说核心人物的优点,直到想说的人都说完为止,接着开始说缺点,也是说到想说的人说完为止。让核心人物能够充分听到、看到自己在别人心中的优点和缺点,更深入地了解自己。

第二节　知识链接:自我意识

一、自我意识概述

1. 自我意识的含义①

自我意识指人对自己、自己与他人、自己与周围环境关系的多方面多层次的认识、体验和评价,是人在与外界交往中获得自我形象与评价的反馈。从个体本身来说,自我意识是指个体对自己的生理状况、心理特征的认识,对自己的态度,对自己的评价;从交往关系来看,自我意识是指个体自身与周围事物的关系的认识、态度及评价。

自我意识是一个具有多维度、多层次的复杂心理系统,包含三方面的内容。

(1)从内容上看,自我意识包括对生理自我、社会自我和心理自我的认识。生理自我指人对自身生理状况(身高、体重、相貌等)的认识和体验;心理自我指人对自身心理状态(情绪、性格、气质等)的认识和体验;社会自我指人对自己的社会属性(在群体中的地位、作用等)的认识和体验。

(2)从结构形式上看,自我意识包括自我认知、自我体验和自我调控。自我认知是自

---

① 尹登海.职业院校学生心理健康[M].北京:机械工业出版社,2009.

我意识的认知成分,主要涉及"我是一个什么样的人""我属于哪种人""我为什么是这样的人"等;自我体验是自我意识的情感成分,是个体对自己情绪状态的体验,主要涉及"我是否接受自己""我是否满意自己""我是否悦纳自己"等;自我调控是自我意识的意志成分,指个体对自己的行为与心理活动的自我作用过程,主要涉及"我怎样节制自己""我如何改变自己""我如何成为理想的那种人"等。

(3)从发展层次上来看:自我意识包括现实自我、镜中自我和理想自我。现实自我指个人当前发展所达到的实际的自我状态,即自我在能力、品德、业绩等方面的实际表现;镜中自我指从别人眼中反照出来的自我形象,即在个体眼中别人是怎样看待自己的;理想自我指个体对想象中的理想化的自我的认识。

2. 自我意识的发生与发展

自我意识是个体在一定的生理和心理成熟的基础上,在与环境相互作用的过程中产生与发展的。每个人都以一种独特的方式看待世界,这些知觉构成个人的"现象场"(phenomenal field)。现象场的关键部分是自我,自我既反映经验又影响着经验。

人的自我意识从发生、发展到相对稳定约经过 20 年时间,从儿童时期逐渐形成,早期的自我认知很大一部分来自对于对父母的评价的感知,父母、老师是一个人自我意识形成的重要人物,他们的评价在很大程度上关系到一个人如何看待自己的。而青年时期是自我意识发展的重要时期,与自己关系密切的同伴朋友的评估也极大地影响着个人的自我意识。

自我意识大约经历了以下三个阶段:

①生理自我(8 个月至 3 岁)。

②社会自我(4～12 岁)。

③心理自我(13 岁至青年)。

分享练习

在表 3-1 中填写你人生中重要的人及其对你的影响。

表 3-1 人生中重要的人及其对你的影响

在你的成长历程中对你影响最大的人是	他/她对你的自我意识产生的影响是
1. 2. 3.	

写完后,小组分享讨论,思考以下问题:

在你生命的不同阶段,你印象最深的事情是什么?

6 岁以前 _____

7～12 岁 _____

13～17 岁 _____

18 岁～现在 _____

3. 自我意识的心理意义

一个人的心理发展一般都要经历从幼稚到成熟的过程。形成正确的自我意识是心理成熟的标志,对心理健康起着重要的作用,具体如下:

(1)促进社会适应,和谐人际关系

大量的心理学实践证明,许多人社会适应不良及人际关系不协调是由于自我意识不健全或不正确造成的。如果一个人对生理自我、心理自我、社会自我的认识和体验不正确,尤其是在自我评价及自我概念上与客观的现实差距太大时,就可能造成社会适应不良和人际关系不协调,从而影响人的心理健康。正确的自我意识通过正确的自我评价产生合理的理想自我,并且通过正确认识自己与他人、个体与群体不同的地位和需要,采取不同的策略,主动调解人际关系。对己、对人能够知己知彼,从而保持良好的社会适应和人际关系,维护心理健康。

(2)促进自我实现,创造最佳心理质量

健全的自我意识通过合理的自我认识、良好的自我体验、自觉的自我调节和控制,促进自我实现,最大限度地挖掘自身的潜力。按照心理学家马斯洛的观点:自我实现是心理最健康和心理素质最佳的标志。

(3)有助于自我教育和自我完善

当现实的自我和理想的自我不能统一,或在理想的自我实现过程中受到挫折时,有健全自我意识的人能够自省,自觉地寻找原因。一方面通过自我调节、控制,纠正心理偏差,努力缩小理想的自我与现实的自我的差距;另一方面重新调整认识,形成新的理想自我,使自己的心理行为个体化与社会化协调、平衡、完善地发展。

二、高职生的自我意识

1. 高职生自我意识的独特性

与同龄群体相比,高职生的生活阅历与学习特点决定了其自我意识的独特性,主要表现在以下三个方面:

(1)时间上的"延缓期"

对高职生而言,思想上的独立与经济上的依赖、生理上的成熟与心理社会性成熟的滞后存在着深刻的矛盾。从年龄上看,高职生到了独立承担社会责任的时候,但校园相对单纯的学习生活又使他们应当承担的社会责任的时间向后延续。这种社会责任的向后延续使学生们处于"准成人"状态。这样也为高职生广泛、深入、细致地思考自我提供了时间的现实可能性。值得重视的是,高职生现实的责任感的后移并未减轻他们心理上的压力,高职生与本科生相比往往会提前接触到社会,因为专业的特点,技能的特殊性,高职生成熟得相对较早,对于贫困生而言更是如此。

(2)空间上的"自主性"

象牙塔为学生提供了一个多元文化背景下的学习环境,特别是网络,更为学生提供了无限广阔的、平等自由的学习和交流空间。而东西方文化的交融和发展更为学生自我意识的发展提供了客观的条件。但这种影响是双重的:一方面,高职生来自不同的家庭背景和不同的地域文化,有着不同的人生追求,在共同的学习生活中,大家互相影响、互相包容,在这种互动的环境中逐渐形成自己的价值观念,特别是在心灵沟通与碰撞中建立和尝试新的自我;另一方面,高职生在多种价值体系、多种文化的冲撞面前,原来建立的价值体系、自我观念会受到强烈的冲击,这种冲击有时甚至会使高职生怀疑自己。特别是新生,从原来的环境进入新的环境,原有的自我价值体系在重建中需要较高的反思能力与自我控制能力。"我是优秀的学生"可能会被期末考试的不及格打得一落千丈。这时,调整与反思自我便显得非常重要。

(3)自我意识发展的"不平衡性"

高职生生理、心理和社会自我的发展并不是一帆风顺的。其主观自我与他人评价往往表现出不一致性,特别是即将跨入社会实习工作的学生,在学校一直处于较高的自我意识水平,但随后到人才市场看到竞争的激烈性,常常使他们长期建立的"高自我意识"与"自我概念"变得摇摇欲坠。一位毕业生说道:"长期以来,一直心存优越感,在家是父母的掌上明珠,在学校生活得自由潇洒,但在就业市场上遭到冷遇,还是受不了。"高主观自我与自我意识发展的不平衡性直接影响着高职生自我意识的发展。造成这种不平衡的原因主要有:高职生的人生观、世界观尚在形成与健全中,对自我的认识易受环境的影响;高职生的自我概念仍在不断地发展变化,从新生到毕业生的自我概念并不一致,只有到毕业才能在不断的变化和调整中建立自己的自我概念;经历高考,适应新的环境和新的人际关系必然带来发展着的自我意识与自我概念的不平衡。

2.高职生自我意识的发展

在个体的发展过程中,童年期是人格开始形成的时期,少年期和青年期则是人格初步形成并定型的时期,成年期是人格成熟时期。自我意识是人格发展的核心要素,在自我认知、自我体验与自我控制三者相互影响、相互作用的过程中,自我意识逐步成熟,其间经历了分化—矛盾—整合的过程。

(1)自我意识的分化

①主观我与客观我之间的矛盾

自我有主观我与客观我之分,英语中的 I 与 me 能很好地区分这一含义,前者是主观我,用来表示我是什么,我做什么;后者作宾语使用,表示怎样看待我,给我什么。主观我是一个人对社会情境做出的反应,是自我中积极主动的一面。主观自我与客观自我应该是统一的,这种统一是个人对客体的认识与个人愿望的统一,是个人与社会的统一,是"自我同一性"的形成,更是良好的自我意识的标志。但是,由于自我的结构是多种多样的,每个人所处的社会环境存在着很大的差异,主观我与客观我并不总是存在着统一。

高职生的主观我与客观我的矛盾相对突出。作为同龄人中能够接受高等教育的人,高职生对自我有较高的积极评价,但由于他们远离社会,缺乏社会经验,在校园浓郁的学术与文化氛围中成长,对社会的了解缺乏切肤的体验与客观的目光。另一方面,社会上对当今高职生"重理论轻实践、重专业轻基础、重科学轻人文"的评价及"本科生不专,硕士不研,博士不博"的看法,特别是随着高等教育大众化进程的推进,适龄青年接受高等教育机会的增加,社会对高职生的评价更趋客观。高职生回归本位,身上光环的消失使他们产生失落感。

②理想我与现实我的冲突

理想我是指个人想要达到的完美形象,是个人追求的目标,它引导个体实现理想中的个人自我。现实自我是个人从自己的立场出发,对现实中自我的各种特征的认识。现实自我又称个人自我,主观性较强。在现实生活中,理想自我与现实自我总是存在着一定差距,合理的差距能够使人不断进步、奋发有为。但是,如果差距过大,则有可能引起自发的分裂,导致一系列心理问题。

青年时期的高职生,心中承载着无数的梦想,每个人都渴望一把登天的天梯,他们有抱负、有追求、有理想,成就动机强烈,特别是当市场经济将人们的成就意识凸显时,很多高职生心中涌动着成功的梦想,他们为自己设定了一个美丽的"理想我",也对高职生活进行了理想化的设定。但当他们踏入大学时,现实与心中的理想形成了巨大的反差,新生出现了"理想真空带"与"动力缓冲带",一时间找不到自己生活的方位。对理想自我的渴望与对现实自我的不满构成了这一时期高职生自我意识发展的重要组成部分。值得重视的两个方面是:一是理想我与现实我有一定距离是正常的,它可以激励高职生奋发图强、积极向上,向着梦中的方向飞奔;二是当现实我距离理想我太过遥远时,高职生会产生各种各样的心理不适甚至自暴自弃,变得平庸无为,变得无所事事,变得没有动力。

当理想我与现实我发生冲突,积极的自我调适便非常必要。这时,高职生要重新调整和评估自己的理想,直到通过努力可以达到为止。

③独立与依附的冲突

高职生生理与心理的成熟使他们渴望独立,以独立的个体面对生活、学习与工作中遇到的问题,但由于长期的校园生活使他们应有的社会阅历与经验相对匮乏,当应激事件出现时,又盼望亲人、老师、同学能够替自己分忧。另一方面,高职生心理上的独立与经济上的不独立也形成了明显的反差。在他们迫切希望摆脱约束、追求自立的同时,却又不可能真正摆脱家长、老师的支持和帮助。特别是对于某些独生子女来说,由于长期受到父母的溺爱,这种独立与依赖的矛盾就表现得非常突出。

应当指出的是,独立并非意味着独来独往,独立并非不需要任何人的帮助和指导,并非不需要依赖别人,而在于个人必须对自己的行为负有责任。"一个好汉三个帮",即使是一个独立性很强的人,也有需要别人帮助的时候。不同的是,独立的人更多的是依靠自己的力量和努力去克服或解决自我的问题,而不是完全依靠他人的帮助或依赖于别人;独立的人能够权衡利弊、审时度势,能够勇敢做出决定并能够勇于承担自己的行为责任。

过分的依附使高职生缺乏对客观事情的判断能力与决断能力,显得优柔寡断,缺乏主见;而过分的独立又使部分学生陷入"不需要社会支持"及"凡事都要靠自己",采取我行我素、孤傲自立的行为方式,但在遭遇挫折时又会出现不知如何寻求帮助的情况。事实上,任何心理成熟的独立的现代人,都需要他人的帮助,广泛的社会支持是个体心理健康不可或缺的。

④渴望交往与心灵闭锁的冲突

没有哪个时期比青少年时期更加渴望友情与爱情的滋养,更加渴望同辈群体的认同与归属感。在这个时期,每个人都渴望着爱与友谊,渴望着交往与分享,渴望着自我价值得到实现,渴望着探讨人生的真谛,寻找人生的知己,希望成为群体中受尊敬与欢迎的人;然而,另一方面,高职生的自我表露又受着心灵闭锁的影响,总是不经意地将自己的心灵深藏起来,与同学有意无意保持着一定的距离,存在着戒备心理,不能完全敞开心扉交流与沟通思想。这也是高职生常常感到的"交往不如中学那么自如真诚"的原因所在。

⑤自负与自卑的冲突

自信是一种健康的心理,是一种健全自我意识与成熟人格的标志。但是,由于高职生的自我意识尚在发展过程中,心理尚未完全成熟,不可能对自己有正确的认知,因而对自己的认知往往会出现自信的偏差:自卑或自负。自负是一种过度的自信,拥有这种心理的人,缺乏自知之明,往往以为自己对而别人错,把自己的意志强加在别人身上,不能与人和睦相处。自卑是一种自我否定,表现为对自己缺乏信心,对自己不满和否定,拥有这种心理的人总以为自己存在着不足与失误,因而遇事总会胆怯、心虚、逃避、退缩,缺乏独立主见。自负与自卑总是紧密相连的,自负表现强烈的人往往也是极度自卑的人。与其他群体相比,高职生体现出较高的自尊与自信,他们渴望成功,不甘落后,对成功的渴望与预期高,特别是当小小的成就来到身边时,很容易骄傲自大、唯我独尊、以自我为中心,表现相当自负。当遭遇失败与挫折,有时甚至是遇到小小的失利,如考试失败、恋爱失败等,他们便开始怀疑自己的能力,进而产生自我怀疑、自我否定甚至自暴自弃的情绪,陷入强烈的自卑之中。这些都与高职生自我认知不良、自我定位不准确有关。

分享练习

天生我才

每位同学按下表写出未完成的语句,每位同学在小组中读出自己所写的内容,当有同学在分享的时候,请认真聆听,思考哪些与我写的相同,哪些不同,为什么。

我最欣赏自己的外表是_____

我最欣赏自己对朋友的态度是_____

我最欣赏自己对学习的态度是_____

我最欣赏自己的一次成功是_____

我最欣赏自己的性格是_____

我最欣赏自己对家人的态度是_____

我最欣赏自己做事的态度是_____

⑥理智与情感的冲突

高职生情绪的一个显著特点是容易两极分化,或高或低,波动性大,易冲动,不易控制。但随着身心的发展,认知水平的提高,高职生渐渐成熟,在遇到客观问题时,既想满足自己情绪与情感的需求,又想服从于社会及他人的要求。特别是当遇到失恋等人生打击时,尽管理智上能够理解,却在感情上难以接受。

(2)高职生自我意识的整合

自我意识的矛盾冲突,常常会给高职生带来不安或心理痛苦,他们总是力图通过自我探究来摆脱这种不安与痛苦。在自我意识的矛盾冲突中,高职生的自我意识也在不断调整、发展。在自我意识的不断调整、发展的过程中,他们极易寻求新的支点,寻找自我意识的统一点,整合自我意识。由于自我意识具有复杂性与多维性,高职生逐渐在多维度中审视自我、调整自我,向理想自我靠近。这也是我们常说的自我同一性的建立。从多维度观察的自我同一性越高,高职生自我意识的发展越好,人格越完善。但是,由于高职生的成长背景、家庭教养方式、社会经济地位、个人人生志向、职业目标的不同,他们的自我意识整合的结果与类型也不同。从自我意识的性质看,高职生自我意识的整合结果表现在三个方面:

①积极自我的建立:自我肯定

自我肯定,即对自我的认识比较清晰、客观、全面、深刻。这种积极自我的特点是在经过痛苦的选择与调整之后,高职生逐渐成长,使自己的理想我与现实我趋于统一,主观我与他观我趋于一致,对自我的认识更加深刻、客观、理性。积极的自我不仅了解自己的长处与优势,也了解自己的不足与劣势,他能够分析哪些是通过努力可以达到的,哪些是属于无法企及的,从而进行积极的自我肯定,向着理想自我迈进。

②消极自我的建立:自我否定

消极的自我意识分为两个方面:自我贬损型与自我夸大型。自我贬损型的人由于总在积累失败与挫折的经历,对现实自我的评价较低,并时常伴有没有价值感、自我排斥、自我否定的心理暗示。他们不但不接纳自己,甚至自我拒绝、自我放弃,表现为没有朝气、随波逐流、缺少激情,生活没有目标,其结果则更加自卑,从而失去进取的动力。自我夸大型的人正好相反,他们对自我的评价非常高,往往脱离客观实际,常常以理想自我代替现实自我,盲目自尊,虚荣心强,心理防御意识强。其行为结果要么表现为缺乏理智,情绪冲动,忘记现实自我而沉浸于虚无缥缈的自我设计中;要么自吹自擂、自我陶醉,却不去为实现自我做出努力。自我贬损型与自我夸大型的共同特点是对自我评估不正确,理想自我不健全,缺乏实现理想自我的手段,这类自我虚弱而不完整,是一种不健康的自我整合。虽然,高职生中这种类型的人较少,但严重者可能违反社会道德规范或用违法犯罪的手段来谋求自我意识的整合。

③自我冲突

自我冲突是难以达到整合的自我意识,它表现为自我评价始终在真实自我上下徘徊,自我认知或高或低,自我体验或好或坏,自我控制时强时弱,心理发展极不平衡,有时显得自信而成熟;有时又表现出自卑而不成熟,让人无法评估。自我冲突的人表现为两种类型:自我矛盾型与自我萎缩型。自我矛盾型的高职生,内心冲突激烈,持续时间长,自我认识、自我体验、自我控制不稳定,新的自我无法整合。例如,有的高职生可能既是一个自信的人,也可能是一个自卑的人;既是一个诚实的人,也可能是一个骗子;既是一个性格孤僻的人,也可能是一个善于交际的人。自我萎缩型的高职生缺乏理想自我,但又对现实自我深感不满,他们消极放任、自怨自艾,甚至麻木、自卑,以至于越来越消沉、对自己丧失信心,严重的还可以导致精神分裂症或绝望轻生。因此,自我冲突的高职生要逐渐调整自己的自我认知,客观认识自己与他人,客观看待成功与挫折,这样才能使自我意识在良性轨道上循环。

3. 高职生自我意识形成的信息来源

自我意识是人所特有的心理标志,它不是与生俱来的,而是后天获得的,是个体在社会环境中,在与他人的互动中逐渐形成的。一般而言,高职生对自己的认知可以通过以下四个方面逐渐形成。

(1)他人的反馈

通常,别人会对我们的品质、能力、性格等给予清晰的反馈,从而增强我们对自己的了解。当我们被老师告诫要更加大胆一些,更加主动,更加勤奋一些时,我们便会从反馈中得知:自己有些害羞,不够主动,学习不够勤奋。特别是当许多人的看法一致时,我们就会相信这种看法是正确的,从而确定自己是这样的人。激励对成长中的高职生是非常重要的,我们经常说:"优秀的学生是夸出来的。"当否定性评价过多时,学生会产生"习得性无助"。这是由马丁·西格曼(Martin Selgiman)研究提出的,它是指对环境失去控制的一种信念,当一个人拥有这种信念时,他感到不能从环境中逃脱出来,便会放弃了脱离环境的努力。如有的高职生会说:"无论我如何努力,我也不会成为受大家欢迎的人。"事实上,"习得性无助"是一种严重的自我意识障碍,它抑制了人改造与影响环境的能力,强化了顺从甚至屈从的心理并转化为一种内在信念。"习得性无助"是后天形成的,特别容易受到环境的影响。尤其是当高职生来到一个陌生环境开始新的学习生活时,环境适应中的自我意识显示出巨大的张力,很多在中学时代有着骄人成绩的学生,由于种种原因而认同了自己的平凡且不愿尝试改变时,就极易产生"习得性无助"。

(2)反射性评价

在生活中,那些与我们生活无关紧要的人有时并不会给予我们清晰明确的反馈,但我们可以从他们的态度与反应中来了解自己。符号互动学者库利提出"镜中我"(looking-glass self),认为我们感知自己就像别人感知我们一样,镜子中的我或别人眼中的我就是我们感知的对象,我们常常依据别人如何对待我们来了解自己,这一过程称之为反射性评价。

高职生可以从与同学、老师的交往中得到一些反射性评价。如一个高职生在给老师的信中提到:"我感到非常孤独,宿舍的同学不喜欢我,常常是当我进入宿舍时她们就停止了正在进行的热烈谈论,大家的表情也显示出冷淡与不在乎,我不知道自己做错了什么,得不到大家的认同,这使我非常痛苦。在来自不同家庭背景的同学中,我的家境略好些,可这不是我的过错,我一直主动地想与同学相处好,做了一系列的努力但都得不到大家的认同。在中学以前,我一直是非常受人欢迎的,我现在变得沉默了,因为不知道该如何做。"反射性评价对自我的形成也起着重要作用。

（3）依据自己的行为判断

贝姆（D. Bem）的自我知觉理论（self-perception）认为：在内部线索微弱或模糊的情况下，人们常常依据外在行为来推断自己的特征，如性格、态度、品质、爱好等。如当学生参加公益事业时，学生认为自己是一个高尚的人；但在大多数情况下，人们常常依据内部线索了解自己，如想法、情绪来了解自己，而且比外显行为更准确，因为行为易受外在压力的影响，更易伪装。

个体的行为既具有外显性更有内倾性，因而依据自己行为的判断为自我的确立提供了可靠的依据。

（4）社会比较

费斯廷格提出的社会比较（social comparison）理论认为：人们非常想准确地认识自我、评估自我，为此，在缺乏明确标准时，人们常常和自己相似的人做比较。

高职生正处于人生重要的发展时期，他的人生目标、职业理想、生活态度等都在形成之中，社会比较为高职生提供了认识自我、了解自我和发展自我的重要标尺。社会比较也是每个个体认识自我不可或缺的方面。没有社会比较，就没有自我的进一步优化。自我比较又分为向上比较、向下比较与相似比较。当个体的目的与动机不同时，采用的社会比较策略也不相同。例如自我保护与自我美化的动机促使学生与那些不如自己走运、成功和幸福的人相比；而自我成功动机强的人更倾向于向上比较，向着那些比自己更加成功的人比较，促使自己更加成功。

三、健康自我意识的培养

分享练习

我的投射

假如我是一种动物，我希望是_____，因为_____。

假如我是一种花卉，我希望是_____，因为_____。

假如我是一棵大树，我希望是_____，因为_____。

假如我是一种食物，我希望是_____，因为_____。

假如我是一部电影，我希望是_____，因为_____。

假如我是一种乐器，我希望是_____，因为_____。

假如我是一种颜色，我希望是_____，因为_____。

假如我是一种交通工具，我希望是_____，因为_____。

假如我是一档电视节目，我希望是_____，因为_____。

假如我有一种超能力力量，我希望是_____，因为_____。

大家分组分享每位同学的故事，寻找真实的自己。

1. 全面客观地认识自我

全面正确的自我认知是培养健康自我意识的基础。高职生不仅要了解生理自我的状况,更要对自己的心理自我和社会自我的现实状况有深入的了解与认识。只有对自己有了全面客观的认识,才能清楚地了解与把握自己的优势与不足,才能比较准确地确立自己的目标和发展方向,促使自己不断地进步与完善。可以通过以下途径来认识自我:

(1)通过比较认识自我。

(2)从他人眼中认识自我。

(3)通过自我反省认识自我。

2. 自主充分地悦纳自我

自我悦纳是对自己的本来面目持肯定、认可的态度,是自我意识健康发展的关键所在。一个人只有欣然地接受自我,才能有信心去面对真实的我,自尊、自爱,珍惜自己的人格和名誉,注重自我修养,使自己发展到一个较高境界,主要途径有:

(1)喜爱自己。

(2)保持乐观、性情开朗。

(3)保持平常心看待自己的优缺点。

3. 自觉理智地调控自我

(1)建立合乎自我的目标

高职生应学会在不同时期向自己提出合乎自我的目标并以自己的全部力量为之奋斗。建立合乎自我的目标,就明确了努力的方向,并引导自我不断发展,促进自我不断提高。

(2)培养顽强的意志力

目标的实现需要良好的行为习惯支撑。高职生应培养顽强的意志力,发展良好的自制力,增强挫折耐受力,自觉主动地为实现目标而努力排除干扰、克服困难,具有不达目标不罢休的勇气与毅力。

(3)创造机会,感受成功,培养自信心

高职学生可以通过两种方法培养自信心。一是时常进行积极的自我暗示,使自己有自信心。如"我一定会成功!一定会的!""人人都能干,我为什么不能?我同样的不也是人吗?"等;二是积极主动地争取机会、创造机会,让自己多学习多提高,在实践的过程中感受成功的体验,这样建立起来的自信心就更坚实与持久。

4. 积极科学地完善自我

(1)确立正确的理想自我

高职学生应学会根据社会发展对高职学生的素质要求及自我的兴趣、特点与潜能,来设计适合自己的理想自我,不好高骛远,使理想自我真正激励、引领现实自我不断地朝理想自我发展。

(2)努力提高现实自我

要学会有计划有步骤地针对现实自我存在的不足,有意识地、有毅力地去克服,不断地提高现实自我,完善现实自我。用今天比昨天做得好,希望明天比今天做得态度,每天前进一小步,每学期前进一大步,逐步提高现实自我。

(3)积极追求超越自我

认识自我,接纳自我,都是为了塑造自我,超越自我。超越自我应成为个体终身努力的目标。高职学生只有坚持正确的方向,积极投身社会实践,在实践中学习、创造和反思,辩证地看待社会,分析自我,认识自我,把握自我,才能不断超越自我,走向成熟和完善。

第三节 案例及分析

一、案例1

我只看我所有的,不看我所没有的

她在台上不时不规律地挥舞着她的双手,仰着头,脖子伸得好长好长,与她尖尖的下巴扯成一条直线,她的嘴张着,眼睛眯成一条线,诡谲地看着台下的学生,偶然她口中也会咿咿唔唔的,不知在说些什么。基本上她是一个不会说话的人。但是,她的听力很好,只要对方猜中或说出她的意见,她就会乐得大叫一声,伸出右手,用两个指头指着你,或者拍着手,歪歪斜斜地向你走来,送给你一张用她的画制作的明信片。

她就是黄美廉,一位自小就染患脑性麻痹的病人。脑性麻痹夺去了她肢体的平衡感,也夺走了她发声讲话的能力。从小她就活在肢体不便而饱受非议中,她的成长充满了血泪。然而她没有让这些外在的痛苦击败她内在奋斗的精神,她昂然面对,迎向一切的不可能。终于获得了加州大学艺术博士学位,她用她的手当画笔,以色彩告诉人“寰宇之力与美”,并且活出了“灿烂的生命色彩”。全场的学生都被她不能控制自如的肢体动作震住了,这是一场与灵魂相遇的演讲会。

“黄博士”,一个学生小声地问:“您从小就长成这个样子,请问您怎么看您自己,您都没有怨恨吗?”我的心头一紧,真是太不成熟了,怎么可以当着面,在大庭广众之前问这个问题,太刺激人了,很担心黄美廉会受不了。

“我怎么看自己?”美廉用粉笔在黑板上重重地写下这几个字。她写字时用力极猛,仿佛有某种穿透力,写完这个问题,她停下笔来,歪着头,回头看着发问的同学,然后嫣然一笑,回过头来,在黑板上龙飞凤舞地写了起来:

一、我好可爱!

二、我的腿很长很美!

三、爸爸妈妈这么爱我!

四、上帝这么爱我!

五、我会画画!我会写稿!

六、我有只可爱的猫!

七、还有……

八、……

忽然,教室内鸦雀无声,没有人敢说话。她回过头来定定地看着大家,再回过头去,在黑板上写下了她的结论:"我只看我所有的,不看我所没有的。"掌声在学生群中响起,看看美廉倾斜着身子站在台上,满足的笑容从她的嘴角荡漾开来,眼睛眯得更小了,有一种永远不被击败的傲然,写在她脸上。我坐在位子上看着她,不觉两眼湿润起来。走出教室,美廉写在黑板上的结论,一直在我眼前跳跃:"我只看我所有的,不看我所没有的。"

【案例分析】

"我只看我所有的,不看我所没有的",看完这个案例,大家可以试想一下,我们有一个幸福的家庭,爸爸妈妈很爱我们,我们与兄弟相处和睦,有很多认识或不认识的朋友支持我们,我们可以做喜欢的工作,可以自由地表达自己的看法……我们真的没有理由抱怨什么。

用自己的眼光注视镜子里的自我形象,并试着对自己说:"无论我有什么缺陷,我都无条件地完全接受,并尽可能喜欢我自己的模样。"你可能想不通:我明明不喜欢我身上的某些方面,我为什么要无条件地完全接受呢?

接受意味着承认事实,是承认镜子里的面孔和身体就是自己的模样。接受自己,承认事实,你会觉得轻松一点,感到真实和舒服。时间不长,你就会体会到自我接受与自信、自爱之间相辅相成的关系。你只有学会接受自我,才能构建属于自己的头脑。

二、案例2

正确认识自我

刘某,大一男生,来自广西某市,父母都是干部,家庭状况良好。他的父母从小一直对他关爱备至,希望他将来能有所作为,有较强的望子成龙的心态。他从小学到高中学习成绩一直很好,也喜欢体育运动,体格健美;还有点艺术才气,歌也唱得不错,可以说是多才多艺,发展全面。进入大学之前,他是在老师和家长的赞扬声中长大的,学习、生活、感情都非常顺利,还收到过一些女孩子的情书。他的高考成绩并不差,只是志愿没有填好,虽然考取的大学不太令人满意,但所读的专业是自己喜欢的,属于学校数一数二的好专业。刚入学时他有一阵子不太乐意,但很快就调整了过来。他说刚开始自己曾暗下决心,要在这四年里大干一场,充分展现自己的优势,争取在各方面都比别人做得更好、更出色,努力让同学都用美慕和钦佩的眼光看待他。

可是转眼一个多学期过去了，一切并不像他所希望的那样。自己做了最大的努力，但感觉各方面都不能令人满意：学习上由于兼职工作太多了，一个学期下来竟然有一门课挂科要重修，连自己都不敢相信；兼职的工作，好像没有一样做得非常出色；感情上，他的女朋友也准备离开他，说他没有把心放在她身上，对他很失望。这一切让他陷入了困境，觉得自己不再是以前的自己，做什么事情都不顺心，理想和愿望正在一点点破灭，学习、工作、感情生活都一团糟，不知该怎样面对。

思绪良久，还是找不到一个好的方法，又不甘心就这样下去，觉得对不起父母，但又无法控制自己，该怎么找回自己呢？

【案例分析】

刘某的问题在于，理想自我与现实自我脱节、不协调，自我角色的定位出现了偏差。

首先，找出导致心理困扰的主要原因，明白现在所处的困境与自身早期的经历和过高的自我理想期待密切相关。

其次，建立合乎自我实际情况的抱负水平，确立合适的理想自我。面对现实，确定自己的具体奋斗目标，把远大理想分解成一个个具体子目标，由近及远，从低到高，循序渐进，逐步实现。关键是每个具体的子目标都应适当合理，经过努力可以达到，否则会丧失信心。

最后，提高自我调适能力，不断完善现实自我。你的成长过程就是一个自我探索和自我完善的过程。矛盾和冲突并不见得是坏事，它往往是我们成长的一个良机，也是新的起点。

第四节　课外阅读

一、阅读材料 1

倾听"听不到的声音"

在公元 3 世纪，某国的国君把王子送到古朴大师处，希望大师收其为门下，并教导王子成为一位杰出的国王。当王子抵达古朴大师的寺庙，大师就将他独自送到大森林中，并要求王子在一年后回到寺庙时，要描述出森林的声音。

冬去春来，王子回到寺庙，滔滔不绝地对大师讲述他在森林中听到的一切声音："大师，我听到了杜鹃美丽的声音，树叶沙沙作响，凤鸟嗡嗡啼鸣，蟋蟀唧唧鸣叫……"听完王子的话语，大师让他再回到森林中继续倾听。对此王子颇为困惑，难道自己还没完全辨识所有的声音吗？

时间一天一天地过去，王子孤独地端坐在森林里，竖着双耳尽力的倾听。

然而令他失望的是,除了已听到的声音外,别无其他的声音。有天清晨,正当在树下默默地坐着,心神安静下来之后,他突然开始感觉到从来没有听到过的模糊声音,愈是聚精会神去听,这些声音愈清楚,他立刻茅塞顿开。

回到寺庙,王子恭敬地向大师描述他的收获:"当我集中全力地倾听时,我听到了闻所未闻的声音,鲜花在缓缓开放着,大地在阳光下苏醒,小草在吮吸着露珠……"大师频频点头赞赏地说:"倾听听不到的声音,是成为杰出君王的基本素质,你可以开始学习如何领导你的国家了。"

为什么古朴大师要训练王子独处与倾听呢?为什么当王子学会倾听"听不到的声音"之后,才能开始学习如何领导国家呢?把公元3世纪的故事搬到现代,假如换了你,而你所面对的环境就好比王子独处的森林,王子听到的森林的各种声音对你而言又代表什么意义?在你的人际交往中,有哪些声音是你已经非常熟悉的?有哪些声音是你不熟悉的?

你是否曾像王子一样认真倾听周围的声音?"鲜花在缓缓开放着,大地在阳光下苏醒,小草在吮吸着露珠……"那是什么样的声音?你曾经在学习、生活中听到过"听不到的声音"吗?那是在什么样的时机下听到的呢?你是否也发现用"心"来倾听,可以比耳朵听到更多"听不到的声音"呢?

二、阅读材料2

成功秘诀——认识自己

小毛驴和小猴共同生活在一个主人家。一天,小猴玩得起兴,就爬到了主人家的房顶,上蹿下跳的,主人一个劲地夸小猴灵巧。为了得到主人的夸奖,小毛驴也爬到了房顶,费了好大劲,但是却把主人的瓦给踩坏了。主人见状,便大声赶它下来,又打了它一顿。小毛驴感到很委屈:为什么小猴能上房,而且还能得到夸奖,而我却不能呢?

你认为小毛驴的问题在哪里呢?其实这就是它没有认识自己的缘故。

这下你该知道认识自己是怎么回事了吧?那就是不光要认识自己的外表,还要认识自己的心理,自己的能力、个性、兴趣等等。这才是真正能让你自己有所成长的前提,一个人连自己的能力、自己的水平都不知道,还怎么制定目标,奋发向上呢?

我们每个人的潜能都是无穷无尽的,然而能发挥多少,全看我们如何认识自我、战胜自我。

1. 克服人类最大的弱点

人类最大的弱点就是自贬,即廉价出卖自己,这种毛病以数不尽的方式显示。例如,约翰在报纸上看到一份他喜欢的工作,但是他没有采取任何行动,因为他想:"我的能力恐怕不足,何必自找麻烦!"

几千年来,很多哲学家都忠告我们,要认识自己,但是,大部分的人都把他解释为仅认识你消极的一面,大部分的自我评估都包括太多的缺点、错误与无能。认识自己的缺点很好,可借此谋求改进。但如果仅认识自己的消极面,就会陷入混乱,使自己变得没有价值。要正确、全面地认识自己,绝不要看轻自己。遣词造句就像一部摄影机,把你心里的意念活动投射出来,他所显示的图像决定你自己和别人对你的反应。

比如,你对一群人说:"很抱歉,我们失败了。"他们会看到什么画面呢?他们真会看到"失败"这两个字所传达的打击、失望和忧伤。但如果你说:"我相信这个新计划会成功。"他们就会振奋,准备再次尝试。如果你说"这会花一大笔钱",人们看到的是钱流出去回不来。反过来说,"我们作了很大的投资",人们就会看到利润滚滚而来,很令人开心的画面。

以下四种方法可使你的意念活动投射出的图像产生积极的效应。

(1)用伟大、积极、愉快的语句来描述你的感受

当有人问你:"你今天觉得怎么样?"你若回答"我很疲倦",别人就会觉得很糟糕。你要练习做到下面这一点,它很简单,却有无比的威力。当有人问"你好吗"或"你今天觉得怎么样",你要回答:"好极了,谢谢你,你呢?"在每一种时机说你很快乐,就会真的感到快乐,而且,这会使你更有分量,为你赢得更多的好朋友。

(2)用明朗、快活、有利的字眼来描述别人

当你跟别人谈论第三者时,你要用建设性的语言来赞美他,比如,"他真是个很好的人",或告诉他们他做得很出色。绝对要小心避免说破坏性的话。因为第三者终究会知道你的评判,结果这种话会反过来打击你。

①用积极的话去鼓励别人

只要有机会、就去称赞别人。每个人都渴望被称赞,所以每天都要特意对你的妻子或丈夫说出一些赞美的话。要注意并称赞跟你一起工作的伙伴。真诚的赞美是成功的工具,要不断使用。

②要用积极的话对别人陈述你的计划

当人们听到类似"这是个好消息","我们遇到了绝佳的机会"的话时,心中自然会升起希望,但是当他们听到"不管我们喜不喜欢,我们都得做这工作"时,他们的内心就会产生沉闷、厌烦的感觉,他们的行动反映也跟着受影响。所以,要让人们看到成功的希望,才能赢得别人的支持。要建立城堡,不要挖掘坟墓;要看到未来的发展,不要只看到现状。

2.你比想象中的要好

你知道自己的优点吗?所谓的优点是任何你能运用的才干、能力、技艺与人格特质,这些优点也就是你能有贡献、能继续成长的要素。但是,我们大家总觉得说自己的优点是不对的,会显得太不谦虚。

其实,自己在某些方面确实有优点,却否定自身优点的做法既不符合人性,也表示不诚实。肯定自己的优点绝不是吹牛,相反地,这才是诚实的表现。

你有哪些优点，你自己清楚吗？你是不是知道自己所有的优点？你能不能说出这些优点？通常，大家不愿意谈自己的优点，总觉得说自己的优点显得太不谦虚，总觉得说自己的优点是件不对的事情。在别人问起他们时，他们会说："我不知道，不过我想我是有些优点的。"可是在别人问起他们有什么缺点时，倒是罗列出一大堆。大多数人都被教会了一个观念：讲自己的优点是不对的，讲缺点是绝对应该的。希望你能真正清楚自己有哪些优点，因为要成功就一定要好好地利用你的优点。

举个例子来讲，要是有人说你菜烧得好，也许你会说："哪里哪里，其实烧得不好。"或者说："这也算不上什么特殊才能。"可是菜烧得好，是需要某种特殊才能的。假如，有人告诉你："你在电话里很会说话。"你也许会说使用电话谈话很容易。然而你要知道，有很多人觉得用电话谈话非常困难，因此这实在是值得骄傲的优点。当然，发现自己的优点并不容易。小时候，心理学家施微博士就非常嫉妒表妹。他回忆道："我这表妹会弹钢琴，会画画，而从来没有人说我有什么才能或优点。所以我对她的成就非常嫉妒。长大后我发现自己能跳舞，话说得好，和别人也相处得来。我有我的才能，到后来，我开始能赏识她的艺术修养，因为我发现了自己的优点。所以能够不带嫉妒的情绪。"因此，发现自己的优点有利于你发挥潜能，那么怎样挖掘优点呢？

要想清楚了解自己的优点，首先必须重视自己，要塑造自己对自己的好印象。你可以列出五件帮助你成长的事件及其经验，你可以列出事件的本身或者举出提供你经验的人。假如有可能的话，把这些好的经验和你目前的优点连在一起。

再以施微博士的故事为例来说，他这样描述道："虽然我父母对子女很好，但是我实在没有什么钱。很小，我就知道，只有到外面赚钱，我的口袋里才会有钱，因此我设计了一种玩弹珠的游戏，找个木箱子，假如弹珠进了洞，那么我就赢得更多的弹珠，否则我就得另外再买。十个弹珠一分钱，这个游戏，不但使我赚了钱，也使玩游戏的孩子得到了很大的快乐。因此我要说我家虽穷，穷却对我有好处，使我学会如何运用创造力赚钱。"

想想你过去的经验，想那些好的经验。从过去的经验中你培养了什么样的优点？幽默感？意志力？野心？热爱学习？乐观的生活态度？你还想得到什么样的优点？

不可否认，每个人都会碰到不愉快的事情，可是过了几年，人们再回头看过去那段不愉快的经验时却往往发现："原来那不愉快的经验只是另外一种形式的好的经验。想来你也一定经历过这样的事情。这也就是我传达给大家的一种态度，无论是怎样坏的经验，我们都可以发现他的积极的一面，从贫穷中我们可以学会赚钱的方法，从苦难中我们可以培养出同情心，从寂寞中我们可以锻炼创造力，只要我们用积极的态度来看生活，我们会发现没有任何的经验是白费的，进一步来讲，要想成功，我们绝对不能老是记起过去的坏经验，即使要从坏经验中挑出积极的一面不是件容易的事,可为了继续成长,我们就非得强调积极的态度不可。"

等到你用积极的心态看你的过去,就能用积极的心态看你的现在,你必须仔细地看你自己,发现自己具有哪些优良的特质,这些特质也是你本质的一部分。这些都是你具有的优点,而优点就是力量。你的优点能使你更自由、更自在。

信心的来源是发现你真正的优点。

3.天生我才必有用

每个人必须接受命运的安排。天赋固然可以通过教育、练习与专注来强化,但先天心理与心理上的限制却不容忽视,否则会很危险。

其实强化天赋只是事情的一半而已,而且是较容易履行的一半。要确定某个人才在何处,其实很困难!

运动员很早就会发现自己跑得比别人快,跳得比别人远,几乎从小就不同凡响,被发掘后,尤其是在教练的指导下,进步更快。但大多数人很少有特别突出的才能,多半是同时具有多方面的能力,却没有一样一枝独秀。

不论决定从事哪一行,如果你本身令人失望,或个人表现欠佳(对这一点请诚实面对自己),那么就要勇敢地放弃一切,重新再来!

有个男孩子,从小就是一个讲究平衡发展的学生。他每一科成绩都维持中上,运动也在行,但称不上明星运动员;颇有创作天分,但若要做个真正的艺术家,却不怎么热衷;在考大学时,语文成绩几乎与数学成绩不相上下。

在他大一时,所选的全是科学课程,还打算主修理论物理。他那望子成龙的父亲是个很实际的人,他说:"学物理可以,但是理论两个字要去掉。"一年后,做儿子的发现,物理学动人之处在于抽象的部分。对理论物理产生了浓厚的兴趣。父亲的忧虑没维持多久,儿子到了三年级又有了新想法,他虽喜欢数学的井然有序,但受不了那冰冷的感觉。于是又决定改攻艺术。

好不容易,钱也花了,时间也付出了,这位年轻人终于到达目标,做了建筑师,从此再也未改变过志向。而且做得有声有色。

虽然他的父亲曾一度绝望,认为这个儿子怎么都不成材,但事实上,这个孩子行动大胆而明智,他好不容易发现自己真正的性格与才华,然后选定一个行业,从一而终。

物理学使他了解物理的原理。数学给他度量与秩序感,艺术则造就他的眼光与灵巧的双手。

每当学生们忧虑地问:如果16岁尚未决定将来是否要学法律,或者在大一未修完企业管理研究所必备的学分,这一生是不是就没指望了?请看上面的故事,这些忧虑事实上是杞人忧天,因为根本没有人能在十六七岁做好决定,为自己的一生定好方向,即便勉而为之,也是利少弊多。

三、问卷调查 1

个人评价问卷(PEI)

(Shrauger,1990)

以下列出了许多反映普遍的情感、态度和行为的陈述,请仔细阅读每一个陈述,考虑一下它是否适用于你。尽量诚实、准确地回答,但没有必要每一条都刻意花太多时间。除非特别标明时间界限,否则请考虑一下两个月内这些条目对你是否适用。请如下面所列那样,表明你同意每一个陈述情况的程度。

非常同意=4分　基本同意=3分　基本不同意=2分　极不同意=1分

(1)是个会交际的人。　　　　　　　　　　　　　　　　　　　　　( )

(2)近几天来有好几次我对自己非常失望。　　　　　　　　　　　( )

*(3)使我烦恼的是我的模样不能更好看点。　　　　　　　　　　( )

(4)维持一个令人满意的爱情关系对我没有困难。　　　　　　　( )

(5)此刻我比几周来更为快乐。　　　　　　　　　　　　　　　　( )

(6)我对自己的身体外貌感到满意。　　　　　　　　　　　　　　( )

*(7)有时我不去参加球类及非正式的体育活动,因为我认为自己对此不擅长。( )

*(8)当众讲话会使我不舒服。　　　　　　　　　　　　　　　　　( )

*(9)我愿意认识更多的人,可我又不愿外出和同他们见面。　　　( )

(10)体育运动是我的特长之一。　　　　　　　　　　　　　　　( )

(11)学业表现是显示我的能力、让别人认识我的成绩的一个方面。( )

(12)我比一般人长得好看。　　　　　　　　　　　　　　　　　( )

*(13)在公共场合演节目和讲话,我想都不敢想。　　　　　　　( )

(14)想到大多数体育活动时,我便充满热情和渴望,而不是疑惧和焦虑。( )

*(15)即使身处那些我过去曾应付得很好的场合,但我仍然常常对自己没有把握。

( )

(16)我常怀疑自己是否有这份天资,能成功地实现我的职业和专业目标。( )

(17)我比与我年龄、性别相同的大多数人更擅长体育。　　　　( )

*(18)我缺少一些令我成功的重要能力。　　　　　　　　　　　( )

(19)当我当众讲话时,我常常有把握做到清楚、有效地表达自己的看法。( )

(20)我真庆幸自己长得漂亮。　　　　　　　　　　　　　　　　( )

*(21)我已意识到,与同我竞争的大多数人相比,我并不是个好学生。( )

*(22)最近几天,我对自己不满意的地方比以往更多。　　　　　( )

*(23)对体育运动不擅长是我的一个很大的缺点。　　　　　　　( )

(24)对我来说,结识一个新朋友是我所盼望的愉快感受。　　　( )

*(25)许多时候,我感到自己不像身边许多人那样有本事。　　　( )

(26)在晚会或其他社交聚会上,我几乎从未感到过不舒服。　　( )

(27)比起大多数人来,我更少怀疑自己的能力。　　　　　　　　　　　（　　）

*(28)我在建立爱情关系上,比大多数人困难更多。　　　　　　　　（　　）

*(29)今天我比平常对自己的能力更无把握。　　　　　　　　　　　（　　）

*(30)令我烦恼的是,我在智力上比不上其他人。　　　　　　　　　（　　）

(31)当事情变得糟糕时,我通常相信自己能妥善地处理它们。　　　（　　）

*(32)我比大多数人更为担心自己在公共场合讲话的能力。　　　　（　　）

(33)我比我认识的多数人更自信。　　　　　　　　　　　　　　　　（　　）

*(34)当我考虑继续约会时,我感到紧张或没把握。　　　　　　　　（　　）

*(35)大多数人可能会认为我的外表没有吸引力。　　　　　　　　　（　　）

(36)当我学一门新课时,我通常可以肯定自己在结束时成绩处于班上前1/4内。
　　　　　　　　　　　　　　　　　　　　　　　　　　　　　　　（　　）

(37)我像大多数人一样有能力当众讲话。　　　　　　　　　　　　　（　　）

*(38)当我参加社交聚会时,常感到很笨不自在。　　　　　　　　　（　　）

(39)通常我的爱情生活似乎比大多数人好。　　　　　　　　　　　　（　　）

*(40)有时我因为不想当众发言而会在上课时做其他事情。　　　　（　　）

(41)当我必须通过重要的考试或其他专业任务时,我知道自己能行。（　　）

(42)我似乎比大多数人更擅长结识新朋友。　　　　　　　　　　　　（　　）

(43)我今天比平时更为自信。　　　　　　　　　　　　　　　　　　　（　　）

*(44)我时时避开那些我有可能会与之产生爱情关系的人,因为我在他(她)身边会感到太紧张。　　　　　　　　　　　　　　　　　　　　　　　　　　（　　）

*(45)我希望我能改变自己的容貌。　　　　　　　　　　　　　　　　（　　）

(46)我比大多数人更少担心在公共场合讲话。　　　　　　　　　　　（　　）

(47)现在我感到比平时更乐观和积极。　　　　　　　　　　　　　　　（　　）

(48)对我来说,吸引一个渴望得到的男朋友或女朋友的人从来不是问题。（　　）

*(49)假如我更自信一点,我的生活就会好一些。　　　　　　　　　（　　）

(50)我追求那些智力上富有挑战性的活动,因为我知道我能比大多数人做得更好。
　　　　　　　　　　　　　　　　　　　　　　　　　　　　　　　（　　）

(51)我能毫无困难地得到许多约会的机会。　　　　　　　　　　　　（　　）

*(52)我在人群中不像大多数人那样感到舒服。　　　　　　　　　　（　　）

*(53)今天我比平时对自己更无把握。　　　　　　　　　　　　　　　（　　）

*(54)要是我长得更好看一点,我会在约会上更成功。　　　　　　　（　　）

说明:*为反向计分题。

【评分标准】

总分范围54～216分,你的得分越高,表示自信程度越高。

四、问卷调查 2

你自我肯定吗？

请根据自己的情况填写表 3-2 各题。

表 3-2　自我肯定测评表

问题 \ 回答	从来不(1)	很少(2)	偶尔(3)	大多数(4)	经常是(5)
1.当一个人对你非常不公平时,你是否让他(她)知道?					
2.你是否容易做决定?					
3.当别人占了你的位置时,你是否告诉他(她)?					
4.你是否经常对你的判断有信心?					
5.你是否能控制你的脾气?					
6.在讨论和辩论时你是否觉得很容易发表意见?					
7.通常你是否会表达你的感受?					
8.当你工作时,如果有人注意你时,你是否不受影响?					
9.当你和别人说话时,你是否能轻易地注视对方的眼睛?					
10.你是否易于开口赞美别人?					
11.你是否很难对推销人员说不,而买些自己实在不需要或并不想要的东西?					
12.当你有充分理由退货给店方时,你是否迟疑不决?					
13.社交场所你是否容易保持交谈?					
14.你是否觉得别人在言行中,很少表示不欢迎你?					
15.如果有位朋友提出无理的要求,你能拒绝吗?					
16.如果有人恭维你,你知道说什么吗?					
17.当你和异性说话时,你是否不感到紧张?					
18.当你生气时,是否违心地责骂对方?					

【评分标准】

将你 18 题的得分相加,得出总得分,并与下列分值比较,以了解自我肯定的程度。

1.高度自我肯定:得分在 77 分以上者,表示非常能自我肯定,经常能适时、适当地表露自己的意见与感受。

2.中偏高度自我肯定:得分在 52～76 分之间者,表示大多数时候能表露自己的意见与感受,但偶尔做不到。

3.中偏低度自我肯定:得分在 27～51 分之间者,表示偶尔能自我肯定,但大多数时候不能表达自己的意见与感受。

4.低度自我肯定:得分在 26 分以下者,表示非常不能自我肯定,经常不能表露自己的意见与感受。

自我肯定者的特质：

——温和但不羞怯，因为他对自己有信心，重视自己的价值。

——坚持但不固执，因为他认为重要的，即使有压力也不退却。

——开怀但不讨好，因为他重视别人和权益，尊重别人的决定。

——勇敢但不冲动，因为他有自信，不畏压力与嘲笑。

——自在而不拘谨，因为他做想做的，说想说的，但又不指责和诋毁他人。

——有自我价值感，因为他知道自己是谁，接纳自己，喜爱自己。

——快乐并且充实，因为他做他自己，爱自己也爱别人。

——表达清楚，声调、姿势、态度都能表达他的决心与理念，让别人清楚接受到他所要表达的核心。

课后训练与思考

诗歌创作

我是……

第一节

我是（我所具备的两种品质）

我好奇（我所好奇的事情）

我听见（一种想象的声音）

我看见（一种想象的情景）

我愿（一个实在的愿望）

我是（重复本诗的第一行）

第二节

我假设（我想假设的事情）

我感到（一种想象的感觉）

我触摸到（一种想象的触觉）

我担心（实在令你心烦的事）

我哭泣（令你非常悲伤的事）

我是（重复本诗的第一行）

第三节

我明白（我认定为真的事情）

我说（我相信的事情）

我梦想（我在梦想的东西）

我试图（我真正努力去做的事情）

我希望（我真正希望的事情）

我是（重复本诗的第一行）

写完后仔细体会，理解自己，认识到自己的独特之处。

第四章　高职生的人格发展与塑造

名人名言

保持人格不仅靠功劳,也要靠忠诚。

——歌德

一个人的价值系统也许是构成他的人格的最重要的方面。

——卡尔

【内容提要】

了解认识人格的含义、特征及内容,培养高职生良好的性格,完善他们的人格,促进高职生成为健康和谐而有个性的人。

第一节　课堂实训:人格大发现

一、镜子中的我

讲台上事先放一面镜子并且做好包装(看起来类似一个相册),只有老师知道这是一面镜子。学生们自告奋勇上台来欣赏"相册"里的人物,并且在黑板上依据老师的问题来评价"相册"里看到的人特点。

根据情况可以请上不同数量的学生,每位同学都在黑板上留下对自己的评价。老师的提问为:

(1)请用一种动物来形容"相册"里的人的特点。

(2)请给"相册"里的人取一个绰号。

(3)请写出"相册"里的人有哪些特点。

(4)你觉得大家会喜欢"相册"里的人吗? 为什么?

最后,老师揭开"相册"的真实面目,同时根据学生的回答一起来分析分享对自己的

69

评价,也可以与台下的学生互动,看看台上学生的自我评价是否正确、合理、实事求是。

二、请完成以下句子

下列15种心理需求选自《爱德华个人兴趣量表》(EPPS),请你写出其中3项自己认为太高或太低,而又不太喜欢的个性特质,并说说你不喜欢的理由。请其他成员给予反馈,并提出建设性的意见。

成就	顺从	秩序	表现	自主
亲和	省察	求助	支配	谦逊
慈善	变异	坚毅	异性恋	攻击

我的选择

_____(太高或太低)是我不喜欢的个性特质,因为_____

_____(太高或太低)是我不喜欢的个性特质,因为_____

_____(太高或太低)是我不喜欢的个性特质,因为_____

分组讨论,将自己所写的内容与小组的成员分享、交流并讨论。

老师小结:我们每个人都是独特的自己,有着各自独特的个性特质,不管你喜欢不喜欢,这就是你自己。

三、情景剧表演

分组进行,每组抽签决定表演的事件、人物、地点,每组分配10分钟进行准备。接下来每组进行表演,要求表现得富有个性特点。

情景1:地点:教室

　　　　人物:班主任和全班同学

　　　　事件:公开选举班干部,班主任推荐的学生选票不多

情景2:地点:宿舍

　　　　人物:6个室友

　　　　事件:讨论评选奖学金,一个同学经济困难,但成绩没有经济条件富有的同学好

情景3:地点:公共汽车上

　　　　人物:3个男生和2个女生

　　　　事件:发现一个小偷正在偷一个老人的钱包

情景4:地点:招聘会

　　　　人物:实习毕业生

　　　　事件:招聘单位看了简历,没有问任何问题就放到抽屉里了

情景5:地点:学校食堂

　　　　人物:不同年级的学生

　　　　事件:某个高年级的同学插队买饭

情景 6：地点：系办公室

　　　　人物：系主任、班主任、学生

　　　　事件：该学生考试时替好友作弊

老师与学生一起分享在每个情景过程中每个角色的性格特点。

四、特质大拼盘

每位同学发一张"特质大拼盘"的表，请学生将自己的特质写在特质大拼盘上的"爸妈常说我是……"及"我觉得我自己是……"的栏中，每栏至少写 5 个，请其他同学帮助填写"别人觉得我是……"栏的内容，至少 5 个。之后请学生关注，自己的特质和想象的一致吗？

特质大拼盘活动单：

爸妈常说我是 _____

我觉得我是 _____

同学觉得我是 _____

特质参考单：

顺从、害羞、谦虚、精力充沛、善于表达、野心强、重视物质、勤奋、缺乏条理、富于幻想、诚实、坦白、有恒心、自然、稳定、理性、批判、崇尚理想、情绪化、喜欢解决问题、内向、好奇、说服力强、冒险、重视方法、保守、具有科学方法、追根究底、人缘好、宽宏大量、实际、温和、有亲和力、喜欢与人接触、喜欢助人、为他人着想、随和、善解人意、温暖、合作、顺从、喜欢规律、缺乏弹性、分析、独立、节俭、缺乏想象力、传统、谨慎、感性、复杂、喜欢变化、直觉、不从众、有独创性、有领导力、有自信、冲动、不实际、热情、武断、喜欢引人注意、喜欢教导别人、守本分、按部就班。

第二节　知识链接：健全人格

一、人格概述

1. 人格的定义

在现实生活中，我们能发现性格迥异的人，如有人开朗热情，有人则冷漠苛求；有人成熟稳定，有人则烦躁易动；有人主观武断，有人则谦让依赖……所有这些心理差异都是人格差异的表现。人格（personality）在心理学中界定为构成一个人的思想、情感及行为的特有统合模式，这个独特模式包含了一个人区别于他人的稳定而统一的心理特质。不同性格的人在同一个情境中会表现出不同的行为和反应，有人对事比较沉着稳健，有些则表现得急躁；有些人待人热情周到，有些人待人冷淡；有人开朗活泼，有人文静内敛；有人勇敢，有人懦弱。正是不同性格的人才构成了丰富多彩的世界，人格既是一定社会塑造与文化的产物，又是个体适应环境、主动选择与积极创造的结果，健康的人格总是与良好的社会适应、自我控制分不开的。

人格,它源自于古希腊语 persona,意思就是戏剧中演员所戴的面具。在古希腊,有一个非常著名的戏剧演员,他的面部有缺陷,所以每次演出的时候都用面具来掩饰自己脸上的不足,同时还可以通过不同的面具来表现不同性格的人物。从此,演员们都通过使用面具来扮演各种角色,以体现人物性格。我国戏剧中的脸谱也反映了不同角色的性格,例如白脸的奸臣,红脸的忠臣,滑稽的丑角,斯文的小生,幽怨的青衣,勇猛的武生,等等,每种角色代表了典型的人格特征,不同脸谱反映了不同的心理特点。

2. 人格的发生与发展

人格是怎样形成和发展的呢? 人们最熟悉的莫过于心理学大师、精神分析学派鼻祖弗洛伊德的人格形成和发展理论,但弗洛伊德的理论是在研究病态人格的基础上形成的,认为人格是以无意识原欲为核心的动力结构,人格的发展是以性心理为主线呈阶段性发展的。当代新的精神分析学派不再过分强调弗氏的本能论及泛性论的作用,而是强调文化和社会因素对人格的影响,其中较为突出的就是被心理学史家墨菲称为"现代弗洛伊德心理学最杰出的代表人"的艾里克森,他从生物、心理、社会环境三个方面考察人格的发展,提出了以自我为核心的人格发展渐成说。艾里克森认为,人格是一种独立的力量,是一种心理过程,是人的过去经验和现在经验的综合体,能够把个人的内部发展和社会发展综合起来,引导心理向合理的方向发展,决定着个人的命运。

艾里克森认为,人格的发展包括机体成熟、自我成长和社会关系三个不可分割的过程,每个人在生长过程中都体验着生物的、生理的、社会的事件发展顺序,按一定的成熟程度分阶段地向前发展。他根据这三个过程的演化把人格分为八个阶段,这些阶段是以不变的序列逐渐展开的,将内心生活和社会任务结合起来,形成一个既分阶段又有连续性的心理社会发展过程。每一个阶段都由一对冲突或两极对立的性格特质所构成,并形成一种危机(或重要转折点),即为个体每个阶段性格发展的主要任务。如果危机得到积极解决,会增强自我的力量,人格就得到健全的发展,有利于个人对环境的适应;反之,危机得不到解决,就会削弱自我的力量,使人格不健全,阻碍个人对环境的适应。而且,前一阶段危机的积极解决会提高后一阶段危机解决的可能性,反之会减小后一阶段危机解决的可能性。

艾里克森划分的人格发展的八个阶段(其中前五个阶段与弗洛伊德划分的阶段一致)为:

第一阶段:婴儿期(0~1岁)——基本信任对基本不信任阶段。相当于弗洛伊德的口唇期。这个阶段个体人格的主要发展任务就是满足生理上的需要,发展信任感,克服不信任感。如果这一阶段的危机得到积极解决,就会形成"希望"的品质,成年后性格倾向于乐观、信任、活跃、安详等积极的人格特征;如果这一阶段的危机是消极解决,就会形成惧怕感,成年后性格倾向于悲观、多疑、抑郁、烦躁等消极的人格特征。

第二阶段:幼儿期(1~3岁)——自主对羞怯和疑虑阶段。相当于弗洛伊德的肛门期。如果这一阶段的危机得到积极解决,就会形成"意志"的品质,成年后性格倾向于坚强、独立、克制、自律等人格特征,如果这一分阶段的危机被消极解决,就会形成羞怯感,成年后性格倾向于意志薄弱、依附、随意、敷衍等消极的人格特征。

第三阶段：学前期（4～6岁）——主动对内疚阶段。相当于弗洛伊德的性器期。如果这一阶段的危机得到积极解决，就会形成"方向和目的"的品质，成年后性格倾向于自动自发、计划性、目的性、果断等积极的人格特质；如果这一阶段的危机是消极解决的，成年后的性格会倾向于不思进取、无计划性、优柔寡断等消极的人格特质。这一阶段要求父母正确对待亲子关系，母亲要有意削弱自己在孩子生活中的重要性，父母要注意自己性别角色的正确扮演，给孩子树立榜样，同时要鼓励和引导孩子与异性同伴交往，建立完整的性别概念。

第四阶段：学龄期（7～12岁）——勤奋感对自卑感阶段。相当于弗洛伊德的潜伏期。这个阶段的主要发展任务是获得勤奋感，克服自卑感，体验着"能力"的实现。如果这一阶段的危机得到积极解决，就会形成"能力"的品质；如果危机是消极解决的，就会形成无能。

第五阶段：青年期（13～18岁）——同一性对角色混乱阶段。相当于弗洛伊德的青春期。这一阶段的主要发展任务是建立同一感，克服同一感（角色）混乱。如果这一阶段的危机得到积极解决，就会形成"忠诚"即"不顾价值系统的矛盾坚持自己的信念"的品质；如果危机是消极解决，就会形成不确定性。

第六阶段：成年早期（19～25岁）——亲密对孤独的阶段。这一阶段的主要发展任务是获得亲密感，克服孤独感，体验着爱情的实现。如果这一阶段的危机得到积极解决，就会形成"爱"即相互奉献的品质；如果危机消极解决，就会形成混乱的两性关系。

第七阶段：成年中期（26～65岁）——繁殖对停滞阶段。这一阶段的主要发展任务是获得繁殖感，克服停滞感，体验着关怀的实现。如果这一阶段的危机得到积极解决，就会形成"关心"的品质；如果危机消极解决，就会导致自私自利。

第八阶段：成年晚期（65岁以后）——自我整合对失望阶段。这一阶段的主要发展任务是获得完善感，避免失望和厌倦感，体验着智慧的实现。如果这一阶段的危机得到积极解决，就会形成"智慧"的品质；如果危机消极解决，就会有失望和毫无意义之感。

综上所述，个体的人格就是在这样一种性格对立面斗争的过程中不断发展得到增强的。

3. 人格的心理意义

人格不是指个别的心理特征，而是个体的全部心理特征的总和，具有整体性。人格不是偶然的现象，而是一个人稳定的、经常表现出来的一种心理特征，具有稳定性。人格不是指与他人相同的特征，而是每个人有不同于他人的一组个性特征，具有独特性。所以人格是构成一个人的思想、情感和行为的特有统合模式。它主要包含了一个人区别于他人的稳定而统一的心理品质。

心理学中的人格包含了很丰富的意义，主要有两方面的内容：一方面是指一个人在他的人生舞台上所表现出来的种种言行举止，是人们遵守社会文化习俗的要求所表现出来的性格，例如慈爱的母亲，严厉的父亲，坚强的男人，温柔的女人，等等。人格的外表就好像是舞台戏剧中根据角色要求所戴的面具一样，他表现的是一个人外在的人格品质。

另一方面,人们由于各种原因没有表现出来的内隐人格部分,是人格的内在品质,即面具背后真实的人格。由面具演绎出来的人格概念解释了人格的内外层面,一般情况下,正常人表现出内外不一致的人格特征,反映了人格的复杂性和多样性。

人格包含了气质跟性格两方面,下面就从这两方面分别阐述。

二、气质概述

1. 气质的含义

气质(temperament)是个人心理活动的动力特征。这些动力特征主要表现在心理过程的强度、速度、稳定性、灵活性及指向性上。譬如,我们情绪的强弱,意志努力的大小,知觉或思维的快慢,注意集中时间的长短,注意转移的难易,以及心理活动是倾向于外部事物还是倾向于自身内部等等,就是其具体表现。也就是我们平时所说的脾气、秉性。人的气质差异是先天形成的,受神经系统活动过程的特性所制约。孩子刚一出生时,最先表现出来的差异就是气质差异,有的孩子爱哭好动,有的孩子平稳安静。气质是人的天性,无好坏之分。它只给人们的言行涂上某种色彩,但不能决定人的社会价值,也不直接具有社会道德评价含义。一个人的活泼与稳重不能决定他为人处世的方向,任何一种气质类型的人既可以成为品德高尚,有益于社会的人,也可以成为道德败坏,有害于社会的人。平时俗话说的"江山易改,本性难移"就是指人的气质具有天赋的差异,是很稳定的,不容易改变的。

气质在现在的社会所表现出的,是一个人从内到外所散发出来的一种内在的人格魅力然后所发挥的一个人内在魅力的质量的升华。人格魅力有很多表现形式,比如修养、品德、举止行为、待人接物、说话的感觉等等,所表现的性格特征有高雅、高洁、恬静、温文尔雅、豪放大气、不拘小节、立竿见影等。所以,气质并不是自己说出来的,而是自己长久的内在修养平衡以及文化修养的一种结合,是持之以恒的结果。

2. 气质的发展与特点

气质在心理学史上是一个古老的概念。早在古希腊时代的医学家恩培多克勒(Empedoctes,公元前495—公元前435年)的"四根说"中,就已经具有了气质和神经类型学说的萌芽。恩培多克勒认为,人的身体是由四根构成,固体部分是土根,液体部分是水根,维持生命的呼吸是空气根,血液是火根,并认为思维是血液的作用,火根部分离开身体且血液冷些,人就进入睡眠。火根全部离开身体,血液就彻底冷却,人就死了。恩培多克勒认为,人的心理特性依赖于身体的特殊构造,不同的心理表现是由于身上"四根"结构比例配合不同之故。他认为演说家是舌头的四根配合最好的,艺术家是手的四根配合最好。恩培多克勒的"四根说"为后来的气质和神经类型学说奠定了某种基础。

古希腊时代的另一位著名的医学家希波克拉底(Hippocrates,公元前460—公元前377年)吸收了前人的医学成就,将恩培多克勒的人体含"四根"之说发展成了更加系统化的人体含"四液"的学说。他认为人体有四种液体,即黏液、黄胆汁、黑胆汁和血液。黏液生于脑,是水根;黄胆汁生于肝,是空气根;黑胆汁生于胃,是土根;血液生于心脏,是火根。他在《论人的本性》一书中说,正是这四种体液"形成了人体的性质",而且"当这些元素(体液)在复合上、力量上、体积上彼此失去适当的比例,并当这些元素中有一种太多或太少,或在体内孤立而不与一切其他元素结合时,人就感到痛苦"。希波克拉底认为,机体的状态就决定于四种体液的混合比例。

后来,罗马的医师盖仑(Galen)用拉丁语"temperamentum"一词来表示这个概念。他们根据四种体液比例的不同而把气质分为多血质(以血液占优势)、黏液质(以黏液占优势)、胆汁质(以黄胆汁占优势)、抑郁质(以黑胆汁占优势),这就是"气质"发展的来源。

在我们的日常生活中,的确可以看到,人们的外部行为特点有很大的个体差异。有的人非常活泼,情绪易激动,精力充沛,说话像连珠炮似的,面部表情也丰富多彩,还常常做出多种手势;有的人则是迟钝、沉着、镇静的,很少露出笑容,面部表情和手势极少,缺乏表达力,语调平缓,目光冷淡。一些人好交际,易与周围人接触,乐观愉快;而另一些人则孤僻,不善交际,沉默寡言,郁郁寡欢。即使当两个人做同样的工作,并且也做得同样好,我们还是可以看出,一个人表现出热情主动、兴致勃勃、不拘一格、浮想联翩的精神,而另一个人则是从容不迫、有条不紊、照章行事、实事求是地工作。

这种外部行为个体差异往往在童年时期表现得最单纯、最自然。儿童们不论在上课时还在课余时间的游戏中,我们都可以看到他们的情绪、活动积极性等心理表现的不同。一些儿童非常好动,突发地、迅速地反映着外部情况的变化,他们的情绪(愉快、苦恼、委曲)表现得淋漓尽致且缺乏自制;一些儿童活泼,朝气蓬勃,善交际,无忧无虑,灵活而不急躁;一些儿童学习、作业速度缓慢,说话也慢吞吞的,情绪几乎表现不出来,表面上似乎不关心自己的学业成败;还有一些儿童孤僻,害羞,不爱交际,言语温和而胆怯,情绪脆弱而敏感。

气质的特点表现在极其不同的各种环境中,即表现在一个人怎样说话,怎样与别人交往,怎样表现喜悦和痛苦,怎样工作和休息,怎样走路以及怎样对待周围所发生的各种事情。它使一个人的心理活动都染上了个人独特的色彩。有某种气质类型的人,常常在内容很不相同的活动中都会显示出同样性质的动力特点。例如,一个具有急躁不安气质特征的学生,无论在参加考试之前,还是在进行田径赛等待起跑之时,都会显得急躁不安。一个人的气质特点不依活动的内容动机、目的为转移,它表现出了一个人生来就具有的自然特性。一个人的气质具有极大的稳定性。它很早就清楚地表露在儿童的游戏、作业和交往活动中,在成人身上仍是比较固定的,尽管受环境、教育的影响,气质会发生某些变化,但较之于其他心理特征,气质是最稳定、最固定的,即使变化,也是非常微小而缓慢的。

3. 高职生的气质

在学校里我们经常会观察到学生的情绪和活动有不同的外部表现。有的学生精力充沛、爱说爱动、容易激动;有的学生活泼敏捷、表情丰富、兴趣广泛而容易变化;有的学生冷静稳重、反应迟缓、情感不易外露;有的学生感情脆弱,说话声小,动作无力。现在我们就来了解下每个人的气质。

(1)气质的测量

我的气质类型

气质类型自我测量表

仔细阅读表 4-1 中的每一个问题,在每题中选择一个符合你情况的答案,答案没有对错,以自己的第一感觉为准。

完全符合自己情况的记 2 分,比较符合的记 1 分,一般的记 0 分。比较不符合的记 -1 分,完全不符合的记 -2 分。

表 4-1 气质类型自我测量表

问 题	完全符合	比较符合	一般	比较不符合	完全不符合
1. 做事力求稳妥,不做无把握的事					
2. 遇到可气的事,就怒不可遏,想把心里话全说出来才痛快					
3. 宁可一个人干事,不愿和很多人在一起					
4. 到一个新环境很快就能适应					
5. 厌恶那些强烈的刺激,如尖利噪音、危险镜头等					
6. 和人争吵时,总是先发制人,喜欢挑衅					
7. 喜欢安静的环境					
8. 善于和人交往					
9. 羡慕那种善于克制自己感情的人					
10. 生活有规律,很少违反作息制度					
11. 在多数情况下,情绪是乐观的					
12. 碰到陌生人觉得很拘束					
13. 遇到令人气愤的事,能很好地自我克制					
14. 做事总是有旺盛的精力					
15. 遇到问题常常举棋不定,优柔寡断					
16. 在人群中从不觉得过分拘束					
17. 情绪高昂时,觉得干什么都有趣;情绪低落时,又觉得什么都没意思					
18. 当注意力集中于一事物时,别的事很难使我分心					
19. 理解问题总比别人快					
20. 碰到危险情境,总有一种极度恐怖感					
21. 对学习、工作、事业怀有很高的热情					
22. 能够长时间做枯燥、单调的工作					

问　题	完全 符合	比较 符合	一般	比较 不符合	完全 不符合
23. 符合兴趣的事情干起来劲头十足,否则就不想干					
24. 一点小事就能引起情绪波动					
25. 讨厌做那种需要耐心、细致的工作					
26. 与人交往不卑不亢					
27. 喜欢参加热闹的活动					
28. 爱看感情细腻、描写人物内心活动的文学作品					
29. 工作、学习时间长了,常感到厌倦					
30. 不喜欢长时间讨论一个问题,愿意实际动手干					
31. 宁愿理直气壮、侃侃而谈,不愿窃窃私语					
32. 别人说我总是闷闷不乐					
33. 理解问题常比别人慢一些					
34. 疲倦时只要短暂休息就能精神抖擞,重新投入工作					
35. 心里有问题宁愿自己想,不愿说出来					
36. 认准一个目标就希望尽快实现,不达目的誓不罢休					
37. 学习、工作同样一段时间后,常比别人更疲倦					
38. 做事有些莽撞,常常不考虑后果					
39. 听别人讲授知识、技术时,总希望他讲得慢一些,多重复几遍					
40. 能够很快忘记那些不愉快的事情					
41. 完成一件工作总比别人花的时间多					
42. 喜欢运动量大的剧烈体育活动,或参加各种文艺活动					
43. 不能很快把注意力从一件事转移到另一件事上去					
44. 接受一个任务后,就希望把它迅速解决					
45. 认为墨守成规比冒风险强					
46. 能够同时注意几件事物					
47. 当我烦闷的时候,别人很难使我高兴起来					
48. 爱看情节起伏跌宕、激动人心的小说					
49. 对工作抱认真严谨、始终一贯的态度					
50. 和周围人们的关系总是相处不好					
51. 喜欢复习学过的知识,重复已经掌握的					
52. 喜欢做变化大、花样多的工作					

续表

问题	完全符合	比较符合	一般	比较不符合	完全不符合
53.小时候会背的诗歌,我似乎比别人记得清楚					
54.别人说我"出语伤人",可我并不觉得这样					
55.在体育活动中,常因反应慢而落后					
56.反应敏捷,头脑机智					
57.喜欢有条理而不麻烦的工作					
58.兴奋的事常使我失眠					
59.教师讲的新概念我常常弄不懂,但是弄懂以后就很难忘记					
60.假如工作枯燥无味,马上就会情绪低落					

【评分标准】

把每题按表4-2题号相加,算出各栏总分。如果某一类气质的得分明显高于其他三种(均高于4分以上)则可定为该气质类型的人。如果该气质类型得分超过20分,则为典型型;如果该类得分在10~20分,则为一般型。如果两种气质类型得分接近,其差异低于3分,而且又明显高于其他两种4分以上,则可定为这两种气质的混合型。如果三种气质得分均高于第四种,而且接近,则为三种气质的混合型。

表4-2 气质类型测量计分表

气质类型	题 号															总 分
胆汁质	2	6	9	14	17	21	27	31	36	38	42	48	50	54	58	
多血质	4	8	11	16	19	23	25	29	34	40	44	46	52	56	60	
黏液质	1	7	10	13	18	22	26	30	33	39	43	45	49	55	57	
抑郁质	3	5	12	15	20	24	28	32	35	37	41	47	51	53	59	

(2)气质类型分析

多血质——春季的雨:此类型气质表现得活泼开朗,朝气蓬勃,对人亲切热情,富于同情心;情绪反应快明显外露,但体验不深刻,喜怒无常;注意力容易转移,兴趣易变,缺少耐力和毅力;善于交际,适应性强;行为敏捷,富于表情,语言的表达力与感染力强。这种人的心理活动的显著特点是有很高的灵活性,容易适应变化的生活环境。

胆汁质——夏天的火:此类型气质表现直率热情,精力旺盛;性情急躁,易于冲动,情绪强烈、外露,而难于平静;反应迅速,思维敏捷,但准确性差;行动坚决,持久不渝,语言明快;有时感情用事,刚愎自用,傲慢不恭。这种人的心理活动的显著特点是兴奋性高,不均衡,带有快速而突发的色彩。

黏液质——秋天的风:此类型气质的人情感不外露,冷漠,情绪内向,不易激动,而一旦被激起,就极其强烈、深刻而稳固;沉着稳重,善于自制;反应缓慢,注意力稳定且难转移;行动缓慢,小心谨慎,持久力强,沉默寡言。这种人的心理活动的显著特点是安静、均衡。

抑郁质——冬天的雪:此类型气质的人多愁善感,情感发生较慢,对忧愁体验深刻而又持久、内向;反应敏感,观察细微;智力透彻,想象丰富;言行缓慢,优柔寡断。这种人的心理活动的显著特点就是迟缓、内向。

在现实生活中,纯粹属于某一种气质类型的人为数极少,绝大多数是四种气质互相混合、渗透,兼而有之,更多的人往往是以一种气质为主,兼有其他一种或两种气质的混合型。

在一项对高职生气质、性格的调查研究中,测查对象为 309 名高年级高职生。测查结果表明这些高职生气质类型的分布的百分比为胆汁质占 13.5%,多血质占 22.6%,黏液质占 45.2%,抑郁质占 17.7%,其他占 0.9%。性格类型分布的百分比为外倾型占 26.8%,内倾型占 50.7%,独立型占 13.4%,顺从型占 7.8%。

这项调查说明被调查高职生气质与性格分布的特点是黏液质气质和内倾型性格类型的人数超过其他类型。其中黏液质和抑郁质的总数达到 62.9%,胆汁质和多血质学生合计为 36.1%。这个分布明显地与外倾型和内倾型的分布相似。

形成这种分布的原因,经分析问卷了解到,在当前属于黏液质和抑郁质类型的 192 人中,约有 60% 原来都倾向于多血质和胆汁质,因而在性格上外倾型较多于内倾型。从被试的历史发展过程来看,这种变化是随着外部环境的变化而变化,生活环境的压力改变了他们的气质类型。

有一项用"内田—克列别林精神检查表"调查了大学二、三年级学生 364 人(其中理科 190 人,文科 174 人),检测结果表明,单一型占 34.07%(其中包括胆汁质 2.47%、多血质 26.10% 和黏液质 5.50%),复合型占 65.93%(其中包括胆汁质为主的复合型 11.26%、多血质为主的复合型 30.22%、黏液质为主的复合型 18.68%、抑郁质为主的复合型 5.77%)。

这项调查说明三点:

①复合型的气质多于单一型气质。总的趋势是多血质类型人数最多,共占 56.32%,其次为黏液质占 24.18%,第三为胆汁质共占 13.73%,抑郁质类型最少,占 5.77%。

②文理科高职生四类气质分配的差异是:理科高职生属于黏液质者比文科高职生多;文科高职生中属于胆汁质、多血质、抑郁质者多于理科生,但无明显差异。

③男高职生中属于胆汁质、多血质者多于女高职生,女高职生中属于黏液质者多于男高职生。

三、性格概述

1.性格的含义

性格是指一个人对待现实的态度和行为方式上经常表现出来的比较稳定的心理特征。例如,热爱集体、学习认真、关怀同学、有崇高的理想、自信心强,这些涉及社会意义的特征经常地、一贯地从一个人对待现实的态度和行为方式上表现出来,而不是偶然地表现在一时或一事上,就成为这个人的性格特征。

从整个行为的表现看,人的性格不仅表现在做什么、追求什么、拒绝什么的活动动机和目的上，而且也表现在怎样做、怎样实现自己所追求的目的、怎样实现自己的愿望或理想的活动方式上。不论在什么情况下，不论处于顺境还是逆境，不论挫折与阻力有多大，这种对待现实的态度和行为方式都会表现出来。因此，当我们对一个人的性格有明确的了解时，我们就能够预测这个人在一定的情境中做什么和怎样做。

其次，性格与其他个性品质不同，它是由性格中具有核心意义部分形成的反映个性本质属性的稳定的心理特征。这种具有核心意义的部分是受一个人的思想、信念、态度或道德品质的调控而形成的。至于一个人的动作速度、情绪的强度或某种才能，都属于个性品质，但不是具有核心意义的部分。性格是具有社会评价意义、反映社会生活本质属性的部分。在人的性格中也包含一些次要的、从属的品质，如严肃与诙谐、拘谨与大方、急躁与耐心等。这些品质在性格特征的统一体中与核心品质结合起来表现在人的行为和态度上。

2. 性格的特征

(1)性格的态度特征

人对现实的态度是多种多样的，但归纳起来基本上包括三个方面。

第一是对社会、对集体、对他人的性格特征。这些特征主要表现在自尊心、集体主义、热情、关怀、正直、坦率等，以及与此相反的一些性格特征，如自卑感、对人冷漠、虚伪、狡猾、缺乏同情心等。学生的生活和活动就是在集体中进行的，人与人之间的关系也是通过在集体生活中交往建立起来的，性格特征是在集体中形成与发展的，性格差异也是在集体中表现出来的。

第二是对劳动、工作或学习方面的性格特征。这些特征表现在以什么态度对待劳动、工作、学习及其成果和产品，如学生对学习是否认真，是否喜欢劳动，有没有责任心和义务感。有的学生对自己担负的任务、作业、家务劳动、公益活动做得井井有条、整洁而有次序；有的学生消极、冷漠、懒散、马虎，完成作业草率，做事杂乱无章。

在这方面的性格特征中，培养学生的创造精神非常重要，这种精神使学生朝气蓬勃，具有追求与钻研问题的求知欲与敏感。缺乏这种精神的学生则表现出怠惰、消极、得过且过和精神萎靡。

第三表现在对自己个性态度上的特征，如谦虚谨慎与骄傲自满、自尊与自卑、自信与自馁、大方与羞怯、自我批评与自我放纵。学生如何对个人做出比较恰当的自我评价，这种性格特点是随着集体生活、教育、年龄而发展的。

(2)性格的意志特征

性格的意志特征是在行动方式中表现出来的。它是根据一定的原则自觉地控制自己的行为，并采取适当的手段克服达到目标的障碍时所表现的特征，如自觉性与盲目性、独立性与依赖性、果断性与优柔寡断、坚定与懈怠、自制与放任、沉着与鲁莽、勇敢与怯懦、纪律性与散漫性等。

(3)性格的情绪特征

人的情绪经常影响人的活动，当这种影响比较稳定地控制人的活动时，就形成性格的情绪特征。它表现在一个人情绪反应的快慢、强弱和保持时间的长短上。有的人情绪变化迅速,有的人情绪变化缓慢;有的人情绪容易激动,有的人情绪比较宁静;有的人心情和心境总是乐观的、舒畅的,有的人心情总是抑郁不快、愁绪满怀。

(4)性格的理智特征

这种特征表现在感知、观察、记忆、想象和思维等方面的差异。在感知方面,有的人观察时注意分析事物的细节,有的人则注意事物的整体和轮廓,有的人观察敏锐,有的人迟钝;在想象方面,有的人幻想多,有的人从现实构思;在思维方面的广度、深度、独立性、灵活性等都有不同的表现。

3. 性格的类型

(1)根据"心理力"(libido)的倾向,可以划分为外倾型和内倾型

外倾型的人被心理力引向客观的外部环境的知觉、思维和情感之中。外倾者的情感外露,注重实际,善于交际,活泼开朗,对周围的一切兴趣广泛;内倾型的人被心理力引向主观的内心世界而产生自我感知、思维和情感,谨慎小心,深思熟虑,顾虑重重,冷漠,寡言,不善于交际。这两种基本倾向具有四种心理机能,即思维、情感、感觉和直觉。思维是由彼此联结的观念组成,受伦理、法则的支配;情感是一种价值判断的功能,它是一种根据表象唤起的愉快与不愉快的体验;感觉是通过感官刺激(包括机体的内在刺激)而产生的经验;直觉是一种直接把握到的而不是作为思维和情感的结果而产生的经验。这四种心理机能的支配,就形成了性格的 8 种类型。

(2)卡特尔 16 种人格因素测验

16 种人格因素是美国心理学家卡特尔从描述人的行为的词汇中运用系统观察法、实验法和因素分析法而确定下来的。他认为人格的基本结构元素是特质,它表现出特征化的相当持久的行为属性和广泛的行为倾向,特质这个概念能表明不同时间与不同情境下的某种行为的类型。特质的种类很多,其中最重要的有两种特质,即表面特质和根源特质。表面特质有各种相关性的观察资料,例如,有人发现受的教育越正规者,看的电影越少。这种观察很肤浅,说明不了问题,它仅能表示特质间有某种组合的倾向。根源特质是内在的因素,它是能控制表面特质组合的变量,一种根源特质影响多种表面特质,而一种表面特质可能来源于一种或多种根源特质。

根源特质是组成人格的因素,并影响人们的各种行为。从行为表现来看,某些人可能具有相同的根源特质,但这种特质起作用的程度不同。例如,每一个人都有智力,但智力的量是不同的。根源特质的强度对人们活动的各个方面都有影响。而智力作为根源特质的外部表现则是表面特质。卡特尔的 16 种因素就是从生活纪录资料、问卷资料和客观测验资料中分析出来的。每一种因素给出两个名称,一为高分组名称,一为低分组名称。

这 16 种人格因素的符号和名称是:A. 乐群性;B. 聪慧性;C. 稳定性;E. 恃强性;F. 兴奋性;G. 有恒性;H. 敢为性;I. 敏感性;L. 怀疑性;M. 幻想性;N. 世故性;O. 忧虑性;Q1. 实验性;Q2. 独立性;Q3. 自律性;Q4. 紧张性。

(3)根据人类的文化生活领域,E. 斯普兰格(E. Spranger)把性格划分为 6 种类型

①理论型:这种类型的人以知识和真理为中心,冷静地思考事物的本质,追求各种观念和理想。

②经济型:这种类型的人以有效和实惠为中心,关心各种实际事物,从经济观点出发,判断它的可利用程度,追求实用价值。

③审美型:这种类型的人以外形协调和匀称为中心,善于体会美的感受,经常用优美、对称、整齐与和谐来衡量一切事物。

④社会型:这种类型的人以群体和他人为活动的中心,把社会的一般福利和关怀他人作为自己的职责,喜欢与人交往,为人善良,能容忍他人,追求社会的进步与改善。

⑤政治型:这种人以权力、地位为中心,有强烈的支配欲,热衷于控制与命令他人,为人自负,比较专横,固执己见。

⑥宗教型:这种人以信仰为中心,相信命运,不愿正视现实,对别人态度谦和,能克制自己的欲望,寻求神秘的力量。

(4)根据意识倾向可划分为 4 种类型

①目的方向明确和意志坚强类型。

②目的方向明确,但坚定性、自制力不足的类型。

③缺乏目的方向性,但意志坚强的类型。

④缺乏目的方向性和意志薄弱的类型。

4.高职生的性格

(1)性格的测量

性格的自我测试:菲尔测试

这个测试是美国知名心理学博士菲尔在著名节目主持人欧普拉的节目里做的,挺准确的。回答问题时一定要依照你目前的实际情况,不要依照过去的你。这是一个目前很多大公司人事部门实际采用的测试。

①你何时感觉最好?   (   )

A.早晨   B.下午及傍晚   C.夜里

②你走路时是: (   )

A.大步地快走

B.小步地快走

C.不快,仰着头面对着世界

D.不快,低着头

E.很慢

③和人说话时,你: (   )

A.手臂交叠地站着

B.双手紧握着

C.一只手或两手放在臀部

D.碰着或推着与你说话的人

E.玩着你的耳朵、摸着你的下巴或用手整理头发

④坐着休息时,你的: (   )

A. 两膝盖并拢　　　　B. 两腿交叉

C. 两腿伸直　　　　　D. 一腿蜷在身下

⑤碰到使你感到发笑的事情时,你的反应是:　　　　　　　　　　（　　）

A. 欣赏地大笑　　　　B. 笑着,但不大声

C. 轻声地咯咯地笑　　D. 羞怯地微笑

⑥当你去一个派对或社交场合时,你:　　　　　　　　　　　　（　　）

A. 很大声地入场引起注意

B. 安静地入场,找你认识的人

C. 非常安静地入场,尽量保持不被注意

⑦当你非常专心工作时,有人打断你,你会:　　　　　　　　　（　　）

A. 欢迎他　　　　　　B. 感到非常恼怒　　　　C. 在以上两极端之间

⑧下列颜色中,你最喜欢哪一种颜色?　　　　　　　　　　　　（　　）

A. 红或橘色　　　　　B. 黑色　　　　　　　　　C. 黄或浅蓝色

D. 绿色　　　　　　　E. 深蓝或紫色　　　　　　F. 白色

G. 棕或灰色

⑨临入睡的前几分钟,你在床上的姿势是:　　　　　　　　　（　　）

A. 仰躺,伸直　　　　B. 俯躺,伸直　　　　　　C. 侧躺,微蜷

D. 头睡在一手臂上　　E. 被盖过头

⑩你经常梦到你在:　　　　　　　　　　　　　　　　　　　（　　）

A. 落下　　　　　　　B. 打架或挣扎

C. 找东西或人　　　　D. 飞或漂浮

E. 你平常不做梦　　　F. 你的梦都是愉快的

【评分标准】

①（A）2（B）4（C）6

②（A）6（B）4（C）7（D）2（E）1

③（A）4（B）2（C）5（D）7（E）6

④（A）4（B）6（C）2（D）1

⑤（A）6（B）4（C）3（D）5

⑥（A）6（B）4（C）2

⑦（A）6（B）2（C）4

⑧（A）6（B）7（C）5（D）4（E）3（F）2（G）1

⑨（A）7（B）6（C）4（D）2（E）1

⑩（A）4（B）2（C）3（D）5（E）6（F）1

（2）性格的分析

低于 21 分者：内向的悲观者

人们认为你是一个害羞的、神经质的、优柔寡断的，是需要人照顾、永远要别人为你做决定、不想与任何事或人有关的人。他们认为你是一个杞人忧天者，一个永远看到不存在的问题的人。有些人认为你令人乏味，只有那些深知你的人知道你不是这样的人。

21～30 分者：缺乏信心的挑剔者

你的朋友认为你勤勉刻苦、很挑剔。他们认为你是一个谨慎的、十分小心的人，一个缓慢而稳定的辛勤工作的人。如果你做任何冲动的事或无准备的事，你会令他们大吃一惊。他们认为你会从各角度仔细地检查一切之后仍经常决定不做。他们认为你的这种反应一部分是因为你的小心的天性所引起的。

31～40 分者：以牙还牙的自我保护者

别人认为你是一个明智、谨慎、注重实效的人，也认为你是一个伶俐、有天赋、有才干且谦虚的人。你不会很快、很容易和人成为朋友，但却是一个对朋友非常忠诚的人，同时要求朋友对你也有忠诚的回报。那些真正有机会了解你的人会知道要动摇你对朋友的信任是很难的，但相应的，一旦这信任被破坏，会使你很难熬过。

41～50 分者：平衡的中道

别人认为你是一个新鲜的、有活力的、有魅力的、好玩的、讲究实际的而永远有趣的人，一个群体注意力的焦点，但是你是一个足够平衡的人，不至于因此而昏了头。他们也认为你亲切、和蔼、体贴、能谅解人，一个永远会使人高兴起来并会帮助别人的人。

51～60 分者：吸引人的冒险家

别人认为你具有令人兴奋的、高度活泼的、相当易冲动的个性。你是一个天生的领袖、一个做决定会很快的人，虽然你的决定不总是对的。他们认为你是大胆的和冒险的，会愿意试做任何事，是一个愿意尝试机会而欣赏冒险的人。因为你散发的刺激，他们喜欢跟你在一起。

61 分以上者：傲慢的孤独者

别人认为对你必须"小心处理"。在别人的眼中，你是自负的、以自我为中心的，是极端有支配欲、统治欲的人。别人可能钦佩你，希望能多像你一点，但不会永远相信你，会对与你有更深入的来往有所踌躇及犹豫。

四、高职生常见的人格障碍

1. 人格障碍的定义

人格障碍也称病态人格，是指人格特征显著偏离正常人而使患者形成了特有的行为模式，不能适应正常的社会生活，是不伴有精神症状的人格适应缺陷。有人格障碍的学生一般能处理自己的日常生活和学习，智能是正常的，意识是清醒的，但由于缺乏对自身人格的自知，常与周围人发生冲突，却很难从错误中吸取应有的教训加以纠正。常常表现为怪癖、反常、固执、情绪不稳定、不通人情、不易与人相处、常损人利己甚至损人不利己、以自己的恶作剧取乐、常给周围人带来痛苦或憎恶，等等。

2. 人格障碍的类型

人格障碍种类很多,高职生中较为常见的主要有以下几种。

(1)分裂型人格障碍

这是一种以观念、外貌和行为奇特,以及人际关系有明显缺陷,且情感冷淡为主要特点的人格障碍。表现为对人冷淡、疏远,缺乏起码的温和和柔肠,表情淡漠,缺乏深刻或生动的体验,几乎没有什么朋友,没有社会往来,喜欢独来独往;为人孤独而隐退,好沉思幻想,常常耽于幻想之中,也可能沉溺于钻研某些纯理论性问题;行为古怪,言语怪异,有奇异的信念和与文化背景不相称的行为,不能随和与顺应世俗;对别人的看法漠不关心,不论是赞扬还是批评,均无动于衷,过着一种孤独寂寞的生活。其中有些人,可能有些业余爱好,但多是阅读、欣赏音乐、思考之类安静、被动的活动,部分人还可能一生沉醉于某种专业,做出较高的成就。但从总体来说,这类人生活平淡、呆板、缺乏创造性和独立性,在人少的环境中,尚可适应,但在人多的场合,在带有合作性质和需要交际的工作中,由于与他人完全不能相容,因此,往往很难适应,也难以适应多变的现代社会生活。

(2)依赖型人格障碍

当代高职生大多都是独生子女,父母、爷爷奶奶、外公外婆都视之为心肝宝贝。亲人的过分溺爱,使他们逐渐产生对父母或权威的依赖心理,久而久之,就形成了依赖型人格障碍。

依赖型人格障碍有以下几个特点。

①无助感。深感自己软弱无助,有一种"我知渺小可怜"的感觉,让别人为自己作大多数的重要决定,如在何处生活、该选择什么样的职业等,但要自己拿主意时,便感到一筹莫展,像一只迷失了方向的小船。

②无独立性。很难单独展开计划或做事,无意识地倾向于用别人的看法来评价自己,理所当然地认为别人比自己优秀,比自己能干。依赖型人格对亲近与归属有过分的渴求,这种渴求与真实的感情无关,是强迫性、盲目性和非理性的。他们宁愿放弃自己的兴趣和人生观,委曲求全来得到别人对自己的认同和温情,这种处世方式使得个体越来越懒惰、脆弱,缺乏自主性和创造性,并产生越来越多的压抑感。

(3)情感型人格障碍

情感型人格障碍包括三种形式:亚忧郁型人格、轻躁狂型人格及循环型人格。亚忧郁型人格多表现为忧郁过度,灵活性差,办事过分认真,但因精力有限,力不从心,常常发出"生活如此沉重"的感慨。看任何事情都会从悲观的角度出发,遇到一件小事就会引来一阵长吁短叹,自信心不足,常常闷闷不乐,少言寡语,情绪低落。轻躁狂型人格则与此相反,多表现为过度乐观,情绪高涨,精力过盛,喜欢夸夸其谈,办事不牢靠,有很多设想,但却有始无终,常常感情用事,招惹是非,易引起同学不满意、不信任。循环型人格介于两者之间,有周期性的起伏波动,时而情绪高涨,非常兴奋,对一切表现出极大兴趣,时而情绪低落,郁郁寡欢,干什么都没有兴趣。

(4)自恋型人格障碍

有很多贬义的形容词可以用来形容自恋型人格障碍的特征:自私、傲慢、自以为是、目中无人、自命不凡、自高自大、唯我自尊、以自我为中心等。这些特征都来自于他们过高的自我评价和夸大的自尊。

具有自恋型人格障碍的人对人对己的基本看法通常是："我是卓越的,才华出众的,别人比不上我,所以都嫉妒我。"他们希望受到别人特别的关注,并且认为别人对自己的赞美、关心、帮助都是理所当然的;对无限的成功、权力、荣誉有非分的幻想,认为这些也理所应该是属于他们的。因此,他们会要他人为自己服务,对批评的反应是愤怒、羞愧和敌意,甚至会采取报复行动;他们缺乏同情心,对人冷漠,有时会利用或玩弄他人的感情;他们没有责任感,更没有愧疚感,做错事总会寻找借口和"替罪羊"。

自恋型人格障碍者热衷于与他人竞争和比较,他们希望能在竞争中打败他人,以证明自己的优秀。然而,但他们无法胜过他人时,就会充满嫉妒与敌意,对竞争对手进行恶意的攻击或陷害。

（5）反社会型人格障碍

反社会型人格也称精神病态或社会病态。这种人格引起的违法犯罪行为最多,同一性质的屡次犯罪,罪行特别残酷或情节恶劣的犯人,其中 $1/3 \sim 2/3$ 的人都属于此类型人格。具有这种人格的高职生以行为不符合社会规范为主要特征,往往缺乏道德观念,对现实社会的主导价值和规范不仅没有吸收的欲望,而且总试图加以否定;行为自私,对他人冷酷、仇视、缺乏好感和同情心;危害别人时没有自罪感和内疚感,不能从挫折与惩罚中吸取教训,缺乏罪恶感;他们大多以自我为中心,以个人满足为最高目标,没有爱恋能力,对人也不忠实;这类人的情绪极不稳定,常被一时的冲动性动机所支配而发生不负责任的行为,没有社会责任感和羞愧心。对社会的不满和无知使得他们的社会交往充满对立和怀疑,社会适应性困难,有时可能伴有畸形的侵犯动机,甚至走向犯罪。

（6）偏执型人格障碍

这是一种以猜疑和偏执为主要特点的人格障碍。表现为主观、固执、敏感多疑、好忌妒、心胸狭隘。一方面自我评价过高,过分自负,总认为自己正确,好与人争论,喜欢钻牛角尖,脱离实际地争辩与敌对,固执地追求个人不够合理的"权利"或利益,容易与他人发生冲突和争执;另一方面,猜疑心强,对人充满不信任和戒备,常将他人无意的非恶意的甚至是友好的行为误解为敌意或歧视,容易感情冲动,并伴有攻击性行为。在遭遇挫折和失败时,习惯把责任推诿给客观和他人。学生中常见的酗酒闹事、打架斗殴即是例证。

五、高职生的人格健全

1. 人格健全的标准

对健全人格的理解因人性观、价值取向及方法论的不同而各异。例如马斯洛认为健康健全人格的人应为自我实现的人,而奥尔波特则认为是一个成熟的人,罗杰斯则认为应为一个充分发挥机能的人,等等。综合各学派的观点并找出其共同的东西,以下几方面的特征对衡量人格健全有突出意义。

（1）客观的自我认识和积极的自我态度

这包含三层意思,首先是有自我认识且这种认识是全面的、丰富的;其次是不歪曲自己的特性,即既不夸大也不缩小自己的长处和短处;第二是能够经常意识到自己在做什么,感受到什么,并知道行为、体验缘何而起。积极的自我态度与自我认识有联系但不光全由后者决定。它指的是一种"尽管认识到自己有长有短、有好有坏,但仍然从总体上认可自己,接纳自己,对自己抱有希望"的态度。

(2)客观的社会知觉和建立适宜的人际关系的能力

人格健全者应能准确地从别人的言语、行为中体察别人的思想、愿望和感受,了解别人对自己的看法和态度。而且,他对别人的了解是建立在事实根据上的而不是主观臆测。此外,他对人的态度特征和人际交往技能应有助于建立适宜的人际关系。

(3)生活的热情和有效解决问题的能力

心理健康的人应该热爱生活,有投身于工作事业和家庭的热情。要具有与自己年龄相适应的生活能力。

(4)个性结构具有协调性

人格健全者应该有统一的人生观和世界观,个性倾向的各部分(需要、兴趣、动机、理想、信念和世界观)之间应该能保持一种动态的协调、平衡,而且他的认识、情感和行为之间也应该有协调性。

2. 人格健全、完善自我的途径

(1)树立进取的人生观

建立适度的奋斗目标为理想而奋斗,不断进取的人生观,会令生活充满意义感和价值感。一个人格健全的人应该能对自己的能力做出客观评价,从而确定出适合自己的、恰当的追求目标。在这个获得成功的过程中,个人需要得到满足,个人价值得到体现,使自己的信心得以巩固和增强,并使自己的心理机能处于良好的竞技状态。相反,如果一个人不能客观地估计自己的能力范围,仅凭良好的愿望和热情盲目地制订宏伟目标,结果往往是希望落空,在心理上蒙受打击,产生挫折体验。这样一来,不仅白白浪费了精力和时光,也给自信和心境造成不良影响。

(2)树立人格榜样,获得人格认识

有了人格榜样,就有了对人格的感性认识。"榜样的力量是无穷的",这个力量主要就是人格的力量,将其作为自己的目标,从点滴小事做起锲而不舍,经过长期艰辛的努力,最终实现自己健康的人格目标。梁启超在民国初年就提倡德智体三育并进行"人格"教育,尤其强调人格榜样的作用,他说"人格教育就以教授者的人格为标准,以身作则是人格教育的唯一途径"。同时善于运用榜样的作用,为广大学生提供可参照的标准。

(3)正确的自我意识

必先了解自己,有自知之明,对自己的各方面有一个客观、全面的评价。在此基础上学会接受自己,对自己不提出苛刻、非分的期望和要求,对自己的生活目标和理想也能定得实际,因而对自己总是满意的。同时,努力发挥和发展自己的优势、潜能,即使对于自己无法弥补的缺陷,也能泰然处之。总之,要使"理想自我"和"现实自我"尽可能靠近,进而愉快地接受现实中的"我"。

(4)扩大社会交往,建立良好的人际关系

和谐的人际关系有利于提高和完善大学生的自我意识能力。社交能力好的人往往在社会、环境等方面表现出较强的适应性。置身于良好的人际关系中,可以感到自己为他人所接受、承认,从而认识到自己对他人以及社会的价值,提高自信心。同时,通过别人对自己的态度和评价,使自我评价更为全面、客观。和谐的人际关系有利于促进高职生心理健康。正如一位哲学家所说:"如果你把快乐告诉一个朋友,你将得到两个快乐;如果你把忧愁向一个朋友倾吐,你将被分去一半忧愁。"因此,应当积极营造和谐的人际关系。高职生通过社会交往,特别是和志趣相投的朋友和同学一起进行思想沟通和感情交流,就能从中得到启发、疏导和帮助,从而增进了解、开阔心胸,增强生活、学习的信心和力量,最大限度地减少心理应激和心理危机感。

(5)建立良好的情绪调控机制,培养较强的社会适应能力

由于情绪活动和人格状态关系密切,因此,控制和调节情绪状态对于人格健全和心理健康影响很大。稳定而良好的情绪状态,使人心情开朗、轻松、安定,而且精力充沛,对生活充满乐趣和信心,对身体状态的感受也是良好的、舒适的。相反,如果一个人情绪不稳、患得患失、喜怒无常,处于不良的情绪状态之中,而自己又不会调节和控制,就会导致心理失衡和心理危机,久而久之会导致人格变态。保持乐观的生活态度,是稳定情绪的基础。

(6)加强校园文化建设

活泼、健康、文明的校园生活环境是人格全面发展的外部要素之一,校园文化建设要始终围绕有利于促进人格的形成来设计和展开。积极开展丰富多彩、健康向上的文化活动以营造良好的身心环境。要加强人文素质教育,通过修养的浸润来展现人的理性,达到提高人格水平和境界的目的。还要重视发挥教师的人格示范作用,注意把知识传授和人格熏陶结合起来,以形成潜移默化的育人氛围。

第三节 案例及分析

一、案例1

一位上大学的女生,今年19岁,自述:"我真不该上大学,现在觉得一天也待不下去。我是独生女,在上大学前,一切事都是爸爸妈妈照料,甚至连衣服鞋袜都不用自己洗。进大学后,非常想念自己的家,对大学的生活很不适应,我经常做梦,梦中常梦到自己的爸妈,醒来后常常暗自流泪。为此,我力求使自己快乐起来,强迫自己忘掉家中的温馨幸福,把自己的注意力集中在学习上,但无论如何,我眼前总是浮现出父母以及家乡同学的身影。我真不知道自己现在该怎么办?"

【案例分析】

根据来访者简单叙述,可以认为她是一位依赖型人格障碍患者。依赖型人格障碍是日常生活中较为常见的人格障碍,它的主要特征是:无主见、无助感、被遗弃感、无独立

感、过度容忍、害怕孤独、难以接受分离、易受伤害等。依赖型人格障碍的产生源于人的自身发展的早期。幼年时期儿童离开父母难以生存，在儿童印象中保护他、养育他、满足他一切需要的父母是万能的，必须依赖他们，总怕失去了父母这个保护神。这时如果父母过分地溺爱，鼓励子女依赖父母，不让他们有自主和自立的机会，久而久之，在子女的心目中就会产生对父母或权威的依赖心理，成年以后仍然不能做主。此类学生缺乏自信心，总是依靠他人来做决定，终身不能承担起选择和完成各项任务及工作的责任，形成依赖型人格。另外，对子女关心的太少，或子女受到遗弃或遭受挫折等，也会导致儿童的依赖性，例如孩子从小受到母亲的遗弃或成人对儿童的过分依赖性过多、过分地苛刻、指责，都会导致儿童的过分依赖性。尤其是父母开始用粗暴拒绝的态度对待孩子的依赖要求，经不起孩子的"纠缠"又屈从孩子过分依赖的要求；或者是儿童在表示依赖的要求以后，再搂抱或亲吻孩子，这种对孩子的态度，无疑会起到鼓励和强化的作用，这也是依赖型人格产生的原因。

依赖型人格形成以后，怎样去改变呢？首先对自己所产生的这种原因要充分的了解，入学后要重新认识新环境，适应新生活，确立新目标，塑造新自我。俗话说：没有享不了的福，也没有吃不了的苦。每到一个新环境，一定要"从头再来"，同时要自觉地培养锻炼自己自立自强、独立生活的意识；其次，收集本地有关自然风貌和人文地理的有关资料，激发寻找异地、异乡、异校的优势和美感，培养热爱学校、热爱他乡的感情；第三是认识目前所学的专业，充分认识人才的竞争，使自己产生紧迫感和责任感；第四是积极主动地扩大人际交往，融入寝室集体、班级集体中去，寻找新朋友，培养新感情。只要充分认识到自己的弱点，并有意识地进行改造，那么，依赖型人格就会慢慢地改变。

二、案例 2

王某，女，某高职院校大一学生。觉得自己性格不好，脾气暴躁，动不动爱发脾气。也不知道为什么，一遇到让自己生气的事，就很容易爆发出来，不管不顾地出一通气。这样往往伤了和气，跟周围的同学关系搞得很僵。其实事后想想也为自己的行为感到后悔，但就是控制不住自己的脾气。为此觉得很烦恼，不知道该怎么办？

【案例分析】

心理学研究表明，人爱发脾气，有先天和后天两个方面的原因。就先天而言，人体内微量化学物质肾上腺素含量较高的人，脾气大多急躁、易发火；而血清素含量较高的人，脾气比较随和、温顺。就后天原因而言，如果父母的脾气十分急躁，并经常打骂斥责孩子，孩子的脾气也容易变得暴躁。

要克服爱发脾气的毛病，首先要开阔胸怀，"大事清楚、小事糊涂"，不应气量狭小、过于计较小事；其次要认清危害，要知道人与人之间是平等的，区区小事就大发雷霆，不尊重别人，这也必然得不到别人的尊重。而且，发脾气不仅不能解决问题，多半还会适得其反；再次要学会容人，做人要有一定"雅量"，"待人宽、责己严"，不要动不动就指责和怪罪別人;最后,要学会自制,比如,一旦感到自己要发脾气时,就反复默念"不要发火,不要发火……"再如,当感到自己要发脾气时,可迅速离开现场,去干别的事情,或去找别的人谈谈,或干脆去散步宽宽心。"气"头过去后,再回来从容而理智地对待和处理问题。

三、案例3

来访者是一名男生,他有一位好友也在同一所学校念书,两人关系很好。但从上大学之后两人关系开始冷淡起来,他的学习成绩也大不如以前。而且在这时他觉得好友总在打击他。比如,当他专心学习时,好友时常和其他同学在旁边议论"专靠勤奋死念书在大学已不顶用了,并不羡慕靠死念书拼出的几分成绩"之类的话。他认为,这些议论是针对他、打击他。之后,他们的关系每况愈下,这种情况一直延续至今,这个包袱影响着自己的学习。来者不知该如何扔掉这个包袱。另外,来者还有一些其他问题,如上台演讲易脸红,声音颤抖;又如晚上迟睡,第二天早晨总在想:"糟了,今天的学习效率又低了。"他总在担心失眠会影响身体。但是越想越无法摆脱这种困扰。

【案例分析】

这位来访者是一名回避型人格障碍患者。回避型人格又叫逃避型人格,其最大的特点是行为畏缩、心理自卑,面对挑战多采取回避态度或无能对付,主要表现特征是:①很容易因他人的批评或不赞同而受到伤害;②除了至亲之外,没有好朋友或知心人(或仅有一个);③行为退缩,对需要人际交往的社会活动或工作总是尽量回避;④心理自卑,在社交场合总是缄默不语,怕惹人笑话,避不回答问题;⑤敏感羞涩,害怕在别人面前露出窘态;⑥在做那些普通的但不在自己常规之中的事时,总是夸大潜在的困难、危险或可能的冒险。

回避型人格障碍的人被批评指责后,常常感到自尊心受到伤害而陷入痛苦,很难从痛苦中解脱出来。他们害怕参加社交活动,担心自己的言行不当被人讥讽,过分担心自己的情绪状况,常因此显得焦虑不安。

【咨询建议】

(1)求治者要消除自卑心理,要善于肯定自己,不要因为好友的指责就低估了自己,把自己看得一无是处,要增强自信心。

(2)进行积极的自我暗示、自我鼓励,相信事在人为。当面临某种情况感到自信心不足时,不妨给自己壮胆:"我一定会成功!"

(3)克服人际交往障碍,多给自己创造一些在公共场合发言的机会,敢于表达自己的思想,多与周围的人沟通聊天。

(4)多参加一些体育活动,通过体力上的劳动减轻精神压力。

(5)求治者可以尝试改变一下学习方法,以一颗平和的心面对学习。不要跟别人比,只要跟自己以前的学习成绩比,稍有进步就要鼓励自己。

(6)不要过多地把精力集中在好友身上,可以请老师帮助调换一下座位,使自己的精力更加集中在学习上;或者找好友谈一谈,也许一切误会便会消除。

(7)在上台演讲之前要充分地做好准备,多给自己一些心理暗示;多锻炼几次就好了。最后,要使自己的精神适当放松一下,比如去参加一些体育活动、听听音乐、看看杂志,舒缓一下紧张的情绪,放下学习包袱,失眠的症状将会有所缓解。

第四节　课外阅读

一、阅读材料 1

九型人格太空故事

在遥远的太空某处,一艘太空船正在四处漫游,穿梭宇宙星际,希望能找到无人到达过的地方,探索出新的文化、资源和思维。

某一天,太空船来到太阳系的某个星球,远远看去,星球很美丽,山青水绿,色彩缤纷,船长于是命令太空船驶近一点。用先进仪器探索一番后,结论是这个星球有水、泥土、树木、动物,可以支持生命,是个很不错的地方。船长决定派遣船员作先行部队,到地面上探索该星球是否适合居住或殖民。然而船员人才济济,该派谁去?

开路先锋 8 号

船长打开一幅关于船员的九种性格地图,发现 8 号的人生使命是保护、带领,特质是从不害怕、有谋略、目光长远、懂得保护身边人,想方设法解决困难、有力量有冲劲去克服问题。要开山劈石做先锋,建立长远目标,他们是最佳人选。

于是,船长派遣了一群 8 号来到星球上,先建立一个桥头堡,并为进一步发展作铺路。8 号尽责地策划了很多方案、目标,不过由于工程浩大,工作繁多,8 号无法一一应付,便向船长求救,要求派遣一些人来帮忙。

支援之选 2 号

船长再度打开船员的心理地图,发现 2 号的人生使命是成就他人,尽力协助他人成功,最适合做支援工作,于是又派遣 2 号去支援 8 号。不过,问题依然存在。8 号只顾看长远目标,不能兼顾细节,2 号只懂支援策划,却不会自行多走一步,欠缺真正勤奋办事的人,迫使船长再考虑加派他人去协助。

忠心队员 6 号

打开地图,船长发现 6 号是团队型的人,团结、忠心、安全、最适合作士兵,于是派遣他们前去。这时,一个国家已粗具规模,有皇帝(8 号)、宰相(2 号)、士兵(6 号),不过 6 号太重视安全,在探索时遇到危险便退缩,8 号又认为需要增派将军来带领士兵。

勇字当头3号

3号正是将军的人选。他的人生使命是达到目标，然后再达到另一个目标。3号喜欢有成就，勇字当头，可以披荆斩棘，不怕痛楚，不受感情拖累，决定去做一件事时，无人可以阻碍他。3号来到星球上，跟从8号的指引，带领6号向前冲，令太空船的势力急速扩大。

不过，由于3号为求目的，有时会不计成本，横冲直撞，不惜牺牲士兵，导致怨声载道，于是8号又要求太空船派人帮忙，以制约各方，取得平衡，同时能规划各种行为上的细节。

长于规划5号

太空船这次派来的是5号。他们理性不会冲动，人生使命是收集资料和做出分析。一抵达这个星球，他们就搜集了所有问题的资料，逐一研究，建议解决方案，建立真正细致的拓展蓝图。有了蓝图，3号便可以根据规划带领6号去冲锋，探索新大陆、修桥筑路等工作变得更安全。

果然，有了5号的规划，工作变得顺利得多，只欠一点：3号有时为了急于求成，会不顾一切，没有跟从5号的规划方法去做。不跟从的后果，是工作效果不够好，时有遗漏，或质量欠佳。

监督使者1号

为了保证质量，太空船于是再派1号来做监督，确保所有人按着标准去做。因为1号的人生使命正是跟从标准、原则。由于1号很有判断性，是非黑白分得清楚，颇有监管之效，令团队运作开始畅顺。

可是不久之后，留在星球上的人又觉得有所缺乏。因为平日只有工作的份儿，没有玩乐，也欠缺乏士气。这次，太空船派了7号前来。

娱人先生7号

7号的人生使命是创造可能性，最怕闷，怕不开心。为了常常保持自己开心，他会不停娱乐自己、娱乐他人，设法带给每个人欢笑和享受。有了7号，星球开始变得丰富，吃喝玩乐一应俱全。

心灵诗人4号

不过，本身拥有高度智慧和深度的太空人，并不愿意看见留在星球上的一群满足于吃喝玩乐这表面、肤浅的娱乐方式，更害怕他们只顾向外发展，忽略了心灵空间，忘却本来灵性。

太空船长于是派遣4号前来。4号的人生使命是凭感觉做事，他会创作歌曲、诗章、雕塑、艺术品、绘画，透视人的内心感受，带动所有人重投灵性感觉的怀抱。

和平大使9号

至此，星球似乎什么都有了。不过人一多，纷争、冲突便出现。为了维持和平，船长把最后一种人（9号）派来。9号的人生使命是维持和谐。他本身没有野心，又爱调解其他人的纷争，能够维和平，制造凝聚力。

当九种人同时在星球上共存时，一个最完整、没有缺陷的团体诞生了，这九种人共同合作、互相制衡，堪称真正的梦幻组合。这个星球，就叫作"地球"。

后　记

这个故事想说的是：人类本是很完美的团队，虽然人与人各有不同，但每种性格都有其职位、工作以及重要性，缺一不可。没有一种性格比其他人好，没有一种性格比其他人差。这是学九种性格时最重要的观念。

二、阅读材料2

人格小故事

人格心理学的目标是尽可能深刻、完全和准确地理解人。

1.习惯的作用

一根小小的柱子，一截细细的链子，拴得住一头千斤重的大象，这不荒谬吗？可这荒谬的场景在印度和泰国随处可见。那些驯象人，在大象还是小象的时候，就用一条铁链将它绑在水泥柱或钢柱上，无论小象怎么挣扎都无法挣脱。小象渐渐地习惯了不挣扎，直到长成了大象，可以轻而易举地挣脱链子时，也不挣扎。驯虎人本来也像驯象人一样成功，他让小虎从小吃素，直到小虎长大。老虎不知肉味，自然不会伤人。驯虎人的致命错误在于他摔了跤之后让老虎舔净他流在地上的血，老虎一舔不可收，终于将驯虎人吃了。

小象是被链子绑住，而大象则是被习惯绑住。虎曾经被习惯绑住，而驯虎人则死于习惯（他已经习惯于他的老虎不吃人）。习惯几乎可以绑住一切，只是不能绑住偶然。比如那只偶然尝了鲜血的老虎。

个体的习惯应该是研究人格的一个参考因子吧。习惯的养成，固然有外界环境的影响和作用，也应该是个体不断尝试着适应环境，尝试让自己接受现状的过程吧。

2.环境的作用

有个鲁国人擅长编草鞋，他妻子擅长织白绢。他想迁到越国去。友人对他说："你到越国去，一定会贫穷的。""为什么？""草鞋，是用来穿着走路的，但越国人习惯于赤足走路；白绢，是用来做帽子的，但越国人习惯于披头散发。凭着你的长处，到用不到你的地方去，这样，要使自己不贫穷，难道可能吗？"一个人要发挥其专长，就必须适合社会环境需要。如果脱离社会环境的需要，其专长也就失去了价值。

人格的研究主体是人。因此对人格的研究应该放到人所生存的环境中去，它应该包含个人存在的物质环境，以及客观存在给个体影射的精神环境。

3.老鼠的结局

一只四处漂泊的老鼠在佛塔顶上安了家。佛塔里的生活实在是幸福极了，它既可以在各层之间随意穿越，又可以享受到丰富的供品。它甚至还享有别人所无法想象的特权,那些不为人知的秘籍,它可以随意咀嚼;人们不敢正视的佛像,它可以爬上爬下,兴起之时,甚至还可以在佛像头上留些排泄物。每当善男信女们烧香叩头的时候,这只老鼠总是看着那令人陶醉的烟气,慢慢升起,它猛抽着鼻子,心中暗笑:"可笑的人类,膝盖竟然这样柔软,说跪就跪下了!"有一天,一只饿极了的野猫闯了进来,它一把将老鼠抓住。"你不能吃我!你应该向我跪拜!我代表着佛!"这位高贵的俘虏抗议道。"人们向你跪拜,只是因为你所占的位置,不是因为你!"野猫讥讽道,然后,它像掰开一个汉堡包那样把老鼠掰成了两半。

4. 疯子和呆子

一个心理学教授到疯人院参观,了解疯子的生活状态。一天下来,觉得这些人疯疯癫癫,行事出人意料,可算大开眼界。想不到准备返回时,发现自己的车胎被人下掉了。"一定是哪个疯子干的!"教授这样愤愤地想道,动手拿备胎准备装上。事情严重了。下车胎的人居然将螺丝也都下掉。没有螺丝有备胎也上不去啊!教授一筹莫展。在他着急万分的时候,一个疯子蹦蹦跳跳地过来了,嘴里唱着不知名的欢乐歌曲。他发现了困境中的教授,停下来问发生了什么事。教授懒得理他,但出于礼貌还是告诉了他。疯子哈哈大笑说:"我有办法!"他从每个轮胎上面下了一个螺丝,这样就拿到三个螺丝将备胎装了上去。教授惊奇感激之余,大为好奇:"请问你是怎么想到这个办法的?"疯子嘻嘻哈哈地笑道:"我是疯子,可我不是呆子啊!"

5. 舍本逐末

一天动物园管理员发现袋鼠从笼子里跑出来了,于是开会讨论,一致认为是笼子的高度过低。所以他们决定将笼子的高度由原来的 10 米加高到 20 米。结果第二天他们发现袋鼠还是跑到外面来,所以他们又决定再将高度加高到 30 米。没想到隔天居然又看到袋鼠全跑到外面,于是管理员们大为紧张,决定一不做二不休,将笼子的高度加高到 100 米。一天长颈鹿和几只袋鼠们在闲聊:"你们看,这些人会不会再继续加高你们的笼子?"长颈鹿问。"很难说。"袋鼠说:"如果他们再继续忘记关门的话!"

6. 生活是自己创造的

有个老木匠准备退休,他告诉老板,说要离开建筑行业,回家与妻子儿女享受天伦之乐。老板舍不得他走,问他是否能帮忙再建一座房子,老木匠说可以。但是大家后来都看得出来,他的心已不在工作上,他用的是软料,出的是粗活。房子建好的时候,老板把大门的钥匙递给他。"这是你的房子,"他说:"我送给你的礼物。"他震惊得目瞪口呆,羞愧得无地自容。如果他早知道是在给自己建房子,他怎么会这样呢?现在他得住在一幢粗制滥造的房子里!我们又何尝不是这样。

现实中,很多人漫不经心地"建造"自己的生活,不是积极行动,而是消极应付,凡事不肯精益求精,在关键时刻不能尽最大努力。等惊觉自己的处境,早已深困在自己建造的"房子"里了。把自己当成那个木匠吧,想想自己的房子,每天敲进去一颗钉,加上去一块板,或者竖起一面墙,用自己的智慧好好建造吧!自己的生活是自己一生唯一的创造,不能抹平重建,即使只有一天可活,那一天也要活得优美、高贵,墙上的铭牌上写着:"生活是自己创造的。"人格心理学目的是尽可能深刻、完全和准确地理解人,理解人的生活意义和存在价值。因为,人格,不过是构成一个人思想、情感及其行为的特有综合模式,体现了人作为个体有别于他人而稳定的心理品质而已。这种心理品质的由来与人的生存环境,如自然、家庭、学习、文化环境等息息相关。

课后训练与思考

1.清楚说出你自己在学业上的收获。

2.说出怎样的工作你会做得好。

3.列出五项可以向他人推荐的你的才能。

4.深刻形容最开心或者感动的经历。

5.想象五年后你的成就是什么。

第五章　高职生学习心理

工欲善其事,必先利其器。

——孔　子

玉不琢,不成器;人不学,不知义。

——王应麟

未来的文盲不再是不识字的人,而是没有学会怎样学习的人。

——埃加·富尔

【内容提要】

　　学习是现代大学生生存与发展的重要前提。大学生活的时间是短暂的,是人生学习的黄金阶段。高中毕业,到新的大学去深造,这本来是一件好事,但有的同学却因为换了一个新的学习环境,突然发现不会学习了,一时间迷茫了。在这一章节中,主要讨论以下几个方面的内容:一是有关学习心理辅导的实践练习;二是大学生学习的定义、类型、学习障碍及其调试、大学生学习的策略等相关理论知识;三是大学生学习障碍的典型案例分析;四是有关学习的课外阅读知识。

第一节　课堂实训:时间管理

一、时间管理练习

1. 你是一个珍惜时间的人吗

　　说明:这套题有 20 道,测试你是否有紧迫感,是否是个惜时的人。你对自己这方面清楚吗? 如果以前没有测试过,现在就开始吧! 以下每题请你都做出是或否的回答,并在每道题后回答是的画"√",回答否的画"×"。

(1)你约会时很准时吗？ （　　）

(2)你经常将安排好了的事情拖到下一次或改天再做吗？ （　　）

(3)你经常睡懒觉而错过一些事情吗？ （　　）

(4)你给自己订的计划向来都会准时完成吗？ （　　）

(5)你的时间感觉很准吗？ （　　）

(6)你乘火车从来没有迟到过吗？ （　　）

(7)当你正在忙手头的工作时,有人叫你出去玩,你会去吗？ （　　）

(8)如果你是一个公司的老板,给员工发薪水时,你经常会拖延吗？ （　　）

(9)你经常记错日子吗？ （　　）

(10)一些事情可以提前也可以拖后,影响并不算很大吗？ （　　）

(11)如果明天有紧急的事务要办,你今天晚上还会熬到凌晨2:00左右吗？ （　　）

(12)如果有一堆衣服要洗,你是一次性将它们洗完吗？ （　　）

(13)你经常无目的地逛商场,而且一逛就是5个小时以上吗？ （　　）

(14)乘车外出时,你经常看书看报打发时间吗？ （　　）

(15)你很欣赏欧阳修"三上"时间观吗？ （　　）

(16)如果有一件事情非常重要,你宁愿少花钱而乘慢车吗？尽管有可能迟到。 （　　）

(17)如果你做的是一件计件工资的工作,你宁愿少休息而尽早完成工作吗？ （　　）

(18)如果你是一位女士,每天早晨起床后你都能很快地给自己做一个美丽而简洁的发型吗？ （　　）

(19)你不喜欢甚至讨厌办事拖沓的人吗？ （　　）

(20)这套题你不到10分钟就做完了吗？ （　　）

【评分标准】

表 5-1　评分标准

题号	1	2	3	4	5	6	7	8	9	10	11	12	13	14	15	16	17	18	19	20
是	1	0	0	1	1	1	0	0	0	0	0	1	0	1	1	0	1	1	1	1
否	0	1	1	0	0	0	1	1	1	1	1	0	1	0	0	1	0	0	0	0

评分标准如表 5-1 所示:

得分在 10 分以上:你是一个很珍惜时间的人,你办事不拖沓,喜欢尽早完成工作,这是好事。你的上司很欣赏你,努力做,相信你要达到你的目标不是一件很难的事!

得分在 10 分以下(包括10):你做事有点慢,时间观念不是很强,应注意一下,你可以进行有意识的时间锻炼,改掉自己不好的习惯。

记着,这世间没有办不到的事情,只要你肯坚持!

2.利用时间管理理论,提高办事效率

最新实践管理理论以原则为重心,配合个人对使命的认知,兼顾重要性与急迫性;注重生命因素的均衡发展;始终把个人精力的焦点放在"重要"的事务上。如何判断"重要"? 重要性与目标息息相关。凡是有利于实现目标的事物均为重要,越有利于实现核心目标就越重要。该理论把事情按紧急和重要的不同程度,分为 A、B、C、D 四类(如图 5-1所示)。

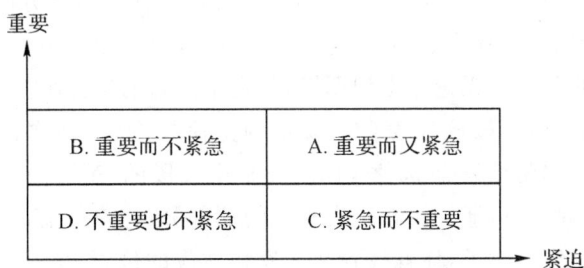

图 5-1　事件重要与紧急程度分类

按事情紧急和重要程度分类,重要而急迫的事情要先做,即先做 A、B,少做 C,不做 D。一般认为,方向重于细节,策略胜于技巧。始终抓住"重要"的事,才是最好的节约时间的方法。A、B 类事务多了,C、D 类事务自然就杜绝了,你就会越来越有远见,有理想,有效率,少危机。请你在一周内简要记录你所做的 A、B、C、D 四类事务并填入表 5-2。

表 5-2　一周事情记录表

	A	B	C	D
周一				
周二				
周三				
周四				
周五				
周六				
周日				

请把你记录的一周的事务,做深刻地分析、检讨,并参照以上原则重新规划配置你的事务重心。

3.时间管理训练之我的生命线

好,开始。请备好一张洁白的纸。还请备红蓝铅笔各 1 支,彩笔也行,须一支较鲜艳,一支较暗淡。要用颜色区分心情。先把白纸摆好,横放最好。在纸的中部,从左至右画一道长长的横线。你可按照自己的喜好决定。步骤完成之后,纸上的情况如图 5-2 所示。然后给这条线加上一个箭头,让它成为一条有方向的线。

0 ⋯⋯⋯⋯⋯⋯⋯⋯⋯⋯> 寿命

图 5-2　生命线

然后,请你在线条的左侧,写上"0"这个数字,在线条右方,箭头旁边,写上你为自己预计的寿数。可以写 68,也可以写 100。

此刻,请你在这条标线的最上方,写上你的名字,再写上"生命线"三个字。游戏的准备工作就基本完成了。

一张洁白的纸,写有"×××的生命线"的字样,其下有一条有方向的线条,代表了你生命的长度。它有起点,也有终点,你为它规定了具体的时限。请一寸一寸地抚摸这条线。它就是你人生的蓝图。无论你走到哪里,都走不出它的坐标系。

在你的生命线上,请你按照你为自己规定的生命长度,找到你目前所在的那个点。比如你打算活 75 岁,你现在只有 25 岁,你就在整个线段的三分之一处,留下一个标志。之后,请在你的标志的左边,即代表着过去岁月的那部分,把对你有着重大影响的事件用笔标出来。比如 7 岁你上学了,你就找到和 7 岁相对应的位置,填写上学这件事。注意,如果你觉得是件快乐的事,你就用鲜艳的笔来写,并要写在生命线的上方。如果你觉得快乐非凡,你就把这件事的位置写得更高些。假如,10 岁时,你的祖母去世了,她的离世对你造成了极大的创伤,你就在生命线 10 岁的位置下方,用暗淡的颜色把它记录下来。抑或,17 岁高考失利……你痛苦非凡,就继续在生命线的相应下方留下记载。依此操作,你就用不同颜色的彩笔和不同位置的高低,记录了自己在今天之前的生命历程。

完成之后,它大概是这样的:

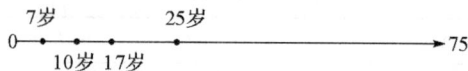

图 5-3　生命线重要时间节点示例

图 5-3 只是一个示意图,相信同学们心灵手巧,绘出的生命线一定比这张简图要精致得多。

过去时的部分已经完成,你要看一看,数一数,在影响你的重大事件中,位于横线之上的部分多,还是位于横线之下的部分多? 上升和陷落的幅度怎样? 最重要的是看你个人对这件事的感受,而不在于世俗的评判。比如大家对父母去世这样的哀伤通常认可并理解,但对于把一只小猫的走失当成感情上的大挫折,就会不以为然。其实,对一个孩子来讲,如果在他的世界里,这只小猫情同手足,是生活中非常重要的一部分,失去它就会感到极大的悲伤和孤独,就必须给予尊重。埃及街头,就到处是猫。人们认为在猫的身体里储存着阳光,猫受到尊重……总之,你的真实感受是重中之重。

完成了过去时,我们进入将来时。既然是一生的规划,你有什么想法就一股脑儿地写出来吧。很多人在这时犯了愁,不是他没有计划,而是他很少将这些计划在时间上固定下来。比如一个人从小就说过自己以后要当一个作家,可是一年一年地拖了下去,直到他已经 30 多岁了,有一天,他弟弟对他说:"我早就知道你想当一个作家,可是你都这么大年纪了,你什么时候能来实现自己的梦想呢?"弟弟这句话对他的鞭策很大,他知道属于他的时间是有限的,如果我有一个理想,有一个愿望,那么我要把它落到实处。就像一锅豆子的浆液,要把决心的卤水点进去,让豆花慢慢凝固,从流动的液体变成固体。几天之后,上夜班的时候(那时候我还是内科主治医师,值班没病人的时候,我可以读书和写东西)我开始写下了平生的第一篇小说。时间这个向量是非常重要的,你不能当一个口头理想家,而要踏踏实实地和时间结成钢铁联盟。

在你的坐标线上,把你这一生想干的事,都标出来。如果有可能尽量把时间注明。视它们带给你的快乐和期待的程度,标在线的上方。如果它是你的挚爱,就请用鲜艳的笔墨,高高地填写在你的生命线最上方。

当然,在将来的生涯中,还有挫折和困难,比如父母的逝去,比如孩子的离家,比如各种意外的发生,不妨一一用黑笔将它们在生命线的下方大略勾勒出来,这样我们的生命线才称得上完整。

这一部分可能要花费你多一些时间,但一张将引导你今后很多年的路线图,值得精雕细刻。全部完成之后,这张表就代表了你的人生蓝图。你可要保管好啊,它是你今后的指南针。

你是你的总设计师。现在,我们来看你的这张表。

首先,你要看看你亲手写下的这些事件,是位于线的上半部分较多还是下半部分较多? 也就是说,是快乐的时候比较多,还是痛苦的时候比较多? 这不是评判你选择的正误和你生活质量的优劣,而是看你感受如何。如果你觉得这样还好,你就不妨如此继续下去。如果你不甘心,可以尝试变化。

世上没有什么事是一定指向倒退或是前进。

上大学是好事,但如果没能考上自己理想的学校和专业,也会带来深切的不快。父母离婚是坏事,但如果能妥善应对,也未尝不是奋发的动力。亲人逝去肯定不是让人高兴的事情,但从更广大的范畴来看,这是宇宙间永远的不可抵挡的规律,对规律我们只能接纳和服从,抵御和对抗的情绪,都是不智的徒然。纵观人类的发展史,很多伟人都是在亲人逝去之后,励精图治,成就大业。父母逝去让他们警醒到自己的责任。更不消说中国古代"塞翁失马,焉知非福"的故事,你说要是让塞老先生做这个游戏,他会把失马这件事画在生命线的上方还是下方?

如果你的生命线上所标示的事件,大部分都在水平线以下,那么,是否可以考虑调整一下自己看世界的眼光? 你对未来的估计是不是太幽暗了一些? 如果是,你对你的情况是否满意? 如果满意,这就是你的性格所选择的生活了。多种价值观和生活方式并存,正是当今世界的特点之一。如果你觉得有改变它们的愿望,那么你可以试着用另一种眼光来看待世界。如果你的所有事件都标在了水平线之上,也并非就是一件值得恭贺的事情。

承认自己的局限,承认人生是波澜起伏的过程,接纳自己的悲哀和沮丧,都是正常生活的一部分,犹如黄连和甘草,都是医病的良药。

不要把快乐当成负担和义务,不要把快乐变成装饰和表面文章。快乐和不快乐是相辅相成的感受,每个人可由自己的心愿来选择它们的比例,不被它们牵着鼻子走。

二、摒弃学习中的不合理理念

大学生日常学习过程中有些不合理理念,以下是艾里斯 ABC 情绪理论中与不合理理念辩论的练习,帮助大家找出自己学习中的不合理理念。

A——缘由。在学习中困扰你的是什么?可能是内在的、外在的、真实的、想象的、过去的、现在的或是未来的⋯⋯

_____

_____

B——结果。由 A 造成的影响学习的负面情绪和自我挫折行为是什么?比如焦虑、烦躁、学习没有动力,或者强迫学习⋯⋯

_____

_____

C——不合理理念。自己在学习中有哪些不合理理念?教条式的要求,如:我必须考第一;灾难化,如:我的学习差得一塌糊涂,我完蛋了;挫折容忍度降低,如:我无法忍受自己;绝对化的评估,如:我成绩差就没有价值⋯⋯

_____

_____

_____

D——辩论、自问。这种理念对我造成什么影响?有益或只是自我挫折?有什么证据可以支持我的不合理理念?这种理念符合现实状况吗?事情真的糟到不能再糟了吗?

_____

_____

_____

三、考试焦虑的心理调节

1. 自我教导训练

自我教导训练实质是通过处理内在对话,从而改变人的思考、认知结构和行为方式的程序。所谓内在对话是一种自己说、自己听的自我沟通过程。

自我教导训练包括以下步骤:

(1)自我观察

观察自己的学习与生活,找出不舒服的情境,说出与写出与情境有关的负向内在对话。

(2)寻找积极的内在对话

找出与原有非理性观念不相容的思考方式,并用新的内在对话来表达。例如,在处理焦虑方面,对自己说:"保持平静,慢慢地深呼吸,没什么好紧张的。""紧张没什么可怕的,这只表示我该运用学到的使用技巧罢了!""考试成绩高低并不重要,考试尽力就行了。"

适用于应付考试焦虑的正向的内在对话如下：

——面对这些问题不需要紧张。

——我知道我能应付这个考试。

——记住！放松！慢慢地、小心地做。

——我觉得我有能力去解答这些问题。

——做错了没有关系，可以从头再来。

——不要紧，按时交卷就可以了。

——今天的精神真好，我一定可以考好。

——题目要看清楚，一定没有问题。

——我已经尽力了，成绩好坏并不重要。

——把握每一段时间，做完后再检查一遍。

——考试是在检验我学会了多少，重要的是"学会它"，而不是"得几分"。

——这题不会做没关系，先做会的。

——想一想这个问题要我做什么？

——还有时间，不要慌。

——考试是检验我自己的学习情形，不必管其他同学的成绩如何。

——虽然题目难了点，但我准备很充足，难不倒我。（监考老师）他看他的，我又没有作弊，不必害怕。

——成绩并不重要，学会才是重要的。

——我已经准备得很充分了，一定可以好好地表现一番。

——只管现在考试，不必担心其他事务。

——太棒了，我又做完了一题。

——我的能力还不错嘛！

——做错了哦，没关系，幸好及时发现。

——还有时间，再检查一遍。

——上次考不好，并不代表这次也考不好。

——错了，没有关系，只要真正学会就好。

——现在，我必须从哪一部分下手？

——这次考试，绝对没问题，我有信心。

——想一想，还有什么方法可以运用。

——要把握题目上的每个线索。

——上课时，我很用心，考试一定没问题。

——学习是自己的事情，不必在意别人怎么想。

——我终于用心地考完了。

——这次考不好没关系，下次再认真一点。

——一步一步来，我一定可以做完它。

——不要紧！先别紧张！该来的总是会来的。

——这个问题的重点在哪里？

——紧张是正常的，没关系，做个深呼吸，放松！

——很好！到目前为止还不错，继续做下去。

——我就知道，我一定可以做得很好。

——面对这项挑战，头脑要冷静。

——我要打起精神，面对这项挑战。

——这是什么类型的数学题。

——我要很小心地核对。——做错了，并不表示我很笨。

——考试让我了解，哪些部分我还没学会。

——心情放松！紧张是没有用的。

——不要神经兮兮的，假如其他人能做，我也能做。

——考试不是一件可怕的事，尽力而为就可以了。

——我从来没有不及格的记录。

——我要相信自己，不要受他人所影响。

——这只不过是一次考试而已，不要紧张兮兮的。

——为什么我要紧张兮兮的，考试之后仍然不会有什么改变。

——考试只不过是一项挑战。

——不要担心考试的结果，只要尽自己最大的努力。

——没关系，无论考试结果如何，都将不会是最后一次。

——假如我不知道如何做，其他人也不会知道，不用担心。

——不要有任何愚昧的想法，胡思乱想只会浪费时间。

——不要有愚蠢的想法，尝试表现你最好的一面。

——假如这次失败了，你仍然有下一次的机会。

——让过去的成为过去，最重要的是做好这一次。

——不要想得太多，专心地读书。

2. 放松训练

(1)原理

焦虑和放松两者不能共存。即当你焦虑时是不可能放松的，而当你完全放松时(所以残余紧张均被消除)，你就不会感到焦虑。因此，经过反复的放松训练，从弱到强，让你成功地体验每一个刺激，直到很强的刺激也不会引起焦虑反应。

训练的要求是在饭后两小时方可进行，因为消化过程有碍于放松。放松期间严禁吸烟、喝酒、吃零食、说话等。坐舒适后摘下眼镜、脱掉鞋子、松开紧身物品，如领带、皮带等。

放松训练有两个关键：其一是体验。在下面的训练中，共有10项，每项训练都是先体验10秒的肌肉紧张，即心脏似乎都有提升和收缩的感觉；再体验10秒钟的放松感觉，那就是微微发热、松软发麻，如同无生命似的。每项之间要休息20秒，每次都要花时间充分体验紧张的消除，这一点很重要，否则要重新体验。其二是树立坚持到底，学有所成的决心,运用想象降低对考试的敏感。选择一个安静的场所,再找一把舒服的椅子或半卧式沙发,但一定要自己感觉舒适。静坐片刻,然后闭上眼睛,就可以正式开始放松训练了。

(2)具体操作步骤

①脚趾肌肉放松:将双脚脚趾缓慢向上弯曲到最大限度,此时两脚与腿部不要移动,持续 10 秒后,在逐渐放松,体验感觉。接下来,双脚慢慢向下弯曲到最大限度,持续 10 秒,再逐渐放松。休息 20 秒,体验感觉。

②小腿肌肉放松:将双脚跟使劲蹬地,以使小腿肌肉紧张。持续 10 秒后,逐渐放松。休息 20 秒,体验感觉。再将双脚尖使劲蹬地,持续 10 秒。逐渐放松,体验感觉。

③大腿肌肉放松:绷紧双腿,同时使双脚后跟离开地面,持续 10 秒后逐渐放松,体验感觉。休息 20 秒后,双腿伸直并绷紧双膝,保持 10 秒后再逐渐放松。休息 20 秒,体验感觉。

④臀部肌肉放松:双腿伸直放平于地,用力向下压下腿,使臀部肌肉紧张,保持 10 秒后逐渐放松,休息 20 秒体验感觉。将两半臀部收紧,尽量提高骨盆位置,持续 10 秒后再逐渐放松,休息 20 秒,体验感觉。

⑤腹部肌肉放松:高抬双腿以紧张腹部肌肉,同时胸部压低,持续 10 秒后再逐渐放松。休息 20 秒,体验感觉。

⑥胸部肌肉放松:双肩向前并拢,使胸部四周肌肉紧张,持续 10 秒后,再逐渐放松。休息 20 秒,体验感觉。

⑦背部肌肉放松:用力向后弯曲背部,努力使胸部和腹部突起,形成拱形,并向背后扩双肩,使双肩尽量合拢以紧张其上背肌肉群,持续 10 秒后,再逐渐放松。休息 20 秒,体验感觉。

⑧肩部肌肉放松:双臂悬浮于沙发两侧扶手上方,使劲将两肩向耳朵方向上提,持续 10 秒后,再逐渐放松。休息 20 秒,体验感觉。

⑨臂部肌肉放松:双手放平于沙发两侧扶手上,掌心向上,紧握拳头,使双手和双前臂肌肉紧张,持续 10 秒后,再逐渐放松。休息 20 秒,体验感觉。接下来将双前臂收紧,持续 10 秒后,再逐渐放松。休息 20 秒,体验感觉。

⑩颈部肌肉放松法:用力将头往下弯,以使下巴抵住胸部,持续 10 秒后,再逐渐放松。休息 20 秒,体验感觉。

请问,你每次体验如何?如果你没有体验到放松时的感觉,就要重作或将紧张时间延至 15 秒钟,这是至关重要的。

第二节　知识链接：大学生学习心理

一、大学生学习心理概述

1.学习的定义

什么叫学习,这是一个既简单又复杂的问题:

行为主义认为,学习是由经验引起的行为的持久变化,以读书为例,如果学生通过读书,原来不识字的,现在识字了;原来朗读不流利的,现在朗读流利了,他的行为发生了变化,这样的读书就是学习。但若像小和尚念经,有口无心,以至没有导致学习者的行为变化,这样的读书就不包含学习。

认知心理学家不同意把学习定义为"行为变化"。他们认为,行为变化只是用来推测学习是否发生的外部指标,并不是所有的学习都是通过行为指标反映出来的。例如,自然常识课上,学生听懂了"太阳为什么从东方升起,从西方落下",但他没有把自己理解的意思说出来。那么,这个学生有没有产生学习?按照认知心理学观点,这也是学习,因为他内在的行为潜能发生了变化。故认知心理学将学习定义为:

学习是因经验而使行为或行为潜能产生持久变化的过程。也就是说,学习是指一个主体在某个规定情况中的重复经验引起的,对那个情境的行为或行为潜能的变化。不过,这种变化是不能根据主体的先天反应倾向成熟或暂时状态(如疲劳、酒醉、内驱力等)来解释的。

我们在理解学习的定义时有三个要点。

第一,学习的变化可以是外显的行为,也可以是内隐的心理过程。

第二,学习的变化是相对持久的。有些个体的变化,如适应、疲劳不能称作学习。因为这种变化是暂时的,适当休息和调整,这种暂时性变化就会迅速消失。至于持久到什么地步,那要看学习的材料与练习的程序而定。一般而言,技能学习维持长久。儿时学会了游泳或骑自行车者,一生受用,不必重新学习。

第三,学习产生于经验,而不是来自于先天成熟。经验一词有两层含义:一是指个体生活习得的累积,诸如习惯、知识、技能、观念等,均属于个体的经验。二是个体的生活,在活动过程中产生了学习。因经验而产生学习的情况,大致也有两类:一类指有计划的练习或训练,学习跳远时,如何助跑、如何起跳、如何腾跃、直到最后如何着地等,都是经验,通过反复训练,使这类经验累积,就能学会跳远。另一类经验活动未必有计划,可能只是在生活中的偶然情境中产生。例如,在放学路上,碰到一个迷路的幼童,你把他安全护送到家。虽然这是一个未曾计划的经验,但是从这个无意的经验活动,你可能学习到了助人为乐的真正意义。强调学习,由经验而生,实质是认为学习是后天习得的,是个体与环境相互作用而产生的,排除了由成熟或先天因素所引起的变化。因为,个体的成熟也会使其行为产生持久的改变(如青春期开始后,男生的嗓音改变),但成熟不属于个体的经验,所以由成熟所产生的行为改变,不叫做学习。

2. 大学生学习的类型

对学习活动进行分类,有利于认识不同类型的学习特点及其特殊规律,便于提高学习效率。但是,由于学习本身有复杂性,分类有一定的困难,加上心理学家们对学习所持的观点和对学习进行分类的角度不同,意见就不一致。这里介绍几种比较重要的学习分类:

(1)潘菽的学习分类

①知识的学习,包括学习知识时的感知和理解等。

②技能和熟练的学习,主要指运动的、动作的技能和熟练。

③心智的、以思维为主的能力的学习。

④道德品质和行为习惯的学习。

(2)加涅的学习分类

①言语信息的学习。

②智慧技能的学习。

③认知策略的学习。

④态度的学习。

⑤运动技能的学习。

(3)布卢姆的认知学习分类

这种分类是为了用于课程设计,以教育目标和教育任务为出发点,将教育目标分为认知、情感和动作技能三大领域,认知领域的学习分为六类:

①事实性知识的学习,回答"是什么? 是谁? 多少? 什么时候? 怎么样?"的知识等。

②综合理解性知识学习,要求大学生必须进行深入而又广阔的深层次的思考并能用自己的语言清楚地表述。

③应用性知识的学习,大学生将所学的知识应用到新的领域或产生新的产品。

④分析性知识的学习,提出的问题需要学生用不同的材料进行验证。

⑤综合性知识的学习,通过问题的解决使学生的知识超过当前的知识。

⑥评价性知识的学习,要求大学生使用证据和复杂的细节进行判断,并能清楚地解释。

3. 大学生学习的基本特点

(1)大学生学习动机的特点

动机是推动人们进行活动的内部动力。人的各种活动都是由一定的动机而引起的,学习动机是推动学生学习活动的内部动力。对大学生来说,大学生学习动机的实质是其学习需要的表现,这种需要是社会、学校和家庭的影响在大学生头脑中的反映。学习目的、学习兴趣、学习态度和自我效能等差异直接影响大学生学习动机的类别和水平。因此大学生对直接的学习动机的了解和分析,对提高自身的学习水平具有积极的意义。

当代大学生学习动机的显著特点是:第一,在大学生的学习动机中,发展成才的需要始终占据首要地位。它是一种内部动机,将对学习起到持续有力的推动作用。其次,对个人利益的追求占了重要地位。这是一种外部动机,它反映了大学生思想上更趋现实的特点,高报酬已成为大学生重要的追求目标。另外,大学生的学习还表现出将个人利益与国家、集体利益结合起来的动机以及感恩报答的思想。

(2)大学生学习内容的特点

①专业化程度较高,职业定向性较强。大学教育的目的是为社会培养各类高级专门人才。大学生毕业后绝大多数都要在社会各个实践领域从事与自己专业相关的职业活动,为社会服务。因此,学生进入大学后,一般要开始分系、分专业,在某一专门领域从事深入的学习和提高。他们学习的专业化程度较高,职业定向性较强。大学生的学习活动实质上是一种职业活动。在大学学习期间,大学生应培养自己对本专业的热爱,形成对本学科知识的浓厚兴趣,树立奉献专业的志向,既要在本专业所涉及的学科领域内博览群书,又要对本专业的某一方面有深入的了解和钻研。只有这样,才能将自己培养成国家所需要的高级专门人才,以适应生产、科研、教育、管理、服务以及社会生活的各个领域的要求。

②实践知识丰富,动手能力较强。由于大学生学习的职业定向性较强,因此在学生的学习中,实践知识的掌握和动手能力的培养具有特别重要的意义。各级各类高等院校教学计划中都安排了实验、学习、社会调查、野外考察等环节,就是为了达到这一目的。为了掌握本专业所需的实践知识和动手能力,单靠几个星期或者几个月的教育实习、临床实习、生产实习是远远不够的,还应在平时的学习中,经常同社会、同实际工作部门联系。例如师范院校学生在校期间,应利用课余时间当家庭教师,既可以用自己所学知识为社会服务,又可培养自己的实际工作能力。

③学科内容的高层次性和争议性。大学生在专业学习中,不但要掌握本专业各学科的基础知识和基本理论还要了解这些学科的最新研究成果和发展趋势。高年级大学生许多专业课程学习的起点较高,视野较宽,有些内容实质上已处于本学科发展的前沿。与此有关的是大学生的学习内容中已包含一些有争议的、没有定论的学术内容。教师在阐述某一学科内容时,经常向学生介绍一系列互不相同的理论和观点,但其中没有一种观点或者理论目前已被证明是完全正确的。把这样一些有争议性的问题引入大学生的学习内容中,可以拓展大学生的专业视野,激发学生智力活动的积极性,培养学生的科研动机,帮助学生认识发现真理的过程,培养他们攀登科学高峰的信心和勇气。

(3)大学生学习方法的特点

①自学方式日益占重要地位。这表现在以下几个方面:第一,大学生的课程不是安排得满满的,而是留有较多的自由时间,使学生有可能把精力投入自己认为必要或感兴趣的方面;第二,即使是在课堂教学中,教师也不可能讲授教材内容的所有方面,而是布置各种参考书供课后自学;第三,大学生撰写学年论文、毕业论文、参加科研工作,都是在教师的指导下依靠自己的力量独立完成的。所有这些,都要求大学生注意培养自学能力,学会自己确定教学目标,安排自己的时间,学会迅速地查找和阅读各种专业资料,学会做笔记、写摘要、做综述,学会独立自主地获取知识。

②学习的独立性、批判性和自觉性不断增强。大学生的独立性、批判性较强,总是以批判的态度对待学习。他们不轻信教师讲课的内容、书本上现成的结论,不迷信专家、学者的有关论述,相信自己通过独立思考、探索所得到的正确结论。大学生喜欢讨论问题,争辩问题,各抒己见,互不相让;爱向教师提问、和教师辩论,喜欢独立表达自己独到的想法、见解和观点。大学生学习的自觉性也较强。他们能清醒地意识到自己肩负的责任和学习的意义、价值,学习目的明确,学习态度端正。许多学生能把当前的学习行为和祖国现代化建设的远大目标紧密联系在一起。多数大学生不需要教师的监督,就能自觉地、孜孜不倦地学习和思考。

③课堂学习与课外和校外学习相结合。课堂教学虽然是大学生学习的主要途径,但已不像中学生那样是唯一途径。除了课堂学习外,他们还要按照教学大纲的要求完成实验作业和生产任务,在图书馆或资料室查阅文献,参加或协助教师的科研活动,听各种学术报告或讲座,参加学生会和学术社团协会的各种活动。除了校内的学习途径外,大学生还能不断地与校外现实社会相联系,进行社会调查或开展咨询服务,从社会实践中学习。这些活动不仅极大地增强了大学生学习的积极性,而且有效提高了大学生独立学习和独立工作的能力,从而为他们走向社会获得职业的成功打下基础。

二、大学生常见的学习障碍与调试

大学生进入大学后碰到的一个普遍问题,就是学习的不适应。只要我们认真地观察一下当今大学生的学习状况,就会发现读了十几年书的他们在自己的老本行——读书中也存在着许多问题,这些问题给大学生带来了很多困扰。当然在学习中,遇到一些困难是难免的,充分了解这些困难以及解决办法,将帮助我们更好地进步。

1. 大学生学习中的常见障碍

(1)学习方法不当

大学新生初入校,对大学学习普遍缺乏足够的认识和必要的心理准备,他们几乎都是在沿用高中时的学习方法进行大学的学习,这使得一部分学生难以适应大学学习,有的甚至吞尝学习失败的苦果。大学生在学习方法上的误区表现在以下三个方面:

①缺乏正确的学习方法。有调查表明,大学生在学习过程中进行预习、上课、复习、作业、小结这五环的仅有13%。这说明大部分学生在学习方法上仍然处于被动的状态之中,没有真正掌握主动学习的能力。而被同学们忽视的预习、复习、小结等环节正是检验大学生是否具有自学能力的重要特征。这些环节可以让我们以融会贯通所学知识,温故而知新,形成自己的思路,把握所学知识的来龙去脉,使所学知识更加完整系统。

②在学习过程中不会利用资源。据调查,对图书馆的利用情况熟悉并充分了解图书馆藏书和书刊的编排类别,能快速查索图书资料,习惯于去图书馆阅览、查阅和选借图书的同学仅占11%,而会查找但不熟练,不经常去图书馆的或者查找很吃力、很少去图书馆的学生占82%;根本就没有想过要去图书馆的占7%。

③还有不少大学生不会与人协作。有的缺乏团队意识与合作意识,习惯于孤军作战,离群索居;有的担心进行协作学习"好了别人苦了自己","帮助了别人无形中给自己

増加了竞争对手";有的不肯接纳别人的意见,思维僵化,刚愎自用。

④理论脱离实际,只知啃书本、死记硬背。有的大学生重理论轻实践,埋头读书,虽有满腹经纶,但无法派上用场;有的重实践轻理论,只干不学,认为只要掌握一些实用的技能就可以了,使实践成为盲目的实践。

(2)学习动机不当

大学生的学习动机不当包括学习动机不足和学习动机过强,这两者都会影响大学生的学业效能感。调查显示,62%的新生在上大学以前只想着考大学,考上大学以后一时找不到生活目标,不知道学习为了什么,表现为学习动力不足,如无明确的学习目标,为学习而学习甚至厌倦学习和逃避学习,一边为社会的高要求时时感到焦虑,一边不善于利用时间好好学习,总是感叹生活的无聊空虚。与之相反的是学习动机过强,其主要表现为:成就动机过强,奖励动机过强,学习强度过大,过分看重学习成绩。

(3)学习疲劳

大学生的心理和生理发展已臻成熟,他们身心的自我调节功能正处于人生的最佳时期,身体和心理发展的可塑性仍比较强。但是有的学生由于环境变化不能适应、学习目标设置不合理导致过重的心理压力、用脑不科学等问题,可能出现因不能够正确处理内外环境而对身心造成不利影响的情况,不利于提高学习效率。

(4)考试焦虑

考试焦虑也是大学生在学习过程中所常常遇到的问题之一。越是重要的考试,越容易产生考试焦虑。越看重成绩的大学生,特别是学业成绩优异的大学生,恐惧考试失败的心理压力更大,更容易出现考试焦虑的症状。

2. 大学生学习心理障碍的调整

在这一部分我们主要讨论学习动机不当、考试焦虑和学习疲劳三种情况的调节。

(1)学习动机不当

①学习动机不足

课堂案例

例1:我是一名大一学生,曾经的我几乎一帆风顺,可是在第一个学期我就挂科了,而且必须重修。这简直就是一个天大的打击,尤其是对一直支持我的亲人们,我真的很羞愧。我分析了一下,造成这种结果的原因是因为我感觉很茫然,一点动力都没有,虽然我每天都按时上课,但上课时和课后根本没有学习的欲望。我该怎么调整?

例2:我是一位来自山区,家庭经济困难的大学生,学业成绩一直非常优异。上大学后,忽然感到心中茫然,学习没有动力,生活没有目标,有时候想到辍学,一想到在家的妹妹和年迈的父母,我就恨自己不争气,可我的确找不到奋斗的目标与学习的动力,学习上得过且过,生活上马马虎虎,漫无目的,上课打不起精神。不是我因为喜欢上网而荒废了学业,而是因为实在没劲才去上网、聊天、打游戏,我如何才能摆脱这种状态?

【案例分析】

以上两种情况就是学习动机不足的表现,除了学习不积极,经常旷课,还表现为上课时注意力难以集中,精神不济,整天浑浑噩噩地混日子等。

我们认为,大学生学习动机不足的原因主要有以下几个方面。

第一,目标缺失。在高中阶段,学生的学习目标非常明确,每个人都为能考上理想的大学而努力。为了能考出好成绩,我们像机器一样快速地运转着。然而进入大学,许多同学产生了松懈心理,希望在大学里好好享乐一番,在学校这样一个"避风港"里,对外部社会竞争的残酷缺乏了解,以为自己可以无忧无虑,殊不知外面的风起云涌。没有及时树立起进一步的学习目标。在这种目标盲区里,学生们再也难以保持中学时期那样的学习热情了。"在高中时,大学像是黑暗中的一盏明灯,指引着我们的方向,进了大学后,天亮了,我们不知道该向何处去。"这句话,正是绝大多数大学生特别是大一新生思想的真实写照。

第二,缺乏学习兴趣。学习兴趣是一种力求认识世界,渴望获得科学文化知识的意识倾向,这种倾向是与移动的情感体验相结合的,它是学习动机中最现实、最活跃,带有强烈情绪色彩的因素。俗话说:"兴趣是最好的老师。"浓厚的兴趣能推动个体进行探索性的学习,对某一学科有着强烈而稳定兴趣的大学生,会将此学科作为自己的主攻方向,学习中主动克服苦难,排除干扰。而我国在校的大学生,虽然绝大多数是按其报考志愿录取的,但学生的高考志愿往往并非出自学生个人的意愿(如囿于高考分数的限制或听从父母的意见等)而带有相当大的盲目性。因此,有很多学生特别是大一新生都有专业思想不稳固的问题,他们不喜欢自己的专业,学习动机不强。

第三,自主精神不足。大学生在中小学时期已经习惯过地的依赖父母和学校的安排,缺乏自主学习、生活的习惯,自主精神不足使学生在学习生活中缺乏主动学习的动机。

第四,缺乏学习毅力。有人对大学生的学习做过这样的描述,大学生差别最小的是智力,差别最大的是毅力。学习是一项艰苦的脑力劳动,要使学习活动坚持下去并取得较好的效果,就必须有坚强的意志参与,因此,意志在大学生的学习中起着重要的作用,但是从小学到中学,绝大对数学生都在教师和家长的监护下学习,鲜有自己的选择和自由,所以无需或只需很低的自控能力即可。一旦进入大学,突然被给予了太多的选择与自由,往往不知所措,很多学生自我控制能力较差,容易受别人的影响,产生"他们玩我也玩","他们谈了恋爱我也谈恋爱"的盲从思想,在网络游戏盛行的今天,不玩网游的同学被视为异类,有些同学甚至是在"迫不得已"的情况下玩上了网游,还有的同学看到"搞导弹的不如卖鸡蛋的,拿手术刀的不如拿剃头刀的"所谓知识贬值现象,便觉得读书无用,滋生厌学情绪,导致学习动力不足。

大学生的学习动机不足时,可以尝试从以下几个方面调节。

第一,激发学习兴趣。兴趣与努力是成才的两个重要方面,努力是通往成功的必经

111

之路。而兴趣能使这条路走得更顺利。这是我们从小就懂得的道理,然而却不懂得怎么样才能让自己对学习感兴趣。

心理学家盖滋说:"没有什么东西比成功更能增加满足的感觉;也没有什么东西比成功更能鼓起进一步求成功的努力。"由此可知,一个人在学习过程中获得别人的承认,获得内在满足等积极情感体验,会增加学习兴趣的稳定性。事实说明,有很多人不喜欢自己专业,也学得不好,其实不是因为不喜欢才学不好,是因为学不好才不喜欢。所以大学生可能对自己所学的专业不感兴趣,但如果经过刻苦学习,在专业学习上取得一定的成绩,便会激发学生的专业兴趣。如果你的学习兴趣不浓,可从小的成功开始,小的成功会转化为进一步学习的动力,使学习深入进去,最终会获得大的成功。另外,多参加学术报告,老师的科研项目等活动,可以对所学专业加深了解,接触到专业最新最前沿的知识,认识到所学专业的作用,激发好奇心和求知欲,从而加深对自己所学专业的喜爱程度,增强学习动机。

第二,设置合理的学习目标。我们可以从以下的故事中了解如何设置目标。

课堂案例

唐太宗贞观年间,长安城西的一家磨坊里,有一匹马和一头驴子。他们是好朋友,马在外面拉东西,驴子在屋里推磨,贞观三年,这匹马被玄奘大师选中,出发经西域前往印度取经。

17年后,这匹马驮着佛经回到长安。它重到磨坊会见驴子朋友,老马谈起这次旅途的经历:浩瀚无边的沙漠,高入云霄的山岭,凌峰的冰雪,热海的波澜……那些神话般的世界,使驴子听了大为惊异。驴子惊叹道:"你有多么丰富的见闻呀!那么遥远的道路,我连想都不敢想。"老马说:"其实,我们跨过的距离是大体相等的,当我向西域前进的时候,你一步也没停止,不同的是,我同玄奘大师有一个遥远的目标,按照始终如一的方向前进,所以我们打开了一个广阔的世界。而你被蒙住了眼睛,一生就围着磨盘打转,所以永远也走不出这个狭隘的天地。"

也许,我们曾不满于自己的平庸;也许,我们曾抱怨过生活的无聊;然而,当我们在心中为自己设下目标并持之以恒地向前迈近时,我们的生活也就掀开了新的一页。

大学,每个人都只有一次,我们应当思索应该怎样度过……我们有责任为自己的大学生活设定一个目标。目标可以使学习有明确的方向,只有树立正确的学习目标,才能产生强烈的学习动机,保持高度的学习自觉性。大学生应抛弃"该好好休息一下"的错误想法,及时调整心态,认真思考自己的人生道路,明确自己"为什么活着","为什么上大学"等根本问题,明确自己肩负的社会责任,树立远大的理想,充分意识到学习的紧迫感,尽快地为自己设置合理的学习目标。学习目标可以制订为长期目标、中期目标、短期目标,不同的目标可以指引不同阶段的学习方向。学习目标要符合自身实际,具有持续的挑战性,既不能过高,也不能过低。过高不容易达到,容易丧失信心,过低不需要努力就可以达成,不能自我激励。此外,还需要根据实际情况来调整目标。

那么,如何树立正确的学习目标呢?

好的目标会产生强有力的刺激,是促进行为活动的直接动力。但并不是所有目标都能起到激励作用,我们在确立学习目标时就注意遵循以下几个原则:

首先目标要明确,具体。不明确的目标不能激发学习动机,只有明确的目标都才能使自己了解差距,找到努力方向,增强信心。目标确立后,还要学会把目标具体化,这样才便于目标的操作,实施。要注意目标设置的层次性,如把目标分为近期目标、中期目标、长期目标等。

其次,目标的难易程度要适当。轻而易举就能达到的目标不会使人产生动力;高不可攀的目标也会令人望而却步。所以确定的目标一定要从自身的条件和能力出发,切忌盲目,好高骛远。

最后,目标的设置要符合自身实际情况。选择个人学习目标不能离开个体所处的具体环境和条件,如所在学校学习条件、所在家庭的竞技条件、自身的素质等。目标没有可行性,激励作用也就无从谈起。

第四,培养坚强的意志。

当一个人确定前进的目标,并向着目标奋进的过程中,总会遇到各种各样的困难。有些大学生对困难缺乏耐力,这些苦难阻碍着我们目标的实现,影响了活动的顺利进行。苏轼也说:"古之成大事者,不惟有超世之才,亦必有坚韧不拔之志。"只有意志坚强的人,才能克服众多的,难以想象的困难,去赢得成功。人的意志不是与生俱来的,而是随着年龄的增长,体质的增强,知识的丰富,交往的扩大而逐步发展起来的。人是自己意志的创造者,大学生应该有意识地培养自己的意志,当然,意志的培养不是一蹴而就的,我们必须从最简单的事情入手,逐步学会持之以恒,勇于攀登,才能成为一个意志坚强的人,在学习活动中,我们要经常给自己一些难题,跟自己过不去,不断地克服困难,战胜苦难,在苦难中磨炼自己,使自己的意志日益坚强起来。

②学习动机过强

课堂案例

一位女大学生,因为一次考试没有考好,一直闷闷不乐,责备自己努力不够,于是加班加点学习,对自己严格到苛刻的程度,但下次考试又没有考好,她觉得没有道理,并说自己快要崩溃了。心理辅导员通过询问得知,来访者成绩一直不错,而这两次她认为没有考好,而成绩也在75分以上,这位同学表现出过强的学习动机,因此产生了较严重的情绪障碍,其根源在于她存在一些不合理的信念和认知模式,辅导员采用了艾力斯"合理情绪疗法"的一些技术来帮助她。

来访者:我付出了这么多努力,我完全应该成功,却没有考好,这实在没有道理。

辅导员:只要付出了努力,就一定会成功吗?

来访者:我想是这样。

辅导员:不管环境如何、方法如何,只要努力就会成功吗?

来访者:(沉默)。

辅导员:在你的同学中也只有你一个人在努力学习吗?

来访者:不是,很多同学都很努力。

辅导员:那么多同学是否都考得非常好呢?

来访者:也不全是,但我觉得我应该考得好一些。

辅导员:别人都可以考试失败,而你不能?

来访者:也不能这样说。

辅导员:每个人都有成功的时候,也会有失败的时候,是吗?

来访者:是。

【案例分析】

学习动机过强与动机缺乏一样,同样会降低效率,甚至还可能导致心理的困扰和生理的不适,动机过强或过弱,不仅对学习不利,而且对保持动机也不利。

大学生学习动机过强主要表现在过于勤奋:将所有精力都用在学习上,往往认为学习是至高无上的,把时间花在别的地方是一种浪费的;争强好胜:非常看重自己的名次、分数,经常想考班级的第一名,经常想得到他人的表扬和肯定,害怕失败,如果失败了,就会对自己产生怀疑;情绪紧张:往往伴随学习焦虑和考试焦虑,经常体验到紧张不安,由于经常处于巨大的压力和超负荷的学习之中,情绪上精神上难以松弛,久而久之导致注意力不集中、记忆力减退、思维迟钝等,学习效率随之下降。许多身心问题,如头痛、失眠、烦躁、心悸、胃肠功能失调等,接踵而至;容易自责:经常给自己确立过高的目标,往往超过自己的实际能力,为了完善自己的目标,就会责备自己,给自己施加更大的压力。总是不满足自己的现状,总认为自己应该做得更好,即使成功也不能给自己带来多少喜悦之情。

虽然学习动机过强多是在个体、家庭、学校、社会等因素的共同作用下产生的,但一般来说,造成动机过强的直接原因主要有以下几点:

第一,设置过高的目标。模糊的、不明确的、在很大程度上带有幻想的成分的目标,往往带来过强的动机,导致对自己过于严格、过于苛刻。

第二,不恰当的认知模式。学习动机过强者往往拥有这样的认知模式:"只要我付出了努力,我就会获得成功。"从而把努力和勤奋作为成功的唯一条件。这种认知模式是产生过强动机的温床。事实上,"成功只取决于努力"是一种不恰当的认知,任何成功都与自身能力和环境因素有关。努力是成功的必要条件,但不是唯一条件。正确的认知模式应该是:只有努力才有可能成功。

第三，他人不适当的强化。动机过强者往往会受到家庭、学校、社会的肯定和支持，这样就使他们看不到动机过强的危害，反而愈演愈烈，等到造成身心困扰时已是难以自拔。

另外，动机过强往往还与个体的某些性格特征有密切关系，如过于认真、追求完美、好强固执等。而严厉的家庭教养方式和父母的过高期望也往往导致子女的学习动机过强。

对照前面的描述，如果感到学习动机过强时，我们可以从以下几个方面调节：

第一，建立正确的认知模式。认知和调整不现实的学习目标，找出自身关于学习的不合理信念，建立正确的认知模式，把关注点聚集在学习活动中，而不是总是在学习的结果上。

第二，进行恰当的自我评价。成就动机过强者对自己的能力有着充分的正确认识，使自己的抱负和期望切合自己的能力发展水平，既不好高骛远，也不操之过急；制订切实可行的与自己的远大目标相结合的阶段性目标，脚踏实地，循序渐进地进行学习。

第三，以正确的心态对待成败得失。适当的调整自己的抱负和期望水平，以宽容的心态对待自己，降低对学习成败的敏感度，保持情绪的稳定，借助放松法克服严重的学习焦虑，同时积极参与各种有益身心健康的校园文化活动，注意培养自己多方面的兴趣爱好。

总之，以求知为乐趣，以成长为快乐，以知识、素质、能力的发展为标准的学习动机才会使你在学习中终身受益。

（2）考试焦虑的调节

考试焦虑是一种常见的学习心理问题，是由于面临考试而引起的不安、忧虑、紧张甚至恐惧的情绪状态。多数人在面临重要考试时都会产生一定程度的考试焦虑，这是正常的、无害的。但过度的考试焦虑对学习及身心健康危害很大。考试焦虑表现为过分担心考试结果，对自己信心不足；考前拼命看书，夜以继日，导致严重失眠，头昏脑涨；有的同学甚至在考试中出现晕场，思维阻碍等，这些都严重影响了学习。

引起考试焦虑的原因在于，学生因为过大的学习压力产生过强的学习动机，最终导致考试焦虑。压力的来源可能有外部和内部两种。外部压力包括社会的压力、学校老师的压力、父母的期望、他人对自己的评价等。内部压力就是学生非常希望获得成功、实现自我的动机或某种思想认识而带来的心理压力。消除考试焦虑的方法主要有：

①减轻压力，放下包袱。有效地降低考试压力是防治考试焦虑的首要措施。考试焦虑与考试密切相关，它常常随着考试的接受而迅速消失，但由于对学生来说不能避免考试，因而应优先考虑在不影响正常学习情况下减压。学生要恰当地估计自己的能力，降低过高的学习目标，保持恰当的压力，重视学习过程而不要太计较考试结果，养成将考试当作业，作业当考试的良好习惯。

②端正动机，改变认知。考试焦虑是由于对考试事件在认知上的歪曲，导致情绪上的紊乱和行为上的异常。部分大学生对自己的要求过高而且常常绝对化，以偏概全或糟糕透顶，即认为考试失败会导致可怕的后果，因此，要改变对考试和考试焦虑之间关系的

错误认识,意识到自我认识和评价是造成压力的关键,改变其不合理的思维方式,放下包袱,树立正确的学习动机。

③劳逸结合,有张有弛。大多数考试焦虑的同学在处理学习和休息的关系上存在缺陷,他们在学习上投入的时间太多,而且生活安排单调,不注意休息和文体活动,即使在娱乐时也在想着学习,使自己的大脑老是处于紧张的状态,不能通过文体活动达到生理和心理上的完全放松,导致神经系统的兴奋与抑制调节机能紊乱。因此,合理用脑,讲究方法,主要营养,劳逸结合,维护神经系统的正常机能,是防止考试焦虑的重要措施。

④学会放松。考试焦虑的同学往往缺乏在特定情境下控制自己的能力,要学会在紧张时能够运用意念控制、调整呼吸等多种方法松弛躯体,转移注意力,以达到调整心理状态的目的。

(3)学习疲劳的心理调节

①学习疲劳的表现。疲劳是由于高强的或长时间持续活动而导致工作能力减退、工作效率降低、错误率增加的状态。疲劳可以分为两种:一种是生理性疲劳,一般是由于生理上超负荷工作引起的,如工人超负荷、高强度的连续工作很久,就会感到非常疲劳;第二种是心理性疲劳,这是由于在学习或工作过程中紧张程度大或者工作过于单调而产生的疲劳。学习心理疲劳表现为注意力不能集中,情绪躁动,精神萎靡不振,学习效率下降;学生不想上课,不愿意见老师;不愿意做作业,一看书就犯困;有的人虽然在看书,但是看过一次后却没有印象,不知道看的是什么内容等。

②学习疲劳的预防与消除。第一,劳逸结合学会休息。学习过程中要适当地安排休息,学习一段时间后,应该休息片刻放松一下。注意将脑力劳动、体力劳动和娱乐活动结合安排、交替进行,这样有利于消除大脑疲劳。我们还要学会更好地休息,休息有两种:

第一种是安静地休息。安静地休息是指睡眠和闭目养神。睡眠是最基本的、最重要的而且是不可取代的休息。人在睡眠时,体内各器官的代谢活动降低,大脑皮层由兴奋转为抑制,耗氧减少,有利于血液中养料、氧气的自我补偿,以积聚精力。既保护了神经细胞,避免过度疲劳,又促进了神经细胞功能的恢复。

第二种是活动性休息与交替式休息。活动性休息又称积极性休息,如散步、打球和轻微的体力劳动等,也可以与他人聊天。交替式休息是指将各种不同性质的学科交叉在一起来学习,如专业课与英语穿插复习,这样,大脑皮层的神经细胞不仅不会疲劳,而且还有相互促进的作用。

第二,科学用脑。科学研究得出,大脑的左右半球分工不同,负责不同的活动。左半球主要负责言语、阅读、书写、数学运算和逻辑推理等,而直觉物体的空间关系、情绪、欣赏音乐和艺术则定位于右半球。科学用脑就是要根据左右半球的分工不同,合理安排活动,消除大脑疲劳。所以要注意各科学习时间的排列和搭配,做到以专业课为主、抽象性为主的学科和形象性为主的学科交替、脑力活动与体力活动交替、内容多的与内容少的学科交替,使神经活动得到调节,减轻大脑的疲劳程度。

另外,掌握学习效率最高的时间。学生在一天或一周内的不同时间里的学习效率和疲劳情况是有差异的。如上午的第二、三节课为效率最高时期,而第四节课为疲劳显著时期;一周中的周二、周三、周四为最佳学习日,周一、周五、周六为思想容易涣散、情绪波动的时期。当然,学习计划的安排要根据自身的特点来进行。如有些人感到早上学习效率最高,有的人觉得晚上学习效率最高,在这种情况下多用脑,就会事半功倍。

第三,音乐疗法。音乐疗法是心理疗法的一种,它能够通过心理作用影响人们的情绪与行为,从而达到促进健康和消除疲劳的目的。

考生在学习的间隙或学习之后,可以通过听音乐来达到消除疲劳的目的。但是所听的音乐必须是"纯粹音乐",也就是没有歌词的优雅音乐,如贝多芬的《田园交响曲》、海顿的组曲《水上音乐》等。音乐中如有文字的话,文字信息将进入大脑,结果会导致大脑得不到充分的休息。

三、大学生的学习策略与学习技巧

1. 确立明确的目标与制定翔实的计划

学习者要有效地学习,就必须明确学习的目标,并制定切实可行的计划。学习目标是指引我们学习的航灯,没有明确的学习目标,我们会感到茫然与动力不足,确立目标并围绕目标制订详尽的计划,是实现学习目标、完成学习任务的保障。

(1)学习目标的确立

在学习过程中,有许多同学是老师讲什么就听什么,老师怎么讲就怎么听,不知道该做哪些事和怎样做;或者学习常常由兴趣转移,想学一点就学一点,没兴趣就不学,这样是很难完成学习任务的。要进行有效的学习,必须要明确学习的目标,并在此基础上制订切实可行的学习计划。确立学习目标,这个道理每个人都清楚,但到底要确立什么水平的目标,所确立的目标能不能实现仿佛又是另一回事。

苏联心理学家维果茨基认为,学生的发展水平可以分成两大类,一是现有的发展水平,即个体现在已有的基础或准备状态;另一类是在教师的教育影响下,经过学生自身努力可能达到的发展水平。这两个水平之间的差距就叫作"最近发展区"。对学生而言,制定学习目标的首要前提是必须充分地认识自己,认识自己已有的状况和水平,在此基础上对自己的发展潜力做出正确的估计,从而确立自身发展的目标,即"最近发展区"。那么,目标水平应该定得多高才算合适呢?依据维果茨基的"最近发展区"描述的"跳起来,摘到苹果"的现象,借以形象地比喻目标所确定的水平:一个苹果,把它悬挂起来,到底要挂多高你才能惬意地摘到它呢?其一,就把它悬在你的眼前,唾手可得;其二,把它高高悬起,任你如何跳跃也无法得到?显而易见,这两种高度都不合适。前者挂得太低,不需要太多的努力就能轻而易举地摘到苹果,这不足以引起个体的兴趣,激发其动机,也不能发挥其潜能,很难促进个体的发展;而后者又挂得太高,超出了个体的能力范围,可望而不可即,同样不能引起个体的兴趣,也难以促进个体的发展。那么,应该把苹果悬挂多高才能既引起个体的兴趣,激发其动机,又能促进个体的发展呢?

心理学家认为,个体动机的强度是与期望达到的目标价值和这一目标实现的可能性相关阶,期望实现的目标与其实现的可能性有四种不同的组合方式:

①目标价值高,实现的可能性大。在这种组合中,个体在充分认识自己原有水平的

基础上,确立了对自己有吸引力或有价值的目标,而自己认为实现这一目标又有很大的把握,这时对个体产生的激励作用最大。

②目标价值高,实现的可能性小。此时,个体确立的目标虽然具有很大的吸引力,但它不符合个体的实际,几乎没有达到的希望。此时个体会认为此目标可望而不可即,即使努力也只能是枉费心机,于是只有放弃。这就好比苹果挂得太高,无论用多大的力量跳跃都无法摘到,所以,苹果只能成为空中楼阁。

③目标价值低,实现的可能性大。此时的目标比个体原有的水平高不了多少,个体无须做出较大的努力就能轻而易举地实现。在这种情况下,个体会轻视目标,即便是实现了目标,也不珍惜自己的学习过程。因此,这种水平的目标无法激发个体的兴趣与动机。正如那个唾手可得的苹果,你不会珍视它,甚至不愿意去理睬它。

④目标价值低,实现的可能性小。这种组合通常发生在能力较差的个体身上,这种既无价值,又无实现可能性的目标对个体而言,最无激励作用。

根据上述目标价值与实现可能性的组合方式可以得知,悬挂苹果的恰到好处的高度便是能够"跳起来,摘到苹果"。其中强调两个字——"跳"与"到",即个体既要跳起来,付出一定的努力,又要能够摘到苹果,实现自己所期待的目标。这样,当个体品尝自己的劳动果实时,既会有一种满足的自我实现感,又会十分珍惜自己的成功。与此同时,个体就能建立起强烈的自信心,然后豪情壮志地去确立下一个目标,继而良性循环下去。但是,如果苹果挂得过高或过低,都不会激发个体的动机,影响目标的实现,从而出现恶性循环。

由"最近发展区"的理论和"摘苹果"的启示,我们了解在确立学习目标时,必须同时满足两个条件——"经过努力"与"可能实现"。不经过努力就能实现的目标,价值与吸引力都不大,学习者不用也用不着付出努力,所以不能挖掘个体的内在潜力,也不能促进其有效发展;与之相反,目标价值虽然很高,对个体的意义也非常重大,但其依据自己原有的水平,认为无法实现,也不会主动努力,而是采取一种回避的态度。如果外界所给的压力过大,即要求个体必须实现这一目标时,则其会出现厌倦的情绪,甚至出现学习焦虑。

(2)学习计划的制订策略

"凡事预则立,不预则废。"要真正掌握知识,发展自己,仅确立学习目标还是不够的,还必须制订切实可行的学习计划并加以实施。

①计划的制订应考虑五个"W"和一个"H":

Why——为什么学习,即学习的目的、意义和作用。

What——学什么,做哪些事,完成什么任务,达到什么目标。

Who——我是"谁",即我是一个什么样的人,基础水平和能力如何,有何特点,长处和短处各是什么。

Whom——应该取得谁的帮助。

When——如何安排学习时间,每一项学习内容各占多少时间等。

How——如果学习,应采用什么方式和方法进行学习。

②计划的制定必须明确、具体。无论是长期计划还是短期计划,确定的目标都要明

确、具体,过于笼统就不宜执行和检查,也很难保证如期完成。

③既要有稳定性又要有灵活性。制定了计划就要切实执行。计划应有稳定性,如果动辄改变,就失去了计划的意义。但如果情况发生了较大的变化,就要有一定的灵活性,对原定计划做必要的调整,以适应变化了的情况和取得更好的效果。因此在制定计划时应留出一定的"空隙",允许意外的情况出现。计划的安排不要太满、太紧、太死,在时间和内容上均应有一定的机动性和伸缩性,保证计划稍作调整后得以如期执行。

2. 调整适当的动机水平

动机是激发、维持、调节人们从事某种活动,并引导活动朝向某一目标的内部心理过程或内在动力。学习动机则是推动和指引学习者进行学习的动力。

(1)动机的功能

动机具有以下几种功能:

①激活功能

动机能推动人们产生某种活动,使个体由静止状态转化为活动状态。在动机的驱使下个体会产生某种行为并维持一定的行为强度。例如,在成就动机支配下的学生会积极地学习,主动选择有挑战性的任务去做。

②指向功能

动机使个体进入活动状态之后,指引个体的行为指向一定的方向。动机不同,有机体行为的目标也不相同,这就是动机的方向性在起作用。例如,同样是努力学习,有些学生是为了获得奖学金;而有些学生则是对所学的内容本身有浓厚的兴趣。由于动机的不同,导致了行为目标的差异性。

③调节与维持功能

动机决定行为的强度,动机愈强烈,行为也随之愈强烈。动机也决定个体行为的持续性,在没有达到目标之前,行为会一直存在。例如,在英语四级没有通过之前,强烈的希望通过的学习动机会维持学生继续学习英语。

(2)学习动机的调节

心理学的实验表明,在通常情况下,一个人要进行"有效的学习",其学习动机水平应适中,既不能太低,也不能不切实际地过高。如果动机水平过低,对学习抱无所谓的态度,效果显然很差。但是,如果动机水平过高,过于紧张,也并不一定带来理想的效果。当然,学习动机水平的高低还取决于学习任务的难易程度。如果完成学习任务非常容易,不需要进行高难度的思考,这时要取得较好的成绩,可以在原来中等水平的基础上再适当增强动机强度,增强兴奋水平,提高思维速度;但如果学习内容难度过大,需要冷静分析、沉着迎战,这时学习动机和兴奋程度就必须适当降低,这样才能保证学习者全面、清晰、深入思考问题。因为人在高度紧张时,注意的范围会缩小,思维的深度可能也会受到一定程度的限制。所以,当我们面对难度较大的新任务时,应适当降低兴奋、紧张、动机水平,以保证较好地完成学习任务。

3. 提高记忆的效果,科学复习

19世纪俄国生理学家谢切诺夫说道:"人的一切智慧财富都是与记忆相联系着的,一切智慧生活的根源都在于记忆。"学习是获得知识的途径,记忆是应用知识的前提。只有将学习过的知识记住了,才能用于实践、用于创新。

(1)记忆的概念

记忆是在头脑中积累、保存和提取个体经验的心理过程。

(2)记忆的过程

记忆的基本过程包括识记、保持和提取三个过程,如下:

①识记:主体获得知识或经验的过程。

②保持:已经获得的经验在头脑中储存和巩固的过程。

③提取:从头脑中提取知识和经验的过程。提取过程又包括两种类型,一种是回忆,即当存储的知识没有在眼前出现时,对知识和经验能够进行提取的过程。另一种是再认,即当已经存储的经验或知识出现在眼前时能加以确认的过程。记忆的三个基本过程的作用恰好可以与计算机的信息加工过程相类比,即信息进入记忆系统——识记;信息在记忆中储存——保持;信息从记忆中提取出来——提取。

(3)最佳记忆的必要条件

要使自己的记忆力达到最佳水平,在记忆时应努力具备以下条件:

①明确的任务。心理学的大量实验证明了,有明确任务的记忆效果同无明确任务的记忆效果之间的差别很大。记忆的目的、任务越明确,记忆的效果就越好。

②坚定的自信心。自信心是记忆的前提,相信自己一定记得住,就等于记住一样,自信心能使人积极记忆。

③高度的注意力。注意力是记忆成功的必要前提。从生理学的角度进行分析,学习时注意力集中,脑细胞兴奋点强烈,对事物印象深刻,就容易记住。

④愉快而稳定的情绪。稳定的情绪是记忆的关键。如果心情烦躁不安,或心神不定,是很难记住东西的。

⑤适宜的方法。科学的记忆方法,会使记忆事半功倍。只要方法得当,任何人的记忆力都是能够得到增强的。

(4)遗忘及其规律

首先对人类记忆和遗忘现象进行研究的是德国心理学家艾宾浩斯。他在1885年发表了他的实验报告后,记忆研究就成了心理学中被研究最多的领域之一,而艾宾浩斯正是发现记忆遗忘规律的第一人。我们知道,记忆的保持在时间上是不同的,有短时的记忆和长时的记忆两种。而我们平时的记忆的过程如图5-4所示。

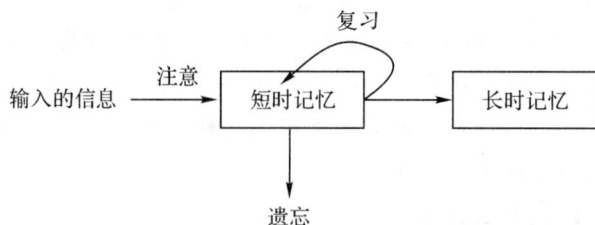

图 5-4　记忆过程图

输入的信息在经过人的注意过程的学习后，便成为人的短时的记忆，但是如果不经过及时的复习，这些记住过的东西就会遗忘，而经过了及时的复习，这些短时的记忆就会成为人的一种长时的记忆，从而在大脑中保持着很长的时间。那么，对于我们来讲，怎样才叫作遗忘呢，所谓遗忘就是我们对于曾经记忆过的东西不能再认起来，也不能回忆起来，或者是错误的再认和错误的回忆，这些都是遗忘。艾宾浩斯在做这个实验的时候是拿自己作为测试对象的，他得出了一些关于记忆的结论。他选用了一些根本没有意义的音节，也就是那些不能拼出单词来的众多字母的组合，比如 asww、cfhhi、ijikmb、rfyjbc 等等。他经过对自己的测试，得到了一些数据（见表 5-3）。

表 5-3 艾宾浩斯记忆实验数据统计表

时间间隔	记忆量
刚刚记忆完毕	100%
20 分钟之后	58.2%
1 小时之后	44.2%
8～9 小时之后	35.8%
1 天后	33.7%
2 天后	27.8%
6 天后	25.4%
一个月后	21.1%

然后，艾宾浩斯又根据了这些点描绘出了一条曲线，这就是非常有名的揭示遗忘规律的曲线：艾宾浩斯遗忘曲线（见图 5-5），图中竖轴表示学习中记住的知识数量，横轴表示时间（天数），曲线表示记忆量变化的规律。

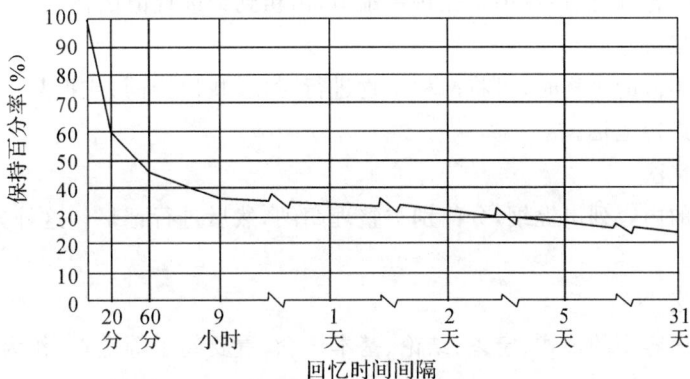

图 5-5 艾宾浩斯遗忘曲线

这条曲线告诉人们，在学习中的遗忘是有规律的，遗忘的进程不是均衡的，不是固定的一天丢掉几个，转天又丢几个的，而是在遗忘的最初阶段遗忘的速度很快，后来就逐渐减慢了，到了相当长的时间后，几乎就不再遗忘了，这就是遗忘的发展规律，即"先快后慢"的原则。

(5)利用记忆技巧,科学组织复习

在学习的过程中,只要根据所学的具体内容,采用与之相应的记忆方法,经常进行记忆锻炼,是可以提高记忆力的。下面介绍一些记忆的方法,以供借鉴。

①特征记忆法

对于那些形式或内容上极为相似的知识,通过细致地观察和全面地比较后,找出所要记忆内容中特别容易记住的特征,由这一特征再向全文扩展,就会在头脑中留下深刻的印象。

②回忆记忆法

心理学实验表明,回忆比单纯的反复识记效果好。将学过的内容,经常地、及时地尝试回忆,在回忆过程中加强记忆。

③形象记忆法

对于那些比较抽象的所要记忆的内容,可用图、表等形象地描绘出来,有助于加深识记痕迹,提高记忆效率。

④讨论记忆法

在学习过程中有不够理解的地方,不妨先按照自己的意见与同学讨论,在讨论过程中正确的东西就比较容易记住。

⑤口诀记忆法

将记忆内容编写成口诀或歌谣,是一种变枯燥为趣味的记忆方法。

⑥练习记忆法

一些可以通过动手来记忆的内容可以自己亲自练习、检测、实验一下,通过实际练习操作检查订正,增强记忆效果。

⑦骨架记忆法

先记住大体轮廓,然后逐渐记住每一细节,由粗到细进行记忆。

⑧对比记忆法

在记忆相类似的事物时,可将两种事物进行对比,找出异同;或把某一事物和它的对立面比较起来进行记忆。

⑨归类记忆法

把要记忆的内容列出提纲,分门别类整理归纳,然后进行记忆。这种方法又叫"梳辫子"记忆法。

⑩重点记忆法

记住整个内容中的公式、定理、结论、基本概念、重要句子等重点,作为记忆的"链条"来联系全部内容。

⑪理解记忆法

只有深刻理解了的知识才能牢固地记住它。所谓理解是指当提到某一知识时,头脑中就能够想到跟它有关的事实,知道它的应用或意义,了解它跟有关知识的联系。

⑫推理记忆法

利用一事物引出接近的事物或引出有因果关系的事物来记忆。如十月革命、五四运动、中国共产党成立三个重要历史年代可利用因果关系来记忆,效果较好。

⑬网络记忆法

如能把所学的各知识点连成线、组成面、编成网的话,那么各部分知识之间的联系也就清晰可见了。

(6)做好课堂笔记

俗话说:"好记性不如烂笔头。"记笔记是大学生的一个重要的学习方法。听课是大学生的主要学习内容,而听课以后能否吸收和记得住,与听课时能否做好笔记有很大的关系。课堂笔记不仅能促进思维发展,帮助记忆,也便于课后的复习与总结。尤其是课堂上来不及消化的内容和悬而未决的问题,可以在整理笔记的过程中得到解决。做好课堂笔记,要注意以下要点:

①坚持认真听讲。

②处理好听课与做笔记的矛盾。

③整理自己的笔记。

④应注意笔记的格式。

⑤标出名称、日期。

⑥要掌握教师讲课的风格。

⑦笔记的字迹要清楚。

⑧要留下空白。

⑨可以用缩写。

⑩用记号标注重点。

⑪将自己的思想与老师的思想分开写。

⑫记下教师所列举的例子。

⑬课后立刻将自己另外的想法写出来。

⑭课后复习笔记内容。

4. 预防学习疲劳

学习疲劳是因学习者长时间高度紧张的学习而导致效率下降,使本来能够解决的问题却难以解决的现象。学习疲劳包括生理疲劳和心理疲劳两方面。生理疲劳主要是经过长时间的学习活动后,肌肉和神经系统的疲劳。心理疲劳是因学习压力过大、负担过重、学习内容单调而导致学习者感受性下降、思维迟钝、反应速度降低、注意力不能集中、情绪烦躁、焦虑不安的现象。

学习疲劳使大脑皮层的细胞产生强烈而持续的兴奋,导致能量的消耗。而能量的消耗又会使兴奋度降低,从而使大脑的神经活动转入抑制状态,并且还扩散到周围区域。学习疲劳可能会表现在两个方面:一是一看书学习就昏沉沉、打瞌睡甚至头痛,这是因为大脑皮层神经细胞代谢功能降低,供血、供氧不足所致;二是看书以后难以入睡,甚至直到深夜还很兴奋。这是因为大脑皮层有关部位被迫持续而过度地工作,使它们过度兴奋而难以抑制,兴奋与抑制之间失去平衡。长此以往,必然导致学习疲劳,严重影响身心健康。要提高学习的效率,必须注意预防学习疲劳。

学习疲劳的预防,可以参考以下几点:

①养成良好的饮食与生活习惯。

②进行一定的体育锻炼。

③保证充足的睡眠。

④适当变换学习内容与学习方式。

⑤科学有效地使用时间,注意劳逸结合。

第三节　案例及分析

培养专业兴趣,增强学习信心

董某,男,19岁,理科一年级大学生。入学后第一学期期末考试两门不及格,情绪低落,联想到填报大学志愿时未报考自己感兴趣的人文科学某专业,而是遵从了父母意见报考了理科。这一专业又是当前不"热"的基础学科,担心毕业后分配不理想。种种思想负担造成了他头痛、失眠等症状。校医说他神经衰弱,更加剧了心理负担。在同学的建议下前来咨询。

董某(下称小D)自诉:不喜欢专业,但又认为应该学好专业。上学期期末两科不及格。寒假回家后不想返校。本学期情绪低落,听课时常头痛。睡眠不好,梦多,感觉头"紧绷绷"的。校医说是神经衰弱,让他服安眠药和太阳神口服液。于是担心脑子坏了,担心成"疯子"。一想到父母工作担子重,经济负担重,对自己寄予很大希望,就拼命读书。但学习效率极低,有很多时候一晚上一道题也解不出来。还有一个多月又要期末考试了。"我的功课欠账太多。急欲向前走,走不动又不敢歇脚,真不知所措。生怕补考不及格被退学。"

经过交谈了解到,小D的父母都是科研人员,单位的骨干。父母每月要寄钱给老家的祖母和外祖父。兄妹二人均为在校大学生。小D高三时曾因考试紧张头晕、失眠。小D是受父母影响报考了现在所学的专业。其实,他原来并不讨厌这个专业。后来,一方面是由于进大学后学习吃力,两科补考,由此觉得自己不是学理科的"料",自己的潜力在文科;另一方面,进校后听说这个专业不好分配,由于各种原因,该专业的发展受到了影响,因而该专业毕业生出去后改了行。近段时间,班上一些同学也在为专业闹情绪。这样一来,他便对所学专业没了兴趣。但是,小D认为自己目前最主要的还是考试压力问题。

【案例分析】

小D在学习上面临的压力主要来自两个方面;一是专业兴趣问题,一是考试压力问题。这两个问题相比之下,消除考试带来的心理压力是当务之急。为此,对小 D 的帮助拟采取先消除对神经衰弱的恐惧和对考试的紧张情绪,指导学习方法,帮其渡过考试关,然后再讨论专业问题的咨询与指导。

【咨询建议】

1. 正确认识神经衰弱

明确告诉小 D,从目前的症状来看他算是比较轻微的神经衰弱。而神经衰弱是一种心理疾病,主要是心理因素造成的,是由于长期的紧张、烦恼(包括高中时期),超限读书而使大脑疲劳了。可以用专业术语来比喻,比如,大脑产生了弹性应变,是暂时的应变,大脑并没产生塑性应变。只要注意科学用脑,消除心理紧张,加强身体锻炼,再适当服药,就会好转。并就神经衰弱的性质、症状、原因做知识性介绍,对怎样科学地用脑和锻炼身体加以讨论。

2. 考试应激问题

通过对话式讨论后揭示:"你考试这么紧张,不仅仅是因为课业欠账太多,复习紧张。最根本的是怕考不好,怕又补考,怕为此让父母伤心失望,怕补考门数多了毕不了业或被退学。是你有一种预期焦虑,对还没来的事情的自我恐怖,是你越想糟糕,越想越紧张,越紧张越抑制你的正常智力活动,这样,学习效率就低了,学习效率低,就想靠用功学习补回来,结果适得其反。如此恶性循环。而且你目前的紧张还有一个原因,就是自信不够,认为自己不是学理科的料。因此,对本学期要考试的一些科目兴趣减弱。而'兴趣是最好的老师',最好的'催化剂',对所学科目缺乏兴趣就影响了复习效果。效果差又强化了你那'不是学理科的料'的心理,如此又影响了自信心。"对这些分析,小 D 均认同。因此,这里的关键是克服"万一考不好糟糕透顶"的消极自我暗示和增强学好的自信心。通过质疑式讨论和如何对待挫折的交谈,小 D 这样认识道:"倒也是,我再着急再紧张,复习时间也不会增加,更不会有谁能代替我复习。我成天去想去焦虑也没用。我把父母的期望一直当包袱,被压得喘不过气来,我应当摆脱父母爱的重负。况且我把补考看得太可怕了。现在,我想通了,横下心来,背水一战。大不了就补考嘛,只要我努力了就问心无愧。"(这是小 D 在咨询员布置的认知"作业"中写到的。)咨询员对此给予了鼓励,并表示相信他会扔掉包袱、轻装前进的。接着,咨询员与小 D 对究竟怎样切实提高复习效率的办法做了具体地讨论。比如,考期已临近,复习时间不够了,就不能按部就班地"整笔记,背笔记,做习题"了,而应采取"弄清基本概念,重点复习例题"的办法;在时间安排上,用最好的精力复习最临近考试的课程,在复习过程中,用"顺其自然"来应付"负性心理潮"(如困倦、分心、"拦路虎"等)。另外,心理咨询师还教给小 D 简单的自我放松方法,并嘱每天坚持 10～15 分钟练习。在一个多月后的期末考试中,小 D 不仅考试过了关,而且还有两门功课考出了预料之外的好成绩。

3. 专业兴趣问题

要解决专业兴趣问题,有必要帮助小 D 认识所学专业与社会需要的关系、人文科学与自然科学的关系、自己的兴趣与实力的关系。由于小 D 并不是本来就讨厌所学专业,所以,咨询员是这样来阐释的:"你所学的专业是基础科学,它是应用科学技术的基础。这个学科既是一种传统的经典科学,又是一种前沿性科学。在我国,许多著名的老一辈科学家为之奋斗了一生,为我国的科学发展,为国民经济的发展做出了许多重大贡献(包括你的父母),人们敬仰他们。现在,在市场经济条件下,那些直接与国民经济挂钩的专业,如商贸、应用技术等的确受到了青睐,基础科学仿佛成了冷门。基础科学的大学生分配难,改行多也是事实。但是,从长远的观点看,从一个国家、一个民族科学事业的整体来看,基础科学不能削弱,也不该削弱,你所学的专业不会被冷落。从科学家的呼吁中,从国家领导人的讲话中我们可以看到基础科学依然是受重视的。社会需要基础科学为国民经济服务。从我个人来讲,对这些暂时被一些急功近利的人冷落、而国家又需要的专业,在这些专业领域里耐得住寂寞、勤奋苦读、辛勤耕耘、献身的人,我是从内心敬佩他们的。就是那些追求实惠的人也是敬佩他们的。你的父母热爱这个专业,你选择了这个专业,我赞赏你。

"作为青年人,将个人的选择服从于国家的需要是一种理性的、高尚的行为。从大科学的意义上讲,自然科学与人文科学,基础科学与应用科学之间是相互联系、相互影响、相互作用的。你要学懂、弄通、研究、发展基础科学,没有人文科学知识,没有哲学的思维方式是不可思议的(这里列举了一些中外著名科学家的事例和他们的论述)。从当今社会对复合型人才的知识结构的要求来看,相关知识的广博与专业知识的相通、相结合才能增强适应能力、应变能力。这就是说,你对人文科学的喜爱和良好的文学、哲学素养既是你学好专业必需的,也是你成为复合型人才的有利条件。你认为自己不是理科的'料',而适宜学文科。对这个问题是否可以从这样几个方面看:

(1)你不到20岁,无论从哪方面讲,可塑性和潜力都是很大的,这种断定有失偏颇。

(2)一个人在某方面是否真正有所作为,必须经历实践检验。有的年轻人自认为是当文学家、艺术家或企业家的'料',可是经过社会的选择却未必如此,所以,你下这种结论为时过早。

(3)你完全可以不放弃自己的兴趣爱好,通过选修人文科学方面的选修课、辅修课,甚至在学有余力的情况下申请修第二专业,做到'鱼和熊掌'兼得。

(4)退一万步讲,如果你到时经过实践发现实实在在不是搞理科的'料',那么,你所学的专业由于数、理、计算机等基础知识扎实,改行也是容易的。

"现在无论什么样的用人单位都非常重视基础知识,认为基础扎实后劲足、知识适应能力强。但是,总的来讲,大学阶段是打基础、培养思维能力的阶段,应当尽力学好各门功课。但愿你能全面认识你的专业,热爱你的专业,学好你的专业,成为你这个专业的后起之秀(建议他就专业前景问题拜访本系的一位著名科学家)。"

【效果与点评】

以上这番谈话和分析收到了较好的效果,小D说:"我要争取热爱专业,学好专业。"为了让他更科学地认识自己,心理咨询师特地让他做了卡特尔16种人格因素测验(16PF),测验结果中,反映抽象思维能力的聪慧性(B)分数为7分,创造能力个性因素102分,其余指标均良好。这一测试结果经咨询员解释后,大大增强了小D学好专业的信心。本例主要采用了解释性咨询和认知分析咨询。当然,对专业兴趣问题的认知分析对不同的个体、不同的专业有不同的内容,不能千篇一律。

第四节　课外阅读

一、案例1

对专业学习提不起兴趣

　　我是一名大二的学生,对自己所学专业没多大兴趣,因此学习动力不足,不少时间都浪费掉了,当然也谈不上优异成绩和个人发展了,我该怎么办?

【案例分析】

　　心理学研究表明,兴趣不但是培养出来的,而且兴趣的发展是逐步深化的,通过创造一定的客观条件和自身努力,专业兴趣就能够得以激发。这里关键在于个人努力。

【咨询建议】

　　第一,兴趣的培养是一个渐进的过程,可以通过以下方式培养兴趣。明确学习目的,把专业学习与社会发展需要联系起来。兴趣有直接兴趣和间接兴趣之分,直接兴趣是对活动本身的兴趣,间接兴趣是对活动目的和结果的兴趣。对所学专业"没有兴趣",实际上是对活动本身没有兴趣。如果我们明确了学习目的,就会想到学习对于自己将来、对于社会的作用,从而建立对学习的间接兴趣。一旦投入进去,就会逐渐将这种间接兴趣转化为直接兴趣。

　　第二,了解学科的发展史和前沿知识,激发学习兴趣。对本专业学科的发展史和前沿知识的了解,有助于帮助我们对该专业的了解,能使我们认识到学科的作用。而前沿科学知识又能激发我们的好奇心和求知欲。

　　第三,参与形式多样的专业活动,并对活动结果进行正确的总结和评价。如果在实际活动中,用自己的知识解决了实际问题,就能使自己体验到所学专业的价值和趣味;总结可以使我们对自己的学习有个准确的把握……这些都能增强学习兴趣。从社会需求和专业发展前景出发去爱自己所学的专业,而且学分制已经为学生的发展提供了非常广阔的前景,即使实在不喜欢自己的专业,也可以通过选修课、辅修制和第二专业等各种途径,选修自己感兴趣的学科和专业方向。此外通过报考研究生也可重新选择更符合自己兴趣爱好的专业,千万不可仅仅因为对录取的专业不感兴趣而自暴自弃,得过且过,一步步陷入学习困难的泥潭而无法自拔。

二、案例2

学不进去，也不知道怎么学

上大学以后，总是认为高中学习太苦，现在该休息一下了。每天都到舞厅跳舞至深夜，或者去网吧上网聊天，凌晨1点钟还不想睡觉。而对读书却越来越不感兴趣，一拿到书就心烦，上课经常走神，注意力难以集中，还经常借故逃课，听到考试就感到紧张，学习成绩急剧下降，每学期都有两门以上的课因为不及格而重修。现在我想改善，但又不知从何处努力。

【案例分析】

之所以出现厌学情绪，主要是没有人生目标，没有信念的支撑以及没有学习方法等，要改善目前的状况，需要树立目标，坚持信念。

【咨询建议】

可以通过以下努力改善学习状态：

第一，要有忧患意识。目前面临择业困难和众多的竞争压力，我们许多大学生都有危机感。如果再这样下去，到毕业时，那将一无所获。没有真本事又怎样去找工作？那时再后悔可就迟了。

第二，要明确学习目标。目标是推动学习的内在动力，它就像航海的灯塔，始终指引着我们前进的方向。上大学后，如果没有明确的学习目标，就会缺乏学习的动力，导致学习障碍。要尽快明确自己是打算考研究生还是读双学位，是毕业后出国深造还是直接就业。然后制订出远期、中期和短期学习计划，尤其是制订一个切实可行的短期学习计划，并立即执行，这一点很重要。

第三，要掌握学习策略。大学生必须学会如何学习，学会如何学习的关键是掌握学习策略。学习策略包括一般的认知策略（如注意策略、记忆策略、思维策略等）、特殊学科策略、元认知策略（对自己认知活动的认知和调控策略等）。这些策略我们可以从心理学科书籍中获取，它将有助于我们的专业学习。

第四，要采取积极行动。再好的计划如果不执行也如同废纸一张。行动是保证计划实施的必要手段，是实现目标、取得成绩的基础保证。所有的计划必须化为行动，只有行动才有力量，才能兑现目标。在行动中，一次做完一件事情，恰恰是提高工作效率的最佳方法。学习中要有钉子精神。集中精力做一件事情，努力创造滴水穿石的奇迹。

第五，要养成今日事今日完成的习惯。给自己制订的学习计划，今天要完成，不能放到明天，只要能坚持下去，就会有收获。如果坚持不住，想去玩，就再给自己制订一个计划完成情况的奖惩措施。计划没完成，就按措施进行自我惩罚，或请约束力强的朋友来监督、提醒自己。

三、案例3

觉得自己的记忆力下降了,怎么办?

我现在在读大二的第二学期,很快就要进入大三了。大一时的犹豫、彷徨已不复存在,取而代之的是时间紧迫感,我大学毕业后准备考研,如有机会还想出国深造,所以现在必须抓紧时间学习。但令我着急的是很多东西都记不住,脑子不听使唤。我刚刚 20 岁,难道记忆力已经开始下降了? 还是我的记忆方法有问题? 怎样才能增强记忆,提高学习效率?

【案例分析】

20 岁,正是记忆的黄金时期,不存在记忆力下降的问题。所以感到脑子不听使唤,很多东西记不住,大概有两方面的原因:一是学习内容太多,信息量超载,大脑难以承受;二是情绪影响,因急于求成,不能静下心来学习,这种急躁的情绪干扰了脑力活动。

【咨询建议】

可尝试使用以下方法提高记忆力。

第一,调整好自己的心身状态。在学习时,首先要有自己一定记住的信心,这样,积极的意念会对自己产生积极的暗示作用,引起大脑皮层的兴奋,从而发挥每个人都具有的记忆潜能。其次,调动学习积极性。要有明确的记忆目的。再次,要调节好自己的情绪状态。过分紧张或低沉的情绪会抑制人的记忆活动,只有在愉快、有兴趣而较平静的情绪背景下,带有对当前记忆适度的紧迫感,才能更有利于提高记忆效率。最后,要保证充分的睡眠。充分的睡眠对识记时的注意和保持巩固有积极作用,保持充沛的脑力,才能保持良好的记忆。

第二,运用好记忆的方法。

首先,要加深对学习内容的理解,应用联想增强记忆。理解是记忆的基础。研究表明,以理解为基础的记忆,在速度全面性、精确性和巩固性方面都优于机械记忆。因此,尽量在理解的基础上记忆所学材料。联想规律是记忆的重要规律。学习中如能注意学习材料的相互联系,或将所学材料与头脑中已有材料加以联系,就容易唤起回忆。联想的方法有很多,如形态相似的,时空上接近的,对比明显的或有多种联系的,都可建立联想。

其次,每次记忆的内容不宜过多,防止信息超载造成的内容相互干扰和大脑疲劳。唐朝诗人韩愈曾指出,"记事者必提其要,纂言者必勾其玄","提要"是压缩学习内容的好方法。面对大量的文字内容,要学会总结要点,把要点作为记忆的重点内容,减轻脑力负荷。另外,将性质差别较大的内容穿插学习,注意及时短暂的休息,也可以减少大脑疲劳。

再次,列表归类,梳理学习内容。列表归类,可以使知识变得条理清晰,纵横之间既可以有时间、空间、内容方面的类似或差异比较,又可使复杂的知识内容变得简明扼要。把分散的知识纳入一个大框架加以通盘阅览,对日后知识的提取是极为有利的。

最后,多感官参与记忆,加深知识印象。学习时对知识应通过眼看、手写、耳听、口读结合进行,其效果大大优于单一感官的识记效果。不少学生在学习外语时常用这种方法,其实该方法也有助于对其他学科的学习。

四、案例4

处理不好专业学习与各种活动之间的关系

来到向往已久的大学,总感到有使不完的劲。可有一件事一直苦恼着我,不知怎么办才好。大学跟中学最大的不同是各种社团组织比比皆是,文体活动丰富多彩,社会实践机会增多。看到同学们跃跃欲试,报这干那,尽展才华,自己心里既着急又矛盾。报吧,怕影响学习;不报吧,又怕同学说我性格孤僻。还有,如果不参与也不利于自己能力的锻炼。真是无奈呀!

【案例分析】

这是许多同学都会遇到的问题。面对专业学习与参与活动时间上的矛盾冲突,我们到底应该如何选择? 应该根据自己的兴趣、精力和时间的宽裕程度,量力而行。

【咨询建议】

我们可按以下原则处理学习与社会活动之间的关系。

第一,分清主次。我们千辛万苦考上大学是为了什么? 是要好好读书学习,增长知识。因此,对我们来说,学习是不可动摇的主要任务,任何时期都不能放弃。而种种社团、文体和社会活动,则是服从和服务于这个主要任务的附属品。如果把大量时间都花在了活动上,导致学业荒废,甚至补考、退学,那就得不偿失了。明白了这一点,我们就会摆正二者的位置和关系了。

第二,掌握好"度"。作为学生,虽然主要任务是学习,但各种活动也是不可缺少的组成部分,它对于陶冶情操、增长才干也是很有必要的。不过,因为参加活动太多而影响正常的学习生活,或干脆什么都不参加而导致心理封闭,都是不可取的。正确的选择是在保障正常学业的情况下,根据个人实际情况适当参加各种活动。

第三,有选择性。这种选择包括两个方面。一是扬长避短,即选择便于发挥专长的项目,使自己有一个提升。譬如你是文学爱好者,可以选择文学社;你是英语爱好者,可以加入外文协会;多年来你一直担任学生干部,大学的学生会便是施展拳脚的舞台。二是扬短避长,即利用大学生活提供的机遇和条件,弥补自己某方面的不足。比如,你是学理科的,文学修养有待提高,你可以参加读书会;你的性格内向,羞于在众人面前讲话,那你就不妨参加演讲比赛或辩论会,有意锻炼口才和社交能力。在选择社会活动的时候,切忌人云亦云,要有主见。最好能考虑到专业对口,尽量选择与自己专业有关的社会活动。这样,一则可以锻炼自己的组织、社交能力,同时,还可以在专业知识学习和社会实践之间架起一座桥梁。这对今后的就业和职业发展大有裨益。无论选择什么社团组织,参加什么文体或实践活动,都要以不影响学习和促进学习,有益学习为前提。若能处理好学习与活动两者的关系,就能在大学宝贵的几年里,使自己学到更多东西,得到更多锻炼,成为一名综合素质较高的人才。

五、案例5

如果我的大学可以重来

我的大学生活就像一次庄稼的栽种过程,当到了收获的季节,却发现果实少之又少,是哪里出了问题?一批又一批大一的新生步入象牙塔,在高三饱受折磨后,一些新生计划着大一大二先轻松一下。到大三、大四再努力也不迟,但回顾今年同学毕业时的情形,看到更多的是找工作时的慌乱和艰难。我的大学四年马上就要离我远走,在夜不能寐的日子里,再回首我的大学四年生活,在此写下我的大学四年经历,或许我的大学生活里可以找到"你的影子",希望学弟学妹们,防微杜渐。

马骏的纪实:"考不上大学你就成了无业游民,一辈子完了",这是我在高三时听得最多的一句话,为了让自己不成为"无知"的社会青年,终于经努力考上了高职高专的法律专业,第一学期主要的任务就是抒发对现实的不满,成为传说中的"愤青",把上网当成自己的主业,嬉笑怒骂,直抒胸臆,换上网络外衣驰骋QQ、CS。在大一,一半的时间用在了上网和睡觉上,平日的上课是必修课选逃,选修课必逃。爱情是我的大学必修课,讲得好听一点,我是一个重感情的人,说得难听一些,爱情成了我大学的全部。然而只有到了大学的结尾,我才明白,大学不只有爱情,大学不是一个只培养感情的地方,我们要学的东西太多了。爱情的沉迷,学业的无望,让我逐渐反省:我不能就这样度过我的大学生活,我要做个"有为"的青年。于是,我开始组建社团,一到下午下课后就搬出桌子,拉个条幅——"×××创新社,×××服务组",一周招五六个社员,核心成员打着共商大事的旗号出去改善一下伙食,就这样社团在一次又一次的创新、纳新中走向衰落。大三回归现实,社会是个大战场,我得进社会看看呀,再说也能挣点零花钱。我主要干过啤酒促销员、餐厅服务员、网管等等,平均一天20块钱,干的就是低价劳工的活,还把课业也耽误了。当网管是在晚上,网吧里乌烟瘴气,一个晚上就在那里,后半夜上网人少,清闲的时候自己就打游戏,第二天即使去上课也是在睡觉。对于家人也是在过节或是没有生活费的时候才会想念,有时候家人打电话嘱咐唠叨几句我就非常不耐烦。当走到大三,我回过头来看整个大学生活,只能用贫乏虚度来形容,交着昂贵的学费加上每月的生活费,换回的是三年后众多的缺憾。

马骏的反思:对于现在在校的大学生们,我的大学生活也将是很多学子或多或少经历过的。大学生活对于每个人来说只有一次,应该好好珍惜,李开复曾说过:"大学不是'职业培训班',而是一个让学生适应社会,适应不同工作岗位的平台。"如果我的大学可以重新来过,我制订这份计划给现在正在大一、大二、大三的"马骏"们:

1. 认清自己

大一阶段刚刚从高中紧张的学习氛围中进入大学相对自由的空间里,整个人放松了下来。对于我,刚从方言较重的陕西出来就努力练习普通话。大学的学习也不再有人每天督促检查,课余时间应注意预习和复习回顾。这个时期更重要的是调整学习方法,制订适合自己的学习规划。充分利用学校图书馆和电子阅览室,就是说要看大量的书,看书会积累深厚和广泛的知识,为日后的应用打下基础。同时,要求自己理解知识并总结归纳变为自己的,对每个知识点,都应当多问几个“为什么”。对于出门在外的学子,不管学习生活多忙,尽量拿出时间每周和家人沟通。正值青春激情的大学生,对父母的观点也许会觉得过时,觉得不能与时俱进,不能跟上“时尚”的思想,这时拿出朱自清的《背影》好好读读。父母的爱是最无私的,值得一生去敬重,不要用年轻激情中伤父母爱的嘱咐和关怀。

2. 寻找方向

每个人都可以有很多不同的兴趣爱好,在追寻兴趣之外更重要的是要找寻自己终身不变的志向,去丰富充实人生。大二阶段专业课设置较少,可利用好时间,学精一种计算机软件,如 Office、Photoshop 或 Flash 等。积极参加体育运动,掌握一门体育技能,如篮球、游泳等,加强锻炼,为学习和生活提供充沛的精力。积极参加学校文体活动,这将有助于提高人际沟通能力。大学三年也是最容易迷失方向的时期,必须有自控的能力,让自己交些好朋友,学些好习惯,人生得一知己足矣,朋友不在多而在精,朋友是在茫然无助的黑夜里,为你指路,给你光明的那盏明灯。从周围的人身上学习。比如,看他们如何处理交往中的冲突,如何说服他人和影响他人,如何发挥自己的合作和协调能力,如何表达对他人的尊重和真诚,如何表示赞许或反对。当然,也应当去帮助每一个需要帮助的朋友,试着做他们的良师和益友。“执子之手,与子偕老”,大学时谈恋爱可以知道如何照顾别人,理解别人和增强自控力,但恋爱这件事要随缘,不必为了谈恋爱而谈恋爱,爱和付出的同时不伤害彼此。利用暑假寒假参加社会调查活动,并写出调查报告。适时参加义务献血、青年志愿者、植树等公益事业,这将让人内心更充实,深切体会真善美,懂得播撒爱的美。

3. 全情投入

大三阶段继续努力学习各门功课,在专业课上要下功夫。如果考研也要开始做准备,多攻读专业书籍和其他实用书籍。不去漫无目的地上网,知识积累做到广、博、精、专。把喜欢的领域、职业的通用基础知识学好,学科领域与你所选职业有可能不是相关的,这不要紧,重要的是你要把这些通用知识学好。如不准备考研,大三时要在喜欢的学科内选择一个或几个具体领域,然后深入学习一年。在不断充实知识的同时,不断地关注这个圈子的人和事,并且建立一个自己了解这个圈子的渠道。如果大三下学期发现选择是对的,那就可以找个相关企业去实习了,当然实习的目的是在实践中检验是否真的喜欢和适合这份工作，找到所欠缺的理论知识和操作技能，然后再去弥补不足。"选我所爱，爱我所选"，入学后后悔自己在入学时选错了专业，以至于对所学的专业缺乏兴趣，没有学习动力；有时也因为在学习上遇到了困难或本身对专业抱有偏见，就以兴趣为借口，不愿意面对自己的专业。这些做法现在看来都是不正确的。在大学中，转系并不容易，所以首先应尽力试着把本专业读好，如果实在无法学习下去可以选修第二专业。现在，有很多专业发展了交叉学科，两个专业的结合往往是新增长点。因此，只要多接触，多尝试。也许就会碰到自己真正感兴趣的方向。

4.兑现目标

每个人都有许多"紧急事"和"重要事"，想把每件事都做到最好是不切实际的。要把"紧急而重要""紧急而不重要"和"不紧急而重要"的事分开。必须做的事要做到最好，但可做可不做的事尽力而为即可。用良好的态度和宽广的胸怀接受那些暂时不能改变的事情，多关注那些能够改变的事情，清醒理智地去区分这两点。此外，还要注意作息规律，按时作息，劳逸结合，这样才能在学习时有良好的状态。在大三找工作比较困难的时候，我想到考研，但关于考研在大二或是更早就要决定是否报考，以及考什么专业，而不是到了大三的时候找不到工作把考研作为逃避就业的一项无奈之选。大三面临就业，而实习是就业前最好的一次职业探索，一方面检验自己三年来所学的知识，一方面了解社会对自己的要求。大学生就业现在是一个社会关注热点，从北大学生卖肉到郑州招聘会挤坏电梯，都说明就业形势严峻。现在想想，其实大学生的就业是要与其大学学业联系在一起的。表面上看，大学生的就业是在大三时解决的，其实大三只是大学的一个收获时期。大学生的学业与大学生的就业是整体联系在一起的，大学生的就业问题不单是大三的问题，而是整个大学都要面临的问题，只是时间上大三时离得比较近而已。是我在大三以前的行为决定了大三时所面临的困境，求职的成功不仅是大三时的成功，而我大三时的失败就是大三以前的累积所导致的，是大三以前的状态所决定的。所以，在谈大学生的就业问题时，将之与大学三年作为一个整体去看，二者是一脉相承、相互依存的关系。无论是大一还是大三，与就业都是等距离齐头并进的。愿在校的大学生从我的故事中看到自己的不足，以清晰的目标为方向，以积极的心态去及早准备，当毕业的时候能更加自信，有实力地进入社会大考场中锻炼羽翼，寻找到属于自己翱翔的蔚蓝天空。

课后训练与思考

1.大学生学习的特点有哪些？

2.请结合自己的实际学习，谈一下学习动机对学习的影响。

3.艾宾浩斯所描述的遗忘的规律是怎么样的？

4.请结合第三节中的案例，分析下大学生如何提高自己对学习的兴趣？

第六章　高职生情绪管理

一切对人不利的影响中,最能使人短命夭亡的,就要算不好的情绪和恶劣的环境。

——胡夫兰法

人类已进入情绪重负的非常时代,要想克服这种情况,只有锻炼自己的意志,学会控制情绪,理智地克服所谓"情绪应激"。

——阿诺欣

在生活中,情绪是人的心理状态的晴雨表,它反映着每个人内在的心理状态。无论我们是欣喜若狂,还是悲痛欲绝;是孤独不安,还是热情奔放,我们都在体验着各种各样的情绪。大学生正在处于青年期,情绪波动较大,情感体验复杂而丰富,经常会面临着各种各样的情绪困扰。对大学生情绪心理的正确认知与疏导,对其学习、生活将很有裨益。

第一节　课堂实训:情绪放大镜

一、体察情绪

1.情绪猜猜看

(1)实训目的

体察他人情绪。

(2)具体操作

①给一张情绪卡,指定一名同学去表演这个情绪。

②抽取一名同学,猜表演的是什么情绪,回答错误的,由他上来表演。

③表演的情绪主要有:

喜:开心、愉快、满足、快乐、欣喜、痛快、扬眉吐气、称心、狂喜、舒心、激动、甜蜜。

怒:生气、气恼、不满、气愤、盛怒、七窍生烟、勃然大怒、愤愤不平、恼羞成怒、愤恨。

哀:伤心、悲哀、痛苦、哀伤、忧郁、辛酸、凄凉、惭愧、肝肠寸断、黯然神伤、难过。

惧:紧张、不安、着急、慌乱、害怕、震惊、后怕、大惊失色、焦虑、胆战心惊、心悸。

2. 我的情绪我做主

(1)实训目的

回顾一周情绪和应对负面情绪的办法。

(2)具体操作

①下发一张纸,要求同学回顾一周的情绪变化。35度代表非常开心,25度代表比较开心,－10度代表不开心,－20度代表非常不开心。横坐标表示日期,纵坐标表示情绪温度,做一周情绪走势图。

②多人一组,相互交换情绪走势图,分享导致负面情绪的事件。

③讨论以下问题:气急败坏时,人常有什么举动? 结果如何? 情绪平和时,人常有什么举动? 结果如何? 比较两种情况,那种能解决问题。

④小组讨论,有哪些避免生气的办法。把能想到的办法写下来。

⑤成果展示。

3. 天使与恶魔

(1)实训目的

体会认知对情绪的影响。

(2)具体操作

①将成员随机分成三人一小组。

②三个人中,分别扮演凡人、天使和恶魔的角色。天使和恶魔分别对凡人的"烦恼"从积极和消极的角度进行评价。

例如:

凡人:真倒霉。我的手机被偷了。

天使:大家都一样,都会遇到这样的事,你手机已经旧了,乘机换个新的。

恶魔:你一直都很倒霉的,以前的手机也是被偷的不是。

③三个人轮流交换角色,保证每个人都担任过一个角色。

二、情绪测试

1. 遭遇·反应·处理

请详细阅读下列问题,想象你可能会有的情绪反应,尽可能多地列举问题的处理方法。

(1)当你在走廊里与人边走边聊天的时候,有个人突然冲过来把你撞倒了。

你的反应,感受:_____。

处理方法:_____。

(2)当你排队买东西时,有人不守秩序插到你前面。

你的反应,感受：_____。

处理方法：_____。

(3)有人给你取了个不雅的绰号,不时嘲弄你。

你的反应,感受：_____。

处理方法：_____。

(4)有人不识趣,经常倒你水瓶的水喝,你口渴了却没水了。

你的反应,感受：_____。

处理方法：_____。

(5)外出时,你碰见一位熟人,不知为什么,他却没有和你打招呼。

你的反应,感受：_____。

处理方法：_____。

(6)你把一本好书借给人看,他却弄丢了。

你的反应,感受：_____。

处理方法：_____。

2. 他们的感受

看清以下表现,设定某种情景,判断它的感觉。

表 6-1　情绪判定表

表现	发生情绪	他的感受
(1)他不停跺脚		
(2)他眼里充满泪水		
(3)他非常安静		
(4)他不停地走来走去		
(5)他不停地看手表		

3. 希望别人怎么对你

在下列情景中,想象你的感受如何？你希望别人对你的态度如何？

(1)你是那个刚刚被安排跟别班的同学住同一寝室的人。

感受：_____

希望别人对你的态度：_____

(2)你是某门课全班唯一的不及格者。

感受：_____

希望别人对你的态度：_____

(3)你跟别人打架,脸被打肿了去上课。

感受：_____

希望别人对你的态度：_____

(4)你今天穿了一件比较新潮的衣服。

感受：_____

希望别人对你的态度：_____

4. 大学生情绪状态自我测试

指导语：下面几组自测题，从情绪稳定度、精力充沛度、情绪控制度、生活充实度四个方面各提出15个问题。请你放松自如，不要深思熟虑，不要欺骗自己，要真诚而坦率的回答，符合你的情况打"√"，不符合的打"×"。

稳定情绪度

(1)不论发生什么事，都可以毫不在乎地思考别的事情。　　　　　　　(　　)

(2)不计小隙，经常保持坦率诚恳的态度。　　　　　　　　　　　　(　　)

(3)有担心的事情，经常写在纸上进行整理。　　　　　　　　　　　(　　)

(4)做事时通常给自己定一个比较实际的目标。　　　　　　　　　　(　　)

(5)失败时认真反省原因，不会愁眉不展。　　　　　　　　　　　　(　　)

(6)具有许多自娱自乐的爱好。　　　　　　　　　　　　　　　　　(　　)

(7)发生问题时，能倾听别人的意见或劝告。　　　　　　　　　　　(　　)

(8)工作与学习都有明确的计划。　　　　　　　　　　　　　　　　(　　)

(9)尽管别人优于自己，仍然我行我素。　　　　　　　　　　　　　(　　)

(10)无路可走时，能改变生活的形式和节奏。　　　　　　　　　　(　　)

(11)经常满足于一点微小的进步。　　　　　　　　　　　　　　　(　　)

(12)乐于一点一滴的积累优异的东西。　　　　　　　　　　　　　(　　)

(13)很少感情用事。　　　　　　　　　　　　　　　　　　　　　(　　)

(14)尽管很想做某一件事，但自己估量不可能实现时就会打消念头。(　　)

(15)抓住主要方面考虑问题，不拘泥细节。　　　　　　　　　　　(　　)

精力充沛度

(1)在工作和学习上抱有超过别人的愿望。　　　　　　　　　　　(　　)

(2)具有积极进取的豪情。　　　　　　　　　　　　　　　　　　(　　)

(3)不满足于普通的生活方式。　　　　　　　　　　　　　　　　(　　)

(4)喜欢听取各种人的意见。　　　　　　　　　　　　　　　　　(　　)

(5)竞争性强，但也有逍遥自在的时候。　　　　　　　　　　　　(　　)

(6)敢于向超过自己能力的目标挑战。　　　　　　　　　　　　　(　　)

(7)无论做什么，时间观念都很强。　　　　　　　　　　　　　　(　　)

(8)能够接受别人的批评。　　　　　　　　　　　　　　　　　　(　　)

(9)经常在脑海里描绘要做的事情。　　　　　　　　　　　　　　(　　)

(10)一时办不到的事，以后总想办法做到。　　　　　　　　　　(　　)

(11)做事不管有没有计划，都能井然有序。　　　　　　　　　　(　　)

(12)胸襟开阔，从不与人计较小事。　　　　　　　　　　　　　(　　)

(13)做事情时每每感觉心中感情激荡。　　　　　　　　　　　　(　　)

(14)不顺心时，常常休闲地度过一段时间。　　　　　　　　　　(　　)

(15)喜欢与不同类型的人合作。　　　　　　　　　　　（　　）

情绪控制度

(1)起床后进行半小时的自我锻炼。　　　　　　　　　（　　）

(2)每天的早餐时间充裕,气氛活跃。　　　　　　　　　（　　）

(3)吟诗唱歌时往往放开嗓子尽情歌唱。　　　　　　　（　　）

(4)入睡前说些鼓励自己的词句。　　　　　　　　　　（　　）

(5)不纠缠不愉快的事情。　　　　　　　　　　　　　（　　）

(6)与其心事重重不如马上着手解决。　　　　　　　　（　　）

(7)精神上有压力时,通过体育锻炼来解决。　　　　　　（　　）

(8)做重要的事情能全力以赴,不顾及其他。　　　　　　（　　）

(9)不管和谁都不说不文明的话。　　　　　　　　　　（　　）

(10)喜欢阅读伟人的传记激励自己。　　　　　　　　　（　　）

(11)善于细心洞察,冷静判断问题的症结。　　　　　　（　　）

(12)坚信无论什么事情都能成功。　　　　　　　　　　（　　）

(13)每天总结当日的事情,心情宽松地入睡。　　　　　（　　）

(14)常常按规定的时间上厕所。　　　　　　　　　　　（　　）

(15)有计划地安排闲暇时间。　　　　　　　　　　　　（　　）

生活充实度

(1)经常与友人交往。　　　　　　　　　　　　　　　（　　）

(2)有自己的特殊爱好。　　　　　　　　　　　　　　（　　）

(3)能与领导老师和同学们愉快相处。　　　　　　　　（　　）

(4)能以宽容的态度对待家庭矛盾。　　　　　　　　　（　　）

(5)吃饭时感到愉快。　　　　　　　　　　　　　　　（　　）

(6)对工作和学习能够胜任。　　　　　　　　　　　　（　　）

(7)自购买自己必需的东西。　　　　　　　　　　　　（　　）

(8)对未来抱有乐观的态度。　　　　　　　　　　　　（　　）

(9)无论干什么都兴致勃勃。　　　　　　　　　　　　（　　）

(10)希望受到别人的注目和重视。　　　　　　　　　　（　　）

(11)不容易满足,经常抱怨。　　　　　　　　　　　　（　　）

(12)生活虽然不太好,却很快乐。　　　　　　　　　　（　　）

(13)不爱花零钱,也不爱买零食。　　　　　　　　　　（　　）

(14)对自己目前的工作和学习感到满意。　　　　　　　（　　）

(15)对生活各个方面感到满意。　　　　　　　　　　　（　　）

【评分标准】

　　每题选择打"√"记1分,打"×"不计分。然后把各题得分相加,算出总分。对照下表找出你是属于哪一栏的。

表 6-2　情绪记分表

	低	一般	高
情绪稳定度	0～5	6～12	11～15
精力充沛度	0～7	8～12	13～15
精神控制度	0～6	7～11	12～15
生活充实度	0～4	5～10	11～15

(1)情绪稳定度为一般以下者:大多患得患失,不能很好地生活,常常拘泥于小事,忙忙碌碌,耗费心机。这样的人应该多学一点有关情绪情感自我调适的知识和方法,不能为一点小事或一次失败而愁眉不展。

一般以上者:大多擅长积极地处理事情,在各种困难面前不动摇,但有时会自作聪明而忽略重要问题,所以应提高综合分析能力,做出精密的调查和大胆的决定。

(2)精力充沛度为一般以下者:性格懦弱,缺乏与社会竞争的勇气,典型的好好先生。做事没有干劲,也没有什么雄心壮志,安分守己。这样的人要锻炼自己的精神,振奋自己的身心,敢于向人生挑战。

一般以上者:无论做什么都干劲十足,富于挑战性,对工作满腔热情,以充沛的精力对待每一件事,必定能接连不断地成功,但要善于调节内心的能量,不使自己陷入狂热状态。

(3)精神控制度为一般以下者:不善于情绪的转换和松弛,容易精神疲惫,缺乏集中力,工作效率不高,还容易生病。今后要有意识地实行精神上的自我管理,以适应社会的变化,要努力保持爽朗松弛的心情和清醒理智的头脑。

一般以上者:善于情绪的转换和控制,不拘小节,踏实肯干,遇到困难会积极解决,以实际行动取代烦恼,经常保持轻松的心情,努力通过自我暗示来消除心中的阴影。但要注意与不同的人共事态度应改善,要积极合作。

(4)生活充实度为一般以下者:对自己的生活和工作抱有不满情绪,很少从生活中得到乐趣,但对生活不满是一种积极态度,只有不满才能有上进的欲望,关键是要在生活中正确领会自己是对什么不满及不满的症结,才能积极解决。

一般以上者:相当满足于现在的生活,精神上也充实,生活和工作中心情欢畅,自主神经及内分泌的平衡都很好,对任何事情都能正确地判断和决策。

5. 焦虑自评量表(SAS)

指导语:下面有20条文字,请仔细阅读每一条,把意思弄明白。然后根据你最近一星期的实际情况做出最适当的选择,在相应的字母上画一个勾,每一条文字后面有四个字母,表示:A—没有或很少时间;B—小部分时间;C—相当多时间;D—绝大部分或全部时间。

要求:独立的、不受任何人影响的自我评定;评定一般在10分钟之内完成。

(1)我感到比往常更加精神过敏和焦虑。　　　　A　B　C　D

(2)我容易心烦意乱或感到恐慌。　　　　A　B　C　D

(3)我无缘无故感到担心。　　　　A　B　C　D

(4)我感到我的身体好像被分成几块,支离破碎。 A B C D

(5)我感到事事都很顺利,不会有倒霉的事情发生。 A B C D*

(6)我的四肢抖动和震颤。 A B C D

(7)我因头疼、颈疼和背疼而烦恼。 A B C D

(8)我感到无力且容易疲劳。 A B C D

(9)我感到很平静,能安静坐下来。 A B C D*

(10)我感到我的心跳较快。 A B C D

(11)我因阵阵的晕眩而不舒服。 A B C D

(12)我有阵阵要晕倒的感觉。 A B C D

(13)我呼吸时进气和出气都不费力。 A B C D*

(14)我的手指和脚趾感到麻木和刺痛。 A B C D

(15)我因胃痛和消化不良而苦恼。 A B C D

(16)我必须时常排尿。 A B C D

(17)我的手总是温暖而干燥。 A B C D*

(18)我觉得脸发烧发红。 A B C D

(19)我容易入睡,晚上休息很好。 A B C D*

(20)我经常做噩梦。 A B C D

【评分标准】

ＡＢＣＤ分别记 1、2、3、4 分,将所有得分相加,再将总分乘以 1.25,取整数即可得到标准分,其中 5、9、13、17、19 题为反向记分项目(带 * 号计 0)。

判断:标准分<35,心理健康,无焦虑症状;35≤标准分<55,偶有焦虑,症状轻微;55≤标准分<65,经常焦虑,中度症状;标准分≥65,有重度焦虑,必须时时请教医生。

6. 抑郁自评表(SDS)

指导语:下面有 20 条文字,请仔细阅读每一条,把意思弄明白。然后根据你最近一星期的实际情况做出最适当的选择,在相应的字母上画一个勾,每一条文字后面有四个字母,表示:A—没有或很少时间;B—小部分时间;C—相当多时间;D—绝大部分或全部时间。

要求:独立的、不受任何人影响的自我评定;评定一般在 10 分钟之内完成。

(1)我觉得闷闷不乐、情绪低沉。 A B C D

(2)我觉得一天之中早晨最好。 A B C D*

(3)我一阵阵哭出来或者觉得想哭。 A B C D

(4)我晚上睡眠不好。 A B C D

(5)我吃得跟平常一样多。 A B C D*

(6)我与异性接触时和以往一样感到愉快。 A B C D*

(7)我发觉我的体重在下降。 A B C D

(8)我有便秘的苦恼。 A B C D

(9)我心跳比平时快。	A	B	C	D
(10)我无缘无故地感到疲乏。	A	B	C	D
(11)我的头脑跟平常一样清醒。	A	B	C	D*
(12)我觉得经常做的事情并没有困难。	A	B	C	D*
(13)我觉得不安而平静不下米。	A	B	C	D
(14)我对将来抱有希望。	A	B	C	D*
(15)我比平常容易生气激动。	A	B	C	D
(16)我觉得做决定是容易的。	A	B	C	D*
(17)我觉得自己是个有用的人,有人需要我。	A	B	C	D*
(18)我的生活过得很有意思。	A	B	C	D*
(19)我认为如果我死了,别人会生活得好些。	A	B	C	D
(20)平常感兴趣的事我仍然感兴趣。	A	B	C	D*

【评分标准】

ＡＢＣＤ分别记1、2、3、4分,将所有得分相加,再将总分乘以1.25,取整数即可得到标准分,2、5、6、11、12、14、16、17、18、20为反向计分(带＊号计0分)。

判断:标准分＜50,心理健康无抑郁症状;50≤标准分＜60,有抑郁,症状轻微;60≤标准分＜70,经常抑郁,中度症状;标准分≥70,有重度抑郁,必须时时请教医生。

第二节　知识链接:情绪管理

一、情绪

1.情绪的定义

情绪(emotion)是指高兴、快乐、痛苦、悲哀等,一般发生时间短暂、表面,而且容易变化。人们通常以愤怒、悲伤、恐惧、快乐、爱、惊讶、厌恶、耻辱等反应来说情绪。中国人常说的喜、怒、哀、惧、爱、恶、欲七情,也可以被称作情绪。

关于情绪的定义,历史一直存在众多的争论。牛津英语字典上解释为:心灵、感觉或感情的激动或骚动,泛指任何激动或兴奋的心理状态。

心理学家吴伟士认为情绪是有机体的一种激动状态,各种情绪的反映,都以其引起的情境来定义。例如,愤怒与他人所引起的不愉快情境相关联。

情绪总是同人的需要和动机有着密切的关系,如人的某种需要得到满足或目地没有达到时,他将会产生愉快或者难过等感情。因此,情绪是客观事物是否符合个体的需要所产生的态度体验,是人脑对客观实物与人的需要之间关系的反映。

2.情绪的分类

由于分类标准不通,情绪分类的结果不同。目前心理学上多采取以下几种分类法:

（1）基本的情绪

就人类的情绪表现而言,古代人将情绪分为七种,把"喜、怒、忧、思、悲、恐、惊"称为七情。类似的分类法至今仍沿用。达尔文在观察不同文化、不通种族的人之后,认为喜、怒、哀、惧等基本情绪的面部表情,各种族间具有一致性。现代心理学一般认为快乐、愤怒、悲哀、恐惧四种情绪表现是人类情绪的基本形式。

①快乐是指需要或期望得到满足,期待的紧张感同时解除而产生的情绪体验。根据追求目标的意义、追求行动过程的努力程度、现实目的的方式与状态,快乐又可分为满意、欣慰、愉快、欢乐、狂喜等几个等级。

②悲哀是指由于喜爱的对象被损坏或失去,或者是期望破灭所诱发的情绪体验。根据对象与期望的重要性和价值大小不同,悲哀可分为失望、遗憾、难过、悲伤、悲痛等几个等级。

③愤怒是指由于种种原因,个人愿望受阻或受到威胁、攻击、羞辱等个体的活动受到挫折,尊严受到伤害时产生的情绪体验。根据其程度,愤怒也可细分为不满意、生气、怒、激愤、狂怒等几个等级。

④恐惧是指在主观感受到的危险情境下,个体产生的一种情绪反应。根据主观感受和危险情境的程度差异,恐惧可分为惊奇、害怕、恐慌、恐怖等几个等级。

（2）情绪状态

按照情绪发生的强度、速度与持续时间的长短,可将情绪分为心境、激情、应激三类。

①心境是一种比较微弱、缓和而持久的情绪状态。心境不是对某一特定对象的体验,而是一种非定向的弥漫性体验,是能够影响个体整体心理活动的背景性情绪状态。"我最近心情不好"的"心情"一词就是指心境。心境具有弥漫性,当一个人处于某种心境中,往往以同样的情绪状态看待其他事物。心境持续时间较长,可以是几个小时,也可以是数周、数月。心境的体验平和,不具爆发性,生理反应和行为表现往往不明显,不易为外人发现,有时甚至连当事人也不甚明了。

引起心境的原因并无特殊之处,凡是诱发情绪的刺激,都可诱发心境。类似的刺激可诱发类似的心境,所谓"睹物思人",就是这个意思。由于心境具有背景性特征,影响时间长,因此发现调控消极、颓废、沮丧的心境,营造良好、积极、上进的心境是心理卫生的重要任务之一。

②激情是一种强烈的、爆发式的、短暂的情绪状态。如狂喜、暴怒、悲痛欲绝、惊慌失措等都属于激情表现。激情的情境性十分明显,往往由强烈的刺激所诱发,突然爆发,持续的时间往往不长。

情绪的爆发往往由对个体有重大意义的强烈刺激所诱发,或者内心出现强烈对立的冲突,过度的抑制或兴奋等亦可引发激情爆发。现实生活中,亲人突然亡故、信仰的突然幻灭、极度的喜悦都屡屡导演一幕幕激情剧。激情爆发时,其生理反应和行为表现十分明显,且不为当事人的理智所控制,如咬牙切齿、拍案掷物、捶胸顿足等,有时还会出现肌肉痉挛、意识狭窄,甚至出现短暂的意识丧失。

③应激

应激(stress)是指人在出乎意料的紧迫情况下所引起的高度紧张的情绪状态。往往是当遇到危险情境而且要做出重大决策的时候发生应激。

霍姆斯和瑞(Holmes & Rahe,1967)编制了一个应激评定量表。这个量表指出大量的应激由43种不同的经历造成,所以这些事件包含着个人生活的种种变化,要求人适应这些变化。如表6-3所示,这些事件产生不同水平的应激。根据疾病的发生和各种生活应激事件的相关研究,霍姆斯和瑞把一年中个人所受应激事件的变化值总和达到150或更高的值定为生活转折点。如果这些生活事件变化值在150~199之间,那么下一年有37%的可能性患病;若分值在200~299之间,则患病的可能性为51%;若分值在300以上,则患病的可能性为79%。这就是说,应激程度越大,患病的可能性就越大。

表6-3　生活应激事件

编号	生活事件	平均测定值	编号	生活事件	平均测定值
1	丧偶	100	23	孩子离家出走	29
2	离婚	73	24	与亲家发生矛盾	29
3	分居	65	25	个人的杰出成就	28
4	拘留	63	26	妻子找到或失去工作	26
5	亲人死亡	63	27	入学或失学	26
6	受伤或患病	53	28	生活条件变化	25
7	结婚	50	29	个人习惯改变	24
8	解雇	47	30	与上司发生矛盾	23
9	重婚	45	31	工作时间与地点改变	20
10	退休	45	32	迁居	20
11	亲人健康的变化	44	33	转学	20
12	怀孕	40	34	娱乐活动的变化	19
13	性生活不和谐	39	35	礼拜活动的改变	19
14	家庭成员的增加	39	36	社会活动的改变	18
15	工作重新调动	39	37	抵押品价值或贷款少于万元	17
16	经济状况改变	38	38	睡眠习惯的改变	16
17	好友死亡	37	39	家人的离合	15
18	工作岗位变化	36	40	饮食习惯的改变	15
19	与配偶争执	35	41	假期	13
20	抵押品价值已超万元	31	42	圣诞节	12
21	抵押不能赎回或贷款等被取消	30	43	轻度违法	11
22	工作责任改变	29			

3.情绪的功能

在我们的生活中,情绪不是一种毫无目的的、没有任何意义的伴随体验。相反,它们是在适应外界变化的过程中产生的,是具有重要作用的工具。

(1)自我防御功能

在最简单水平上,情绪能够帮助我们做出更迅速的反应。当身体或人的其他方面受到威胁时,人产生恐惧以应对;当发生利益或权利上的冲突时,人产生愤怒以应对;当吃到不适合的食物或污物时,会产生厌恶感。这些情绪反应表现出非常明显的自我保护倾向。

(2)社会适应能力

情绪能够使个体针对不同的刺激事件产生灵活自如的适应性反应,并调节或保持个体与环境间的关系。情绪之所以具有灵活性的特征,是因为情绪的机能不仅可以来源于个体全部的先天机能,而且还来源于学习和认知活动。许多情绪都具有调控群体间的互动功能。譬如,羞怯感可以加强个体与社会习俗的一致性;当个体对他人造成伤害时,内疚感可激发社会公平重建。其他的情绪,诸如同情、喜欢、友爱等,也能起到构建和保持社会关系的作用,它们可以增强群体内的凝聚力,而且有提高个体的社会适应能力的作用。

(3)动力功能

达尔文认为,人类祖先在捕猎和搏斗时,发生愤怒的情绪反应,有利于增强体力,战胜猎物和敌人。现代科学更清楚地揭示了人在紧张情绪发生时会表现出一系列生理变化,如血压升高、呼吸频率提高、肾上腺分泌增加等。这一切都有助于一个人充分调动体力,去应付紧急状况。适度的情绪反应能够激励人的活动,提高人的活动效率,进而推动人们有效地完成工作任务。

(4)强化功能

大量研究表明,当出现紧急情况时,消极的情绪(如愤怒和恐惧)能够唤起大脑的警觉水平;积极的情绪(如高兴),能使一个人的感觉、知觉变得敏锐、记忆获得增强、思维更加灵活,有助于一个人内在潜能的充分展示。

(5)信号功能

一个人不仅能凭借表情传递情感信息,而且也能凭借表情传递自己的某种思想和愿望。表情是思想的信号,如微笑表示赞赏,点头表示默认,摇头表示反对。中国"有出门看天色,进门看脸色"的俗语,意思是说通过别人的情绪反馈信息,领悟到别人对自己的态度。

二、情绪实验

1.脑切除实验

1892年高尔兹发现切除大脑皮层的狗变得十分凶猛。1925年卡农等人对切除大脑皮层的猫进行了经典研究并确定了"假怒"动物标本的手术方法。1934年巴德把"假怒"一词引入生理心理学中,他指出切除猫的大脑皮层之后猫对各种不愉快的刺激,如轻触、气流等均表现出极度夸大的攻击行为,表现为弓腰、竖毛、咆哮、嘶叫和张牙舞爪等。这些行为缺乏指向性,很难说动物伴有怒的内心体验,故称此行为为"假怒"。其脑机制是:只要破坏边缘皮层、大脑皮层与下丘脑的神经联系,使大脑皮层对下丘脑的抑制解除,下丘脑机能亢进就会出现"假怒",对于这些实验事实,生理心理学界广为接受的观点是,下丘脑在情绪的表现中具有重要作用。

2. 其他实验

古代阿拉伯学者阿维森纳,曾把一胎所生的两只羊羔置于不同的外界环境中生活:一只小羊羔随羊群在水草地快乐地生活;而在另一只羊羔旁拴了一只狼,它总是看到自己面前那只野兽的威胁,在极度惊恐的状态下,根本吃不下东西,不久就因恐慌而死去。

医学心理学家还用狗作嫉妒情绪实验:把一只饥饿的狗关在一个铁笼子里,让笼子外面另一只狗当着它的面吃肉骨头,笼内的狗在急躁、气愤和嫉妒的负性情绪状态下,产生了神经症性的病态反应。实验告诉我们:恐惧、焦虑、抑郁、嫉妒、敌意、冲动等负性情绪,是一种破坏性的情感,长期被这些情绪困扰就会导致身心疾病的发生。一个人在生活中对自己的认识与评价和本人的实际情况越符合,他的社会适应能力就越强,越能把压力变成动力。

三、大学生情绪健康的标准

健康的情绪是健全人格的必要条件之一。一般而言,情绪的目的性恰当、反应适度,不带有幼稚的、冲动的特征,符合社会规范的要求,就是情绪健康的标准。

1. 心理学家瑞尼斯等人提出情绪健康的六项指标

(1)发展出某些技巧以应付挫折情境。

(2)能重新解释与接纳自己与情绪的关系,不会一直自我防卫,能避免挫折并安排替代的目标。

(3)知觉某些情境会引起挫折,可以避开并寻找替代目标,以获得情绪满足。

(4)能找出方法,缓解生活中的不愉快。

(5)能认清各种防卫机制的功能,包括幻想、退化、反抗、投射、合理化、补偿,避免养成错误的习惯,以至防卫过度,造成情绪困扰。

(6)能寻求专家的帮助。

2. 心理学家索尔也指出情绪健康的八个特点

(1)独立,不依赖父母。

(2)增强责任感及工作能力,减少与外界接纳的渴望。

(3)去除自卑情结、个人主义及竞争心理。

(4)适度的社会化与教化,能与人合作,并符合个人良心。

(5)成熟的性态度,能组织幸福家庭。

(6)培养适应性,避免敌意与攻击。

(7)对现实有正确的了解。

(8)具有弹性以及适应力。

对大学生来说,情绪健康具体表现为:情绪的基调是积极、乐观、愉快、稳定的,对不良情绪具有自我调控能力,情绪反应适度,高级的社会情感(理智感、道德感、美感等)能得到良好的发展。

四、大学生的主要情绪障碍

大学生在逐步适应新生活的过程中,在大学期间的学习、生活、交往过程中,总会出现各种各样的挫折和不顺,在遇到问题的时候,大学生很容易出现心理困惑,表现出某类心理困扰。而这些心理困扰都会或多或少地表现出一些情绪问题,如焦虑、抑郁等。此类情绪问题是大学生群体中比较突出和普遍的问题。

1. 焦虑

焦虑是十分常见的现象,是一种类似担忧的反应或是自尊心受到潜在威胁时产生担忧的反应倾向,是个体主观上预料将会有某种不良后果产生的不安感,是紧张、害怕、担忧混合的情绪体验。人们在面临威胁或预料到某种不良后果时,都有可能产生这种体验。适度的焦虑是正常的,而过分的焦虑则会使人处于一种无所适从的状态,坐立不安,注意力分散,办事效率低下。

2. 抑郁

当个体感到无法面对外界压力时常常会产生抑郁情绪。情绪抑郁的大学生主要表现是:情绪低落,兴趣降低,缺乏活力,干什么都打不起精神,不能积极参加社交活动,故意回避熟人,体验不到生活的快乐。抑郁情绪严重的可能伴有食欲减退、失眠等。他们看上去倦怠疲乏,表情冷漠,仿佛陷入了痛苦的深渊而无力自拔。长期或过度的抑郁会使人的心身受到严重损害,使人无法有效地学习和生活。

课堂案例

某大三女生,刚上大学时,有些不习惯大学的新生活,不过适应能力还算好,与班里的同学相处也还比较好。现在自己已经大三了,自己很想考研,但家里条件不是很好,父母希望她早点参加工作,为家里减轻些负担。选择考研还是工作,想不好,心中很矛盾,无论选择哪个方向都觉得自己压力很大。为此事,近段时间感觉很压抑,学习、活动等都提不起精神。看到准备考研的同学都在拼命复习,准备找工作的都已经在四处活动,自己也很想好好学习,好好锻炼自己,可就是看不进书,也没心思关心工作,情绪低落,一些以前很有兴趣的活动现在也不太想参加了。知道自己这种情绪状态不好,很想改变这样的状态,但是不知该如何做……

3. 易怒

处于青春期的大学生内分泌系统处于空前活跃时期,大脑神经过程的抑制和兴奋发展不平衡,内制力较差,容易冲动。愤怒是由于客观事物与人的主观愿望相违背,或因愿望无法实现时,人们内心产生的一种激烈的情绪反应。易怒是大学生常见的一种现象,有的大学生因为一件小事或一句话激动得暴跳如雷,甚至拳脚伤人;有的因人际协调受阻而怒不可遏、恶语伤人;有的因别人的观点或意见与自己相左而恼羞成怒。

课堂案例

　　大一一女生,从小娇生惯养,比较任性,脾气急躁。在读大学以前没有住过集体宿舍,到了大学后经常因一些小事跟寝室同学闹矛盾,一生气就会在寝室发脾气,摔打物品,甚至跟舍友激烈地吵架。不管谁对谁错,只要一跟舍友发生冲突,总要让对方先道歉才肯罢休。一个周末的晚上,因为舍友回来得比平时稍微迟了些,而那时她已经快要睡着了。舍友关门的声音吵醒了迷迷糊糊的她,她从床上一下子坐起来,对室友吼起来:"怎么这么不自觉啊? 人家都睡觉了才回来。回来迟了也就罢了,弄得这么大声,吵得我们没法睡?"舍友知道她的这种脾气,平时从来没惹过她,可这是自己第一次迟回来,而且自己已经很小心,觉得自己很委屈,在道歉的同时辩解了一句:"我已经很轻了啊,其他同学都没说什么。"听了这话,她更加恼火,不依不饶地开始数落起舍友,越说脾气越大。

4. 嫉妒

　　嫉妒是对他人比自己优越而产生的以不愉快、心怀不满为特征的一种不悦、自惭、怨恨、恼怒心理。这种心理对人对己均无好处。嫉妒多见于有才能但又争强好胜而心胸狭窄的人,想成功但又不愿付出辛苦的人。嫉妒的对象多指向与自己不相上下或能力稍高于自己的熟悉同学、朋友和周围的其他人,对于与自己毫不相干的人则不产生嫉妒。嫉妒心强的人一旦发现别人超过自己就会产生怨恨或愤怒情绪,这种情绪一旦成为行为,就会制造谣言、设置障碍、挑拨离间、寻机报复,以求从另一个角度上去击败对方并力图让自己心安理得,可实际上他们心理也得不到安宁。所以嫉妒心理是阻碍进步、影响团结、最终危害自身健康的消极情感。

课堂案例

　　叶某和张某是某重点大学经济学专业的大二学生,住同一个宿舍。入学后不久,两个人就成了形影不离的好朋友。叶某活泼开朗,张某也落落大方,两个人一个是班级里的团支书,一个是班级的文艺部长。大一学期末评优的时候,叶某获得了优秀学生干部,又获得了三好学生荣誉称号,还获得了一等奖学金。而张某却什么奖都没得到,感觉白忙活了一年,两个本来很好的朋友,现在关系变得很微妙,她心里很不是滋味。她认为叶某得到的处处都比自己多,把风头占尽。后来,她时常以冷眼对叶某。大学三年级,叶某又参加了学校的"挑战杯"创业大赛,并代表学校获得了全省一等奖。张某得知这一消息先是愤愤不平,而后妒火中烧,趁叶某不在宿舍的时候将她的获奖证书撕成碎片,扔在地上,踩上数脚。叶某知道真相后,怎么样也想不通为什么两个好朋友变成了这个样子?

5.冷漠

冷漠是指人对外界刺激缺乏相应的情绪反应,漠不关心、反应冷淡。如有的大学生对周围的人和事漠不关心,对集体和同学态度冷淡,对自己的前途命运、国家大事等漠然置之,似乎已看破红尘、超凡脱俗。于是,把自己游离于社会群体之外,独来独往,对各种刺激无动于衷。这种冷漠的情绪状态,多是压抑内心情感情绪的一种消极逃避反应。具有这种情绪的人从表面上看虽表现为平静、冷漠,但内心却往往有强烈的痛苦、孤寂和压抑感。

课堂案例

　　某大二男生,平时表情平淡呆板,行动无生气,懒散,班里什么事情他都不太关心,好像跟自己没任何关系。父母偶尔打电话过来,也说不了两句话就挂了,好像是在接别人打错的电话。他不仅不关心学校里发生了什么事情,就连班级里要评奖评优也一点都不关心,说什么都"无所谓",总是一副看破红尘的样子。自己的妹妹考上清华大学后,同学们都很羡慕地想跟他聊天,他却一副无动于衷的样子,对别人关切、恭喜一概置之不理。

五、大学生情绪调适的方法

1.情绪调适的原则

由于不良情绪会妨碍人的身心健康,因此,心理学家积极主张对大学生的情绪进行科学指导,并提倡大学生进行自我调节。不同情境中的负性情绪可以采取不同方法进行自我调节和控制。以下原则对大学生会有一定的指导与帮助:

(1)培养乐观向上、积极进取的人生观。

(2)培养广泛的兴趣爱好与主观幸福感,热爱生活。

(3)注重沟通的艺术,学会与人合作,建立良好的人际关系。

(4)悦纳自己,用欣赏的目光对待自己。

(5)宽容别人,不苛求别人。

(6)学会忘记过去对失败与对自己的伤害。

(7)避免过分自责。

(8)善于控制自己的情绪,并学会消化负性情绪。

(9)不要随意扩大某事的严重性,尽可能做到"大事化小,小事化了"。

(10)学会忽略对自己不利的事情,以避免因此引起的负性情绪体验。

2. 情绪调适的操作方法

从操作层面看,不良情绪的自我调节方法很多,人们经常使用的有如下几种。

(1)理性情绪疗法

这是由美国临床心理学家阿尔伯特·艾利斯(Albert Ellis)在 20 世纪 50 年代创立的理论情绪疗法(rational emotion therapy,RET),其核心是去掉非理性的、不合理的信念,建立正确的信念。非理性信念的特点是绝对化、过分概括化、糟糕透顶。艾利斯认为,非理性信念主要包括十条:

①每个人都应该得到在自己生活环境中对自己重要的人的喜爱与赞许。

②每个人都必须能力十足,在各方面有成就,这样的人才是有价值的。

③有些人是坏的、卑劣的、恶性的;因为他们的恶行,他们应该受到严厉的责备与惩罚。

④假如发生的事情是自己不喜欢或期待的,那么它是糟糕、很可怕,事情应该是自己喜欢与期待的那样。

⑤人的不快乐是由外在因素引起的,一个人很少有或根本没有能力控制自己的忧伤和烦闷。

⑥一个人对于危险或可怕的事物应该非常关心,而且应该考虑到它随时可能发生。

⑦逃避困难、挑战与责任要比面对它们容易。

⑧一个人应该依靠别人,而且需要有一个比自己强的人做依靠。

⑨一个人过去的历史对他目前的行为是极重要的决定因素,因为某事曾影响一个人,它会继续,甚至永远具有同样的影响效果。

⑩一个人碰到种种问题,应该有一个正确、妥当及完善的解决途径,如果无法找到解决方法,那将是糟糕的事。

在艾利斯的 ABC 理论的模型中,A 是指诱发性事件(activating events);B 是指个体在遇到诱发事件后产生的信念(beliefs),以及对这一事件的看法、解释和评价等;C 是指在特定情景下,个体的情绪及行为的结果(consequences)。

通常,人们会认为人的情绪及行为反应是直接由诱发事件 A 引起的,即是 A 引起了C,但是 ABC 理论认为:诱发性事件 A 只是引起情绪及行为反应 C 的间接原因,人们对诱发性事件所持的信念、看法和解释 B 才是引起人的情绪及行为反应的更直接的原因。

(2)积极的自我暗示

心理暗示,从心理角度讲,就是个人通过语言、形象、想象等方式,对自身施加影响的心理过程。这个概念最初由法国医师库埃于 1920 年提出,他的名言是"我每天在各方面都变得越来越好"。自我暗示分消极自我暗示与积极自我暗示。积极自我暗示,在不知不觉之中对自己的意志、心理以致生理状况产生影响,积极的自我暗示令我们保持好的心情、乐观的情绪、自信心,从而调动人的内在因素,发挥主观能动性。心理学上所讲的"皮格马利翁效应",也称期望效应,就是讲的积极的自我暗示,而消极的自我暗示会强化我们个性中的弱点，唤醒我们潜藏在心灵深处的自卑、怯懦、嫉妒等，从而影响情绪。

与此同时，我们可以利用语言的指导和暗示作用，来调试和放松心理的紧张状态，使不良情绪得到缓解。心理学的实验表明，当个人静坐时，默默地说"勃然大怒""暴跳如雷""气死我了"等语句时心跳会加剧，呼吸也会加快，仿佛真的发起怒来。相反，如果默念"喜笑颜开""兴高采烈""把人乐坏了"之类的语句，那么他的心里面也会产生一种乐滋滋的体验。由此可见，言语活动既能唤起人们愉快的体验，也能唤起不愉快的体验；既能引起某种情绪反应，也能抑制某种情绪反应。因此，当我们在生活中遇到情绪问题时，我们应当充分利用语言的作用，用口头语言或书面语言对自身进行暗示，缓解不良情绪，保持心理平衡。比如默想或用笔在纸上写出下列词语："冷静""三思而后行""制怒""镇定"等。实践证明，这种暗示对人的不良情绪和行为有奇妙的影响和调控作用，既可以松弛过分紧张的情绪，又可用来激励自己。

（3）转移注意力

注意力转移法就是把注意力从引起不良情绪反应的刺激情境转移到其他事物上去或从事其他活动的自我调节方法。当出现情绪不佳的情况时，要把注意力转移到使自己感兴趣的事上去，如外出散步，看看电影、电视，读读书，打打球，下盘棋，找朋友聊天，换换环境等，有助于使情绪平静下来，在活动中寻找到新的快乐。这种方法，一方面中止了不良刺激源的作用，防止不良情绪的泛化、蔓延；另一方面，通过参加新的活动特别是自己感兴趣的活动，能达到增进积极的情绪体验的目的。

（4）适度宣泄

过分压抑只会使情绪困扰加重，而适度宣泄则可以把不良情绪释放出来，从而使紧张情绪得以缓解。因此，遇有不良情绪时，最简单的办法就是"宣泄"。宣泄一般是在背地里，在知心朋友中进行的，采取的形式或是用过激的言辞抨击、谩骂、抱怨恼怒的对象；或是尽情地向至亲好友倾诉自己认为的不平和委屈等，一旦发泄完毕，心情也就随之平静下来；或是通过体育运动、劳动等方式来尽情发泄；或是到空旷的山林原野，拟定一个假目标大声叫喊，发泄胸中怨气。必须指出，在采取宣泄法来调节自己的不良情绪时，必须增强自制力，不要随便发泄不满或者不愉快的情绪，要采取正确的方式，选择适合的场合和对象，以免引起意想不到的不良后果。

（5）自我安慰法

当一个人遇到不幸和挫折时，为了避免精神上的痛苦或不安，可以找出一种合乎内心需要的理由来说明或辩解。如为失败找一个合适的理由，用以安慰自己，或寻找理由强调自己所有的东西都是好的，以此冲淡内心的不安和痛苦。这就是"甜柠檬原理"与"酸葡萄原理"。这种方法，对于帮助人们在大的挫折面前接受现实，保护自己，避免精神崩溃是很有益处的。比如，对于失恋者来说，想到"失恋总比结婚后再离婚好得多"，便可减轻因失恋带来的痛苦。因此，当人们遇到情绪问题时，经常用"胜败乃兵家常事""塞翁失马，焉知非福""坏事变好事"等词语来进行自我安慰，可以摆脱烦恼，缓解矛盾冲突、消除焦虑、抑郁和失望，达到自我激励，总结经验、吸取教训之目的，有助于保持情绪的安宁和稳定。

（6）交往调节法

某些不良情绪常常是由人际交往矛盾和人际交往障碍引起的。因此,当我们遇到不顺心、不如意的事,有了烦恼时能主动地找亲朋好友交往、谈心,比一个人独处冥想、自怨自艾要好得多。以此,在情绪不稳定的时候,找人谈一谈,具有缓和、抚慰、稳定情绪的作用。另外,人际交往还有助于交流思想、沟通情感,增强自己战胜不良情绪的信心和勇气,能更理智地去对待不良情绪。

（7）情绪升华法

升华是改变不为社会所接受的动机、欲望而使之符合社会规范和时代要求,是对消极情绪的一种高水平的宣泄,是将消极情感引导到对人、对己、对社会都有利的方向去。例如,一位同学因失恋而痛苦万分,但他没有因此而消沉,而是把注意力转移到学习中,立志做生活的强者,证明自己有能力。

在上述方法都失效的情况下,仍不要灰心,在有条件的情况下,去找心理咨询老师进行咨询、倾诉,在咨询老师的指导、帮助下,克服不良情绪。

第三节　案例及分析

一、案例1

女大学生小张本是一个活泼开朗的女孩子,可自从她的男朋友和她分手之后,她变得情绪低落、郁郁寡欢起来。她想不明白:他为什么和她分手？思来想去,她认为男朋友之所以和她分手,是因为她长得不漂亮。身材不够好、性格不够温柔、家庭条件不够好、学习成绩不够优秀……她越想越感到自卑,越想越觉得自己一无是处,最后发展到不敢见人。

【案例分析】

小张由于失恋,出现消极情绪,自我评价降低,出现自卑心理,同时认知出现偏差。

二、案例2

小云,女,21岁,大二学生,因情绪经常不好到心理中心求助,自述烦躁、忧郁、学习效率低;身体疲乏、入睡困难、偶尔有头痛头晕现象;悲观,认为很多事情都没有意义。

小云出生于一个农民家庭,母亲懦弱,父亲粗暴。在父亲的观念里,男人就是一家之主,就是皇命。因此,父亲做事总是一意孤行,从来不考虑女儿的想法。他做任何事情都只要求女儿顺从他,一旦不从就会招来打骂。读小学三年级时,有一天,家里丢了几只鸭子,父亲很生气,晚上回家后将已经熟睡的小云从床上拖下来暴打,母亲怎么劝也劝不住,直到将一根拇指粗的竹竿打断,父亲才住手。那时,小云感到非常痛苦,想到过离家出走,甚至自杀。

由于家里很穷,母亲想尽各种办法赚钱。经亲戚指点,母亲到信用社贷款,买了一百多只小鹅,在家里搞起了养殖业。母亲对养殖很尽心,从早忙到晚,其实,家里所有的事情,都压在母亲的肩上。父亲在镇上开了个卖肥料的店子,挣钱也不算少,但是,他经常吃喝嫖赌,赚的钱被挥霍一空。父亲的钱不但没有补贴家用,而且把母亲的收入全部据为己有。小云佩服母亲的能干,但也为母亲的懦弱气恼。

从小学开始,小云就发现父亲在外面有不正常的男女关系。到她读高二时,父亲有了第三者,提出和母亲离婚。母亲很无奈,但小云生平第一次与父亲大吵一架,歇斯底里的反应吓住父亲,他没有再提离婚的事,并与第三者断了关系。

小云和父母的关系一直不好,其他人际关系也一般。没有一个知心朋友,很少得到父母或老师的赞扬。高考失败后,复读一年考上大学,她感到大学同学里也没有一个人能理解她的内心。

【案例分析】

小云的情况属于抑郁情绪。由于出生在一个不健康的原生家庭,父亲的教育方式专制、暴力。随着时间的推移,小云逐渐变得压抑和悲观。母亲虽然很能干,但没有能力保护小云,她也不了解小云的内心体验,这让小云感受不到母亲的温情。在读小学时,小云就有离家出走甚至自杀的想法,可见小云对家没有一丝留恋,只想远远地逃开。小云的同学关系一般,没有一个好朋友,因此她没有得到任何社会支持,内心积聚的抑郁情绪始终得不到释放。长期压抑的小云,在心理上再也承受不住,便逐渐产生了一些不良的反应,这些反应表明小云出现了心理问题。

三、案例3

晓雨小时候过得很幸福。虽然那时家境并不富裕,但衣食无忧。母亲在工厂上班,父亲做点小生意,虽然他们都很忙,但都很爱她,总是尽量满足她的需要。平时她的衣食起居由姥姥照顾,什么都不用她操心。在晓雨上初三那年,她的母亲因发现丈夫婚外情提出了离婚,其父亲也同意。为了阻止父母离婚,晓雨就拿了水果刀割腕,然而她的行为没有起到作用,父母还是离异了。父母离异后,晓雨被判给母亲抚养。开始母亲的收入还算好的。可后来母亲下岗,姥姥得了一场重病,家庭经济便出现了状况。

后来晓雨考上了大学,由于费用太高,母亲和父亲商量,由父亲负责学费和一半生活费。入学前,晓雨到父亲家去拿钱,发现父亲的经济条件很好,想到自己家里过得紧巴巴的,而父亲那里却那么豪华舒适,晓雨心里就酸溜溜的。此后,晓雨跟妈妈提出希望她和父亲复婚的事,被母亲回绝。然而晓雨并不死心,她感到父亲还是爱她的,如果不是因为那个女人,他们完全有可能复婚。

读书期间,晓雨的父亲没有按时将生活费拿给晓雨,母亲碍于面子也没有去找父亲要钱。在气不过的情况下,晓雨找上了父亲家并和那个女人发生了争吵,那个女人说晓雨已满18岁,父亲没有义务再抚养。事后不久,晓雨给父亲打电话要求父亲和母亲复婚,父亲在电话中要求她的体谅,不要再这样想。晓雨非常生气,对他大喊:"你只是想着自己,是不是只有我死了,你才能想到我?"撂下电话,晓雨就跑到街边的个体药店买了一盒安眠药。当天下午5点半左右,同学都到食堂吃饭去了,晓雨却没去。宿舍同学吃完饭后回到宿舍,发现晓雨一股酒气,面色潮红,在床上哭喊着,挣扎着,床边地上扔着喝空了的啤酒罐和一个安眠药盒,这才发现晓雨用啤酒服了安眠药。

【案例分析】

从主诉和观察分析判断,该生自杀属于一种非理性的情绪性自杀。由于晓雨从小在爱的包围中长大,缺乏磨炼,思想较幼稚,心理耐挫力较低,不能正确认识和处理自己所面临的问题,不能勇敢面对现实生活中的困境,故而在委屈、愤恨、焦虑、烦躁和赌气等情绪支配下轻率地采取了自杀行为。实际上,她并不真正希望结束自己的生命,而是企图以此来影响父母的行为达到自己的目的,迫使父亲离婚并与母亲复婚。

第四节　课外阅读

一、阅读材料1:你的情绪饥饿吗

生活中,人们对缺乏食物的饥饿易于觉察,一旦饥肠辘辘,只需及时进补,饥饿状态便很快解除。而人们对另一种比缺乏食物更难受、更空虚、更百无聊赖、更精神不振的不健康状态,却一时难以摆脱。这也是一种饥饿,医学专家们称之为情绪饥饿。

凡是有思维的人,都不该缺少情绪,犹如不能缺乏食物、空气和水那样。情绪是指人从事某种活动时产生的喜悦与不快的心理状态。人们在生活中,难免遇到喜怒哀乐,诸如事业的成功与失败、人的悲欢与离合等,少了这些,人就失去了酸甜苦辣的情绪体验。而那种无所事事,精神毫无寄托、缺乏情绪起伏的不健康状态,就是情绪饥饿的表现。

情绪饥饿既然是一种不健康状态,自然会影响人的精神健康。因此,我们必须设法摆脱情绪饥饿,使思维正常运作,不致受阻。

一般说来,情绪饥饿与否与人的生活状况有很大关系。清贫者由于整日为柴米油盐操劳,思想有所寄托,不致缺少情绪体验。情绪饥饿多生在生活富足、闲散舒适、无所追求的人群之中,他们似乎无忧无虑,便不思进取,活力日减,情感麻木,久之,心情抑郁,烦恼上门,欢乐也随之远去。

当然,我们不是主张当苦行僧,身陷清贫之中,而是说生活富足之后,不应养尊处优,应居安思危,不要"穷得只剩下钱了",更不要让自己陷入情绪饥饿状态。怎样才能摆脱情绪饥饿呢? 最好是尽力寻找情绪体验的机会,一是多想想你所从事的事业,时时不忘创新,做出新东西跃上新台阶;二是关心他人,与亲朋、同事同甘共苦,无论悲欢、离合,都是对心灵的一次撼动,它会使人头脑清醒,心胸开阔;三是公益活动,乐善好施,为子孙后代造福;四是业余培养一项爱好,无论唱歌弹琴,写作绘画,集邮藏币,都会使你进入一种新的境界,到你的所爱之中寻找乐趣;五是感到无所事事时,可以看看电视、读读书报、听听音乐,迫使自己进入思维状态,继而产生喜怒哀乐的情绪。这样,你便活得充实、思绪便趋向活跃,不致心灵空虚,你便有了摆脱情绪饥饿的精神"营养品"。

二、阅读材料 2:消除烦恼的万灵公式

唯有强迫自己面对最坏的情况,在精神上先接受了它以后,才会使我们处在一个可以集中精力解决问题的地位上。

你想得到一个迅速有效地消除烦恼的诀窍吗? 威利·卡瑞尔发明了这种诀窍。

"年轻的时候,"卡瑞尔先生说:"我在纽约州的水牛钢铁公司做事时,需要到密苏里州的匹茨堡玻璃公司去安装一架瓦斯清洁机。目的是要清除瓦斯里的杂质,使瓦斯燃烧时不至于伤到引擎。这种清洁瓦斯的方法是新的,过去也曾试验过。可是在密苏里安装的时候,遇到许多事先没有预料到的困难。经过一番努力,机器勉强可以使用了,然而,远远没有达到保证的质量。

"我对自己的失败感到十分懊恼,好像有人在我头上重重地打了一拳。我的胃和整个肚子都扭痛起来,烦恼得简直无法入睡。

"后来,我意识到烦恼不能解决问题。于是,我想出了一个不用烦恼解决问题的方法,结果效果显著。这个清除烦恼的方法,任何人都可以使用,非常简单,可以分为三个步骤:

"第一步,不要惊慌失措,冷静地分析整个情况,找出万一失败的话,可能发生的最坏情况是什么——没有人会把我关起来,或者把我枪毙,这一点我有把握。充其量不过丢掉差事,也可能老板会把整个机器拆掉,使投下的 20000 块钱泡汤。

"第二步,找出可能发生的最坏情况后,就让自己能够接受它。我对自己说,我也许会因此丢掉差事,那我可以另找一份差事;至于我的老板,他们也知道这是一种新方法的试验,可以把 20000 块钱算在研究费用上。

"第三步,有了能够接受最坏的情况的思想准备后,就平静地把时间和精力用来试着改善那种最坏的情况。

"我做了几次试验,终于发现,如果再多花 5000 块钱,加装一些设备,问题就可以解决了。我们照这样做了,结果公司不但没有损失 20000 块钱,反而赚 15000 块钱。"

"如果我当时一直烦恼下去,"卡瑞尔先生最后说:"恐怕就不可能做到这一点。唯有强迫自己面对最坏的情况,在精神上先接受了它以后,才会使我处在一个可以集中精力解决问题的位置上。"

三、阅读材料3:情绪万花筒

1. 情绪与色彩

在美国加州,一座监狱的看守长为犯人寻衅闹事而苦恼。有一次,他偶然把一伙狂暴的犯人换到一间浅绿色的牢房里,奇迹出现了:那些原来暴跳如雷的犯人,就好像服用了镇静剂一样,渐渐平静下来,看守长由此受到启发,把囚室漆成绿色,于是犯人闹事事件随之减少。由于蓝色、绿色使人感到幽静、安逸,故有"心理镇静剂"之称。这就是心理学家所说的颜色的心理效应。

日常生活中,每种色彩都代表一定的含义:

红——热情、活力、健康、希望。

橙——兴奋、喜悦、活泼、华美。

绿——青春、和平、朝气。

青——希望、坚强、庄重。

蓝——秀丽、清新、宁静。

黄——温和、光明、快活。

紫——高贵、典雅、华丽。

褐——严肃、浑厚、温暖。

灰——平静、稳重、朴素、压抑。

黑——凝重、哀号、肃穆、神秘。

白——圣洁、天真、清爽。

金——光荣、华贵、辉煌。

在日常生活中,我们可以巧妙利用颜色对人的心理的影响。例如,红色给人以力量,粉红色柔和温馨,橙黄色使人有好心情。消除烦躁和愤怒应避免红色;化解沮丧应避免令人情绪低落的黑色和深蓝色,而应选用能使人心情愉快的亮色和暖色;减轻紧张焦虑,可以选择一些具有缓解及镇静作用的清淡颜色,如绿色、浅蓝色等。

2. 情绪与着装

美国著名心理学家杰克·布朗称:适当地选择衣服,常能起到意想不到的改善情绪的功效。称心的衣着可松弛神经、安定心理、平衡情绪。不相宜的衣服上了身会使人心绪异常波动。专家认为,称心的衣着可松弛神经,给人一种舒适的感受。所以在情绪不佳时应该注意四"不":

(1)不穿易皱的麻质衣服

易皱的衣服使人看起来一团糟,心理上会产生一种很不舒服的感觉,使心情复杂和纷乱。

(2)不穿硬质衣料衣服

硬质衣料衣服会增加心理上的僵硬、死板和不快。此时最好的是穿地质柔软如针织、棉布、羊毛等衣料做的服装。

（3）不要穿过分紧身而狭窄的衣服。

过分紧贴而狭窄的衣服，特别是在腰、臀、胸等部位，令人有压迫感，增加心情的郁闷和沉重。女孩应避免穿窄裙、连裤袜和束腰的服装，以及紧身牛仔装，否则会加重情绪的压抑感。而穿宽松的服装会令你呼吸轻松、血液循环畅通，不良情绪得到缓解。

（4）不系领带

不系领带能减轻束缚的感觉。

3. 情绪与音乐

现代神经生理学的研究证实，音乐的影响直接影响到大脑边缘系统即"情绪脑"，并可以随着乐曲的节奏，旋律，速度，调性等不同，而表现为镇静，兴奋等不同的情绪反应。不同的音乐对情绪有着不同的影响。

（1）忧郁、烦闷

忧郁、烦闷时适合听一些风格清新、明快的乐曲，如民族管弦乐曲《彩云追月》《喜洋洋》《花好月圆》，广东音乐《步步高》，笛子独奏曲《喜相逢》，莫扎特的《第四十交响曲》（B小调），格什文《蓝色狂想曲》第二部等。

（2）紧张、压力大

可以选用缓慢悠扬的旋律与柔美婉转、曲调低吟、清幽和谐的乐曲，如《春江花月夜》《蓝色多瑙河》《平湖秋月》《二泉映月》《献给爱丽丝》《小夜曲》等。

（3）焦虑

可以听听明朗、淳朴、愉快的乐曲，如贝多芬的《第六交响曲》（田园）、琵琶曲《汉宫秋月》、贝多芬钢琴曲《月光》、巴赫的《幻想曲与格赋》（G小调）等。

（4）缺乏自信、萎靡不振

可欣赏激昂、富有号召性、鼓动性的军乐曲、进行曲或富于哲理性的交响乐等。如贝多芬的《第五交响曲》（命运）、贝多芬第五钢琴协奏曲《皇帝》（降E大调）、《黄河大合唱》、《义勇军进行曲》、《松花江上》等。

（5）失眠、神经衰弱

莫扎特的《催眠曲》、舒曼的小提琴小夜曲《摇篮曲》、舒伯特的《小夜曲》、门德尔松的《仲夏夜之梦》、德彪西的钢琴奏鸣曲《梦》等。

（6）疲惫

欣赏轻松、明快的乐曲，如小约翰·施特劳斯的圆舞曲《蓝色多瑙河》、比才的歌曲《卡门》、海顿的组曲《水上音乐》等。

4. 情绪与星座

（1）情绪的呈现程度与处理能力

情绪的呈现程度：一个人内在的情绪表现在外（表情，声音，动作，脾气）的程度。一个情绪呈现程度很显性的人，是喜怒形于色；反之则都看不出他在想什么。

情绪处理能力：一个人如何面对其内在的情绪的起伏并且如何管理这些情绪的能力。随着时间增长及人生历练的增加，情绪控制能力亦会随之而改。

(2)情绪与星座

有研究表明,情绪与星座也有一定的关系,如表 6-4 所示。

表 6-4　情绪与星座

星座	情绪呈现程度	情绪处理能力
火象星座: 白羊,狮子,射手	显性	差
风象星座 双子,天秤,水瓶	隐性	佳
水象星座 巨蟹,天蝎,双鱼	显性	差
土象星座 金牛,处女,摩羯	隐性	差

①火象星座的人,情绪表达能力极强,但处理能力极差。所以在情绪特征上,他们是属于婴儿的层次。

他们的脾气通常就像西北雨,来得快去得也快。常常周围的人还搞不清楚发生了什么事,他们的脾气就已经发完了。另外就是因为火象星座的人情绪转移极快,所以别人很难在情绪问题上给予帮助。

这种无法控制情绪,又不善自我排解的个性,着实为火象星座的人和他周围的人带来不少麻烦。所以,切记对于火象星座,理性劝导或是以柔克刚是无效的。因为他们天生就是那种必须充分表达情绪的人。

②风象星座在情绪特征上和火象星座几乎是两个极端,他们不善表达情绪,却是处理情绪问题的高手,所以你很难有看到他们发脾气的机会。

之所以会如此,与风象星座的人格特质有很大的关系。他们对于人际关系并不非常看重,因为他们的人生目标主要是在心智的成长。所以朋友虽多,但都能保持适当的距离。所谓"君子之交淡如水",在风象星座的身上可以得到十足的印证。

也就是因为人际关系较不密切,所以对情绪问题比较看得开。不管何时你看到风象星座的人,他们几乎都是一副开朗的模样。

③顾名思义,水象星座的情绪特征就和水的形状一样:变幻莫测。他们在情绪表达和处理都是如此。情绪要不就暴烈如火山,要不就闷不吭声,没人能摸得清楚。

在情绪处理方式上,他们对任何事情不是极度的包容,就是以极端的愤怒来对待。所以在情绪上,水象星座的人是走极端的偏激分子。

在人际关系上,他们通常给人非常温柔体贴的印象,但变幻莫测的情绪,也常给人深不可测的感觉。

④土象星座在情绪上是个十足的弱势团体。他们不善表达,也不善于处理情绪问题。所以在情绪无法发泄,而问题又不能解决的情况下,就只能在心里生闷气了。因此土象星座的人,脸上总是一副愁眉不展的样子,同时也老是觉得所有的人都不了解他。其实这样的情形大部分的原因都跟土象星座的不善表达有关系。

课后训练与思考

1.大学生情绪的特点有哪些?

2.请根据自己的学习生活实际,谈一谈情绪对自己的影响。

3.大学生普遍存在的情绪障碍有哪些?

4.请结合本章内容,谈一谈调适情绪的方法。

第七章 高职生人际交往

名人名言

　　人类心理的适应,最主要的就是对人际关系的适应,所以人类心理的病态,主要是由于人与人之间关系的失调而来。

——心理卫生学家丁瓒

　　成功的公式中,最重要的一项因素是与人相处。

——罗斯福

　　只有优异的成绩却不懂得与人交往,是个寂寞的人。每一个人自诞生起,交往就无时不在,无处不在。交往作为人类生存与发展赖以继续的一种行为模式,在人类社会的发展历程中扮演着重要角色。心理学研究表明,人类对爱、关心、尊重等交往活动的需要,在其重要性上不亚于对食物、性等生理需要。在现实生活中,对大多数人来说,交往的成败在很大程度上决定着生活和事业的成败。随着我国社会主义市场经济体制的建立和完善,当代大学生作为社会一员,要承担自己的责任,实现自己的目标,就必须与人接触,展开一系列的交往活动。在这一章节中,主要探讨大学生人际交往存在的问题、影响因素、人际交往方法等,希望对大学生成功地进行人际交往提供有益的帮助,促进大学生积极地成长进步。

第一节 课堂实训:人际你我他

一、测一测:大学生人际关系综合诊断量表

请根据自己的实际情况回答以下问题,对每道题目做出"是"(√)与"否"(×)的判断

(1)关于自己的烦恼有口难言　　　　　　　　　　　　　(　　)

(2)和生人见面感觉不自然　　　　　　　　　　　　　　(　　)

(3)过分地羡慕和妒忌别人　　　　　　　　　　　　　　(　　)

(4)与异性交往太少 （　　）

(5)对连续不断的会谈感到困难 （　　）

(6)在社会交往时感到紧张 （　　）

(7)时常伤害别人 （　　）

(8)与异性来往感觉不自然 （　　）

(9)与一大群人在一起感到孤独或者失落 （　　）

(10)易受伤害 （　　）

(11)与别人不能和睦相处 （　　）

(12)不知道与异性朋友相处该如何适可而止 （　　）

(13)不熟悉的人向自己倾诉时,自己感到不自在 （　　）

(14)担心别人对自己有坏印象 （　　）

(15)总是尽力使别人赏识自己 （　　）

(16)暗自思慕异性 （　　）

(17)时常避免表达自己的感受 （　　）

(18)对自己的外貌缺乏信心 （　　）

(19)讨厌某人或者被某人讨厌 （　　）

(20)瞧不起异性 （　　）

(21)不能专注地倾听 （　　）

(22)自己的烦恼无人可以倾诉 （　　）

(23)受别人排斥与冷漠 （　　）

(24)被异性瞧不起 （　　）

(25)不能广泛地听取各种意见 （　　）

(26)常常因为受伤害而伤心 （　　）

(27)常常被别人谈论、愚弄 （　　）

(28)与异性交往不知道如何更好地相处 （　　）

【评分标准】

回答"是"计1分,回答"否"计0分。

0～8分,你与朋友的相处困扰较少。你善于交谈,性格开朗,你喜欢朋友,朋友也喜欢你,你与异性朋友也相处很好。

9～14分,你在和朋友的相处中存在一定程度的困扰。你的人缘一般,你和朋友的关系时好时坏,处于不稳定状态中。

15～28分,你和朋友相处的困扰较严重。超过20分,表明你在人际关系方面的困扰程度很严重,而且可能存在较为明显的障碍。你可能不善于交际、不会交流,或者不开朗,或者是明显自高自大,讨人嫌弃。

二、扮时钟

游戏规则

(1)在黑板上画一个大的时钟模型(圆形外框即可),分别将时钟的刻度大体标识出来。

(2)找三个人分别扮演时钟的秒针、分针、时针,在时钟面前站成一纵列(背向黑板,扮演者看不到时钟模型)。

(3)带领者任意说出一个时刻,要三个分别扮演的人迅速地将代表指针的手指向正确的位置,指示错误或指示慢的人将被淘汰。

(4)在淘汰一两个人之后,大家会发现,一个简单的时间却无法展示出来,因为简单的事物也不是一个人就可以完成的,是一个团队合作完成的。

在这个简单的游戏中,三个人要想尽快地组成要求的图形,必然要求大家的通力合作,要加强彼此之间的沟通,大家一起反应,才能保证成功。提示大家人际交往中合作的重要性。让大家分享活动感受。

三、心有千千结

每10个人组成一组,站成一个面向圆心的圆,记住自己左右手边是谁,当主持人歌声或拍子响起时,在附近自由移动,歌声或拍子停下,原地站立,再牵起原先的左右的人,这时牵起的手形成了杂乱的网状结。最后要求大家在不松开手的情况下,通过各种方式,如扰、跨、钻、套、转等,将交错的"结"还原成原来的圆圈。

讨论:

(1)你开始的感觉怎样,是否感觉思路混乱?

(2)当解开一点以后,你的想法是否发生变化?

(3)最后问题解决以后,你是否感觉很开心?

第二节　知识链接:大学生人际交往

一、人际交往概述

美国著名教育家卡耐基先生曾指出:一个人事业的成功,只有15%是由他的专业技术决定的,另外的85%,则要靠人际关系。人际交往的效果与人际关系的好坏直接影响着大学生的心理健康与成长发展,提高交往能力,构建和谐的人际关系,是大学生成长过程中必须面对的实践课题。

1.人际交往的内涵

交往,是指两个以上的人为了交流有关认识性与情绪评价性的信息而相互作用的过程①。人际交往不仅是人类共同活动的一种特殊形式,也是人们交流思想感情、传递信息的重要手段,更是人们表达情感,消除内心紧张,获得同情与理解的主要途径。

人际交往主要是通过语言符号系统或非语言符号系统实现的。语言信息的交流与沟通,是人们在社会生活中相互联系的主要形式。有人估计,除了8小时的睡眠以外,在其余的16小时中约有70%的时间,人们都在进行相互交往,沟通信息,如读、听、写等。就信息传递而言,人际交往与一般通信工具的信息传递不同,具有自己的特点,具体表现在:首先,交往双方都处在积极主动的状态。交往是双方相互作用的过程,是信息的积极交流和理解;其次,交往在一定程度上改变了双方的关系。人们在交往中不仅交换信息,而且相互产生心理上的影响,使交往双方的态度和行为趋于一致,从而使交往双方建立起良好的人际关系;第三,人际交往过程中会产生特殊的社会性和心理性的障碍。社会文化背景、个人的社会地位、需要、动机以及交往双方的个性特点的差异等都会妨碍交往的正常进行。

2. 人际交往的功能

交往是人健康成长的基本条件。马斯洛认为,人们都有这样的一种需要:需要归属于一定的社会团体,需要得到他人的爱与尊重,这些社会需要是与吃饭穿衣同等重要且不可缺少的需要,则否,人将丧失安全感,进而影响心理健康。社会学与人类学研究更是认为群体合作具有生物保存与适应的功能。如果没有群体的合作,不仅是人类,许多生物都会灭绝。马克思曾指出:人的本质是各种社会关系的总和。没有社会关系,人的本质也无从规定。

处于青年期的大学生,思想活跃,精力充沛,兴趣广泛,人际交往的需要极为强烈。他们力图通过人际交往去认识世界,获得友谊,满足自己物质上和精神上的各种需要。因此青年期的大学生希望被人接受、理解的心情尤为迫切。在人的一生中,再也没有像青年期时那样,有强烈地被理解的愿望。

(1)发展的功能

人际交往是个人社会化的起点和必经之路。社会化即个人学习社会知识、生存技能和文化,从而取得社会生活的资格,开始发展自己的过程。如果没有其他个体的合作,个人是无法完成这个过程的。人只要活着,不管你愿意或自觉与否,都必须与人进行交往。人一生的成长、发展、成功,无不与他人的交往相联系。从人际关系中得到的信息、机遇、扶助,就可能帮助你走上成功之路。现代科学技术的发展使我们越来越依靠群体的力量,人与人之间的情感沟通和智力交往使某些工作出现质的飞跃,这种"群体效应"已越来越成为各项工作的推动力。这种效应的出现主要是在人际互动和交往中实现的。在交往过程中,彼此相互学习,共同提高,可产生$1+1>2$的智力共振。

(2)协调整合功能

世界上没有两片完全相同的叶子。人与人之间存在各种各样的差异,有时这种差异还会导致剧烈的矛盾冲突。在社会生活中,为了协调人们的行为,使之保持平衡,避免发

---

① 林正范:《大学心理学》,浙江大学出版社1999年版。

生相互干扰和矛盾冲突,就会产生社会公约与群体规范。这些公约与规范之所以发生相互作用,乃是通过人际交往将社会信息传递给每个社会成员,从而促使人们的行为相互协调、保持一致。

(3)自我认识功能

人是一种理性的动物。从人的自我意识出现的那一天,他就开始用一定的自我价值来评判自己。当自我价值得到确立时,在主观上就会产生自信、自尊和自我稳定的感受。这就是所谓的自我价值感。人的自我价值感一旦得到确立,生活就会富有热情与意义。相反,如果一个人的自我价值感得不到确立,他就没有正常的自信、自尊与自我稳定的感觉。此时,人就会自卑、自贬、自我厌恶、自我拒绝、自暴自弃。自我价值感完全丧失,就会感觉人生不再有意义,人就会走上自毁、自绝的道路。

人的自我意识的保持和自我价值感的确立是通过社会比较过程实现的。一个人只有将自己置身于社会背景中,通过将自己与别人的比较才能确立自己的价值。所以,人需要了解别人,也需要通过别人来了解自己。需要同别人进行交往,同别人建立人际关系。一个人必须不断地通过社会比较获得充分信息,使自己相信自己是有价值的,才能保持其稳定的自我价值评判。如果社会比较的机会被剥夺,则会使人因缺乏自我状况的社会反馈信息而导致个人价值感丧失的危机,并使人产生高度的自我不稳定感。

(4)心理保健功能

我国著名的心理卫生学家丁瓒教授曾指出:"人类的心理适应,最主要的就是对人际关系的适应。"人际交往是人类特有的需求。通过彼此相互交往,诉说各自的喜怒哀乐,可以增进人们之间的亲密感、安全感,并能从中吸取力量,这对保证人的心理健康无疑是必需的。心理学的研究表明,环境剥夺——即以人为的方法造成感觉经验,一般未来刺激与社交机会的匮乏,对个体的身心发展都会带来极大的损伤。如母子间正常交往的剥夺可造成孩子智力发育的不足和情绪上的挫折与异常。

心理学家研究发现,如果一个人长期缺乏与别人的积极交往,缺乏稳定而良好的人际关系,这个人往往就有明显的性格缺陷。如在青少年心理咨询中发现,绝大多数青少年的心理危机都与缺乏正常的人际交往和良好的人际关系相联系。同时心理学家也从各个不同角度做过大量的研究并发现,健康的个性总与健康的人际交往相伴随。心理健康的水平越高,与别人的交往越积极,越符合社会期望,与别人的关系也越深刻。

(5)幸福感产生的功能

在日常生活中,有些人往往认为,人的幸福是建立在金钱、成功、名誉和地位的基础之上的。实际上,对于人生的幸福来说,所有这些方面都不如健康的交往和良好的人际关系主要。心理学家通过研究发现了一个奇特的现象:自20世纪30年代以来,人们的金钱收入一直是呈现上升的趋势,但是对于生活感到幸福的人的比例并没有增加而是稳定在原来的水平。这说明金钱并不能简单地决定人的幸福。

西方心理学家克林格做了一个广泛的调查,结果发现:良好的人际关系对于生活的幸福具有首要意义。当人们被问到"什么使你的生活富有意义"的时候,几乎所有的人都回答,亲密的人际关系是首要的;自己的生活是否幸福取决于自己同生活中的其他人的关系是否良好;如果同配偶、恋人、孩子、父母、朋友及同事关系良好,有深刻的情感联系,那就会感到生活幸福且富有意义。反之,则感到生活缺乏目标,没有动力,不幸。在这些被调查者的回答中,人际关系的重要远远超过成功、名誉和地位,甚至超过了西方人最为尊重的宗教信仰。有一项调查表明,在我国,压抑、关系不和谐和人际关系压力是导致自杀的三大因素。法国社会学家指出,社会关系的丧失是自杀的主要原因之一。

3. 人际交往的影响因素

(1)妨碍人际关系的因素

①过去的经验

人们经常根据过去的经验判断目前的状况,提前下结论,做出决定,即以自己的经验为标准评价对方以及对方的言行。例如对一个说话比较冗长的人,周边人的反应常是"他是一个很啰嗦的人,他说的话只要听开头和结尾就可以了"。这种经验影响人们倾听对方,进而破坏人际关系。

②成见

在人际交往中,人们会因为种种原因形成对交往对象的认知偏见,也就是成见。因为成见,人们往往不能倾听对方、接纳对方、理解对方,以至成为交往的障碍。要想有一个和谐的人际关系,首先应该放下对对方的成见,尽可能使主观认识和客观实际相一致,正确对待他人。造成认知偏见的主要原因是"刻板印象"。所谓刻板印象指的是人们根据自己的经验形成的对某类人较为固定的看法,并把自己对该类群体的习惯化认知普及到交往对象身上。

③隐性交流

老师:"现在几点了?"

学生:"10 点 10 分。"

这是老师与学生之间进行的一段对话,表面上他们一个人问时间一个人回答时间,但老师真正目的并非问时间,其隐藏的含义是:

老师:"你迟到了!"

学生:"不就迟到 10 分钟嘛!"

而这个隐性的含义才是老师对学生想要真正传达的信息。

经常使用隐性交流不利于亲密的人际关系,因为它总是不断地揣摩对方的心思,其结果也总给人带来不愉快、抑郁,甚至愤怒的情绪。

④对人不对事

古人云:恶其罪,不恶其人。在人际关系中做错某件事情时针对这件事还是针对当事人,其结果完全不一样。针对某件事时,对方可能会感到不愉快或有挫折感,但这种感觉是暂时性的,而且有时这种挫折感对当事者改进自己有一定的促进作用。但针对当事人的时候,带给对方的不只是不愉快或挫折感,而是失败感、无力感。在这种情况下,当事人要么感到自己很无能,甚至绝望,久而久之对自己不自信、自卑,要么感到愤怒,终止人际关系。

⑤评价、忠告

对于一个需要倾诉的人来说,评价或忠告容易让他们感到无能,容易引起他们的防御。因为在很多情况下,人们知道自己的问题是什么,应该怎么做,他们只是想找人倾诉来缓解压力、减轻心理负担。这时对方若不倾听他们,而是以一个审判官或忠告者的身份出现时,他们会感到无比压抑以致不用再谈下去。

(2)促进人际关系的因素

①相近性

常言:日久生情。人与人之间的距离相近或者经常见面、接触、交往时,彼此就容易相互吸引,其关系也会越来越密切。即使不喜欢的人或不喜欢的事物,久而久之也会喜欢起来,如同不喜欢的音乐或广告若经常耳闻目睹就会熟悉,甚至产生亲切感。因此为了良好的人际关系,经常见面是最基本的。

②相似性

相似的爱好、兴趣、见解、社会态度、信念、价值观等使人容易亲近。人们在选择朋友、配偶的时候也会首先考虑到对方与自己的相似性。事实上,相似性的吸引所形成的友谊、爱情多是牢固的。因此若想与某人形成亲密的人际关系,首先有必要了解对方的兴趣、爱好、观点、价值观等,并借此与其靠近。

③互补性

人际交往是交往双方为满足各自需要而进行的互动过程。当交往双方各自所具有的品质和表现出的行为正好符合对方的期望和需要时,往往会产生强烈的人际吸引。心理学家对已建立的恋爱关系的大量研究表明:对长期伴侣来说,推动吸引力的动力主要是相似的价值观念,而维持婚姻长久的基础则是在于夫妻之间需求的互补。互补性在异性朋友、夫妻之间尤为明显。"男女搭配,干活不累",说的就是这个道理。

在大学校园里,一位活泼健谈的学生和一位沉默寡言的学生结成了亲密伙伴,一位主动支配型的男生和一位被动顺从型的女生发展成了一对恋人等,这些都是因为交往双方之间相互取长补短,各取所需的结果。值得一提的是,只有当交往双方相互形成互补时才能产生人际吸引。

④相互性

在人际交往过程中,人们总是希望别人能够接纳自己、喜欢自己、关心自己。在一般情况下,对于喜欢自己的人,人们也去喜欢他;拒绝自己的人,人们也会拒绝他,这就体现了人际交往的相互性。所谓的相互性就是,如果一个人对另一个人表达自己的好感,对方就会产生报答这个好感的责任感,也对喜欢自己的人产生好感,更加关注喜欢自己的人。例如喜欢自己的老师所教的课,学生会加倍努力地学习,想以此来"报答"老师对自己的关心。从人际关系的相互性中可以看出,相互重视和支持是人际关系的基础,若想与他人亲近,就有必要主动表达自己的好感。正如古人云:"敬人者,人恒敬之;爱人者,人恒爱之。"

⑤能力

不管是在学校还是在职场,有能力的人总能引起他人的关注,这样,在人际关系中就已经比其他人有了优势。因此有能力的人即使犯了错,人们也比较能宽容他们。而实际上,有点瑕疵的能人比完美的人更具魅力。例如,平时很威严的校长给学生们讲述自己年轻时的彷徨和犯下的错误时,学生们会更加喜欢这个带"污点"的校长。

⑥外表

在人际关系中,外表一直是令人瞩目的重要因素,在初次接触中更是一个非常重要的吸引因素。一个人若拥有良好的外表,就会给他人有能力、聪慧、出色的印象,即使犯了错误也能得到宽容,这也是光环效应的影响之一。例如,两个人犯了同样的错误时,人们往往对外表相对较好的人表现出宽宏大度。外表并非只代表靓丽的长相,还包括穿着、风度、仪态、言行举止等外显的各方面要素。一个人虽然不能改变自己的长相,但可以改变自己的表情,可以改变自己的仪态和言行举止。因此,一个人若想增进人际吸引,则应进行合适的"印象修饰",即将自己的表情、穿着、言行举止修饰得恰到好处,产生令人愿意接近的吸引力。

⑦表扬

表扬是人际关系中的润滑剂,是令人愉快起来的最有效的技术。表扬也是一门学问,可以学习更可以学会。日本某银行的行长编制了 360 种表扬方法并发给每一个银行职员学习,结果濒临倒闭的银行在一年后成为最优银行。

表扬的具体技术如下:

第一,用微笑表扬他人,表扬的内容固然重要,但如何表达自己对他人的表扬更重要。

第二,具体的表扬胜于抽象的、笼统的表扬,因为它有针对性。

第三,"责备要在暗处,表扬则在明处",在许多人面前听到的表扬效果更加明显。

第四,表扬要适时,而且要注意表扬的场合。

第五,及时的表扬效果更佳。

第六,真实的表扬。表扬需要真诚,习惯性的或者心不在焉的表扬不仅没有效果,有时会引起对方的反感。

第七,有必要表扬自己。因为连自己都不会表扬的人是不会表扬他人的。

但不是所有的表扬都是有效的,有些表扬不仅没有效果,而且会影响人际关系。例如,习惯性的表扬、口头禅式的表扬容易让对方产生反感。口是心非的表扬,即伪表扬也会引起对方的反感。此外,阿谀奉承的表扬,即目的不纯的表扬不仅没用,甚至会恶化人际关系。

电影 *As Good As Gets* 中,男主人公 Melvin Udall 与女主人公 Carol Connelly 之间的一段对话则向我们展示了一个精彩的表扬:

> C:请你表扬我一下。
>
> M:嗯,其实我有心理疾病,不久前我决定吃药了。他们说吃药会好起来。
>
> C:这算什么表扬?
>
> M:因为你,我想成为一个更好的男人。
>
> C:这真是我一生中遇到的最棒的表扬。

⑧乐观

人际交往中首先要有一颗乐观的心。试想，人们会喜欢与心胸开阔、性格开朗的人相处，还是喜欢和一个精神萎靡、抱怨诉苦的人在一起？一个积极而乐观的心态不仅有助于搞好横向的人际关系，如朋友、同学、同事关系，也有助于纵向的人际关系，如上司、下属关系。拥有这种人际交往的磁石，能吸引周围的人，也能给别人带来快乐和希望。

⑨倾听

上帝给我们两只耳朵、一张嘴就是让我们少说多听，这是有名的爱尔兰格言。在良好的人际关系中，倾听是必不可少的重要因素。有关倾听，下面的一段比喻比较贴切。

最不会倾听的是精神病患者，他们自己说自己的，不听别人的话。

其次是一些上了年纪的老人，别人说话时他们会听，但回答时却往往答非所问，没有互动。

然后是酗酒的人，他们会听别人说话，也与他人交流，但只要稍稍不符自己的意愿就大发雷霆，甚至大打出手，即不能接纳他人。

再次是一般的听者，别人说话时他们会听，但在脑子里边听边做记录。记录的主要内容是判断或评价对方的话，然后准备怎样回答对方。等对方一讲完，有时候等不及对方讲完就将自己所记录的内容说给对方听。这就导致听者经常打断对方的话或片面听取对方的活，甚至断章取义。另一方面，听者往往站在自己的立场上判断和评价对方，因此不能共情。

最后，是真正能够倾听的人，他们放下心中的纸和笔，不考虑怎样回答对方，也不评价对方，全身心地关注对方、倾听对方讲话。下面是一首关于倾听的打油诗：

只是希望你倾听

只是希望你倾听的时候，
你却开始忠告，
却忘了我只要你倾听。
只是希望你倾听的时候，
你却开始教训我，
而忽视了我的感觉。
只是希望你倾听的时候，
你却认为应该为我解决问题，
这样的你让我感到有点陌生，
请你倾听我，我只请求你倾听我，
不要考虑对我说什么，
不要考虑为我做什么，
只是倾听我！
忠告是廉价的，

用几个硬币就能在书摊上买得到，

我也知道应该怎么做，

我不是一个无能的人。

你为我做我能做的事，我应该做的事，

我很感激你，

但这更让我感到软弱无能。

请你倾听我，

虽然听起来有些离奇、不成体统。

请你倾听我，站在我的立场上！

当你了解决我为什么有这种感觉时，

体会理解我此时的心情、此时的感觉，

而这些都不需要你的忠告。

所以，请你倾听我，只是倾听我！

如果真的想说，

请再等一会儿，

我会给你说话的机会。

二、大学生常见的交往困扰与自我调试

人际困扰就如一张无形的网，影响着高职大学生的正常交往和身心健康，了解交往中常见的心理困扰及调试方法对提高大学生的人际交往水平有着实际意义。

1. 自卑心理困扰及其自我调试

自卑心理是高职大学生人际交往中常见的心理困扰。有自卑问题的同学在交往中常常缺乏自信心，处事过分小心谨慎，畏首畏尾，善虑、敏感、多疑、孤僻、烦琐。有自卑心理的人性格多内向、感情脆弱，常常自惭形秽，感到这也不如人，那也不如人，总感到别人瞧不起自己，这种人在公共场合一般不是积极主动参与，而是消极被动、过于警觉，极为受挫。究其原因，大学生人际交往中自卑心理形成的原因主要有：

（1）过度的自我否定

心理学的研究发现，性格内向的人，多愿意接受别人的低评价而不愿意接受别人的高评价。在与他人接触和比较的过程中，习惯于拿自己的短处与他人的长处比，所以越比越觉得不如人，就会产生自卑心理。性格内向的人还有一个特点就是喜欢经常性地自我反省。因为他们对自己的不足有较多的了解，并力求自我完善。因而对自己要求较严，但越严越觉得自己不足，只看到自己的不足而忽视了自己的优点，形成了过多的自我否定。

（2）消极的自我暗示心理

人们在交往中面对一种新局面时，都会首先自我衡量是否有能力应付。如果自我认识不足，常有一种我不行的消极自我暗示，就会抑制自信，增加紧张，限制能力的发挥，导致社交的失败。这种结果又无形地印证了自卑者的消极自我认识，使自卑感成为一种固

定的消极自我暗示，而且会日益加深。

（3）过强的自尊

自尊过强也能导致自卑心理，如有的学生非常看重自己在别人心中的印象，害怕自己的弱点和不足暴露在别人面前，害怕出现挫折有损自己的印象，因而为了维护自尊，不积极主动交往。

（4）个体条件有缺陷

高职大学生中因为生理条件或生活条件相对不足常常能引起心理上的自卑。如有的学生因为生理上的缺陷，如容貌不佳或者个子太矮等，总觉得别人看不起自己而影响与他人交往；有的学生总觉得自己经济拮据、出身贫寒，担心别人看不起自己，在人际交往中，往往不敢主动积极，而是退避三舍，离群索居，表现出自卑的倾向。严重的自卑会造成心理变态，给高职大学生学习和生活带来精神上的负担。针对上述原因，高职大学生自卑心理的自我调试方法有以下两种。

①正确认识自我，提高自我评价

自卑心理的形成主要来源于社交中不能正确认识自己和对待自己。要改变自卑，必须改变原有对自己的认识，善于挖掘和发展自己的优势，扬长避短。我们应该有勇气承认自己和其他同学的差异，不要事事处处以超越别人为目的，关键是要把握自己的长处，按照自己的目标去交际、去生活。

②调整心态、积极与他人交往

一个人的接触面越广，越能促进其对自身的了解。因此，每一位同学都不应把自己局限于某个固定的小圈子中，应不断地扩展自己的交际范围，去感受他人的喜怒哀乐，去感受美好的生活。另外，自卑的学生在交往中一般都具有谦虚、善于体谅人、不与人争名夺利、做事小心谨慎、稳妥细致等优点，容易取得别人的信任。所以，自卑的学生要看到自己在交往中的长处，增强自信，为消除自卑奠定心理基础。

2. 孤独心理及自我调试

孤独是一种感到与世隔离、无人与之进行情感或思想交流、孤单寂寞的心理状态。孤独的同学常常表现出精神萎靡不振、情绪低落，并时常产生孤雁失群式的悲哀，从而影响正常的生活、社交和学习。一般说来，孤独心理的产生重要由下面几个原因所致：

（1）性格所致

有的人生性内向，只注意自己的内心体验，不善于与人交往；有的人性格孤僻，如自卑、偏执、冷漠、尖刻等无法与人相处，致使陷入孤独境地；还有的人自负、高傲，觉得自己知识渊博，而周围的同学都才疏学浅，不屑于交流，此时也会产生孤独心理。

（2）过于自尊而孤独

大学生最重要的心理成熟表现是发现了自己的内心世界，发现了自己与其他同学之间的心理差异，产生了与同学交往的强烈愿望，但因过于自尊和缺乏交际知识，有不肯轻易向别人敞开心扉，于是忧心忡忡、闷闷不乐，心中充满了对友谊的渴望而不去行动，孤独感便随之而来。

（3）挫折所致

有些同学在人际交往中曾因受到过几次挫折，心理受过打击，于是便看破红尘，从此封闭自己。

（4）环境因素

如果一个人长期生活在缺乏理解与友爱的环境中，处在长期压抑而没有凝聚力的群体中，往往会感到孤独。有的大学生进入校园后，很难适应变化了的环境，对校园的一切感到陌生和不习惯，迟迟进入不了角色，也很难体验到归属感，其结果便是郁郁寡欢，沉默孤独。

对大学生孤独心理的自我调试方法有：

①主动融入集体中。任何一个同学都是处在一定的环境中的，拒绝把自己融入集体中，孤独肯定会格外地垂青他。我们既要保持灵魂独舞的疆域，也要与环境有所趋同，如果常常以冷漠甚至厌恶的眼神看待其他同学，限于自恃清高而不可自拔，集体也会对他进行排斥，这样就会影响个人的发展。

②积极参与社交活动。要敢于冲破自我封闭的樊笼，越过心灵的障碍，通过广泛的交流寻觅知音，当真正感到与同学心相容并为人所接受时，就会看到柳暗花明的新天地，享受到正常的人际交往的欢乐与幸福。

③克服不良的性格，培养高尚的情趣，消除人际交往的障碍。

3. 嫉妒心理困扰及自我调试

嫉妒是在人际交往中发现自己的才能、名誉、地位和境遇等方面不如对方而产生的一种自惭、怨恨、恼怒等的复杂情感。就高职大学生而言，嫉妒心理主要表现在对他人的成绩和长处不服气，甚至抱以嫉恨；看到别人优秀不甘心、不服气，总希望别人比自己落后；看到别人处于劣势则感到莫大安慰等。有嫉妒心理的人还有一个重要的特点是没有竞争的勇气，往往是讥讽、挖苦、挑拨，甚至采取不合法、不正当的行为，对他人和集体造成种种伤害。嫉妒心理的自我调试方法主要有以下几种：

（1）转移注意力

嫉妒往往是在闲暇时间产生的，如果我们把主要精力投入到努力学习专业技能、积极参加学院各种社团活动中，使自己心理充实、心情愉快，就无暇去嫉妒别人；另一方面有意识地把注意力调节到自身的优势、别人的劣势上，也能逐步克服嫉妒心理。

（2）树立目标、积极上进

有嫉妒心理的同学应树立自己的远大目标而定出近期计划，化嫉妒心理为追求上进的力量，并通过自己的积极努力，以正当的手段赶上或者超过对方，即使不如别的同学，你的心理也是积极、健康、阳光灿烂的。

（3）加强学习、提高修养

嫉妒心理严重的人往往是目光短浅、气量狭小，与人交往时往往以自我为中心，凡事愿被别人称赞或者很少称赞人，情绪不稳易受外界影响。因此平时应加强自身修养提高心理素质。

4.猜疑心理困扰及其自我调试

猜疑是人性的弱点之一,历来是害人害己的祸根。一个人一旦掉进猜疑的陷阱,必定事事捕风捉影,处处神经过敏,极容易影响正常的人际关系,影响个人的身心健康,可以说是友谊之树的蛀虫。正如英国哲学家培根说:"多疑之心犹似蝙蝠,它总是在黄昏中起飞。这种心情是迷惑人的,又是乱人心智的。它能使你陷入迷惘,混淆敌友,从而破坏人的事业。"

大学生猜疑心理形成的原因可以概括为:

(1)对环境、对他人、对自己缺乏信任

古人云:"长相知,不相疑。"反之,不相知,必定长相疑。疑神疑鬼的人,看似怀疑别人,实际上也是对自己的怀疑,至少是信心不足。有些人在某些方面自认为不如别人,因而总以为别人在议论自己,看不起自己。一个人越自信,越容易信任别人,就越不容易产生猜疑心理。

(2)作茧自缚的封闭思路

猜疑一般是从某一假想目标开始,最后又回到假想目标,就像一个圆圈一样,越画越粗,越画越圆。最典型的例子就是"疑人偷斧"的寓言了。现实生活中猜疑心理的产生和发展,几乎都同这种封闭性思路主宰了正常思维密切相关。

(3)对交往挫折的自我防卫心理所致

有些人以前由于轻信别人,在交往中受过骗,蒙受了巨大的精神损失和情感挫折,结果万念俱灰,不再相信任何人。

大学生猜疑心理的调试方法主要有:

①提高心理素质,加强个人修养。猜疑心理的主要原因是心胸狭窄,目光短浅,气量狭小。加强思想品德的修养,努力使自己胸襟开阔,要学会"严于律己,宽以待人"的处事方法。别人对自己的一些小疏忽,小恩怨,不要过多计较,耿耿于怀,保持雍容大度的气量。

②摆脱错误思维方法的束缚。猜疑一般总是从某一假象目标开始,最后又回到这一假象目标。只有摆脱错误思维方法的束缚,扩展思路,走出"先入为主""按图索骥"的死胡同,才能促使猜疑之心在得不到自我证实和不能自圆其说的情况下自行消失。

③要学会自我安慰。一个人在生活中,遭到别人的非议和留言,与他人产生误会,没有什么值得大惊小怪的。在一些生活细节上,不必斤斤计较,可以糊涂些,这样就可以避免烦恼。如果看到别人怀疑自己,应当安慰自己不必为别人的闲言碎语所纠缠,不要在意别人的议论,这样不仅解脱了自己,而且还取得了一次小小的精神胜利,产生的怀疑自然就烟消云散了。

④要及时释疑、解惑。在人际交往过程中,彼此误会的事情难免要发生。一旦发生误会,首先要冷静,调整自己的心态;其次要心平气和、开诚布公地把问题摆在桌面上;然后用善意的心态、诚恳的态度、讨论的方式,相信别人的解释,以恢复事实真相,达成共识。

5. 闭锁心理困扰及其自我调试

闭锁心理又称自我封闭心理。这种心理的表现是把自己的真实思想、情感、欲望统统掩盖起来，让别人不知道自己的真实想法。有严重自我封闭心理的人对任何人都不信任、怀有很深的戒备心理，在交往中要么少言寡语，要么不着边际，从不与人推心置腹，给人高深莫测、不可捉摸的印象，使人无法接近，他们一般很少有知心朋友。

闭锁心理的自我调试关键是要解除心理顾虑，多交流、多解除，以自己真诚、坦率的心态去交往，多关心、多帮助别人，以心换心，以情换情。与此同时树立与时俱进的新理念，充分认识到人际交往能力是衡量一个人是否具有适应开放社会的能力的标准之一，解除思想顾虑，积极主动地与人交往。

6. 恐惧心理与自我调试

社交恐惧心理是在社交时出现的一种带有恐惧色彩的情感反应，表现为害羞、脸红、说话紧张、怯于与人交往等。高职大学生的社交恐惧心理一般有两种类型：一类是属于气质型恐惧，即抑郁气质类型的人，生性孤僻，害怕与人交往，常常怀有一种胆怯的心理。一类是属于挫折型恐惧，即遇到突发事件后产生的恐惧心理。恐惧心理的调试方法有：

（1）端正交往认识

害怕交往主要是对交往缺乏正确的认识，没有掌握正确的交往技巧，以至于总有一种处于失败边缘的感觉，似乎一参加交往就会以失败告终。交往能力的提高只有通过实践才能完成。那些在交往中能够应付自如的成功者，无一不是经历过各种场合与各种人打交道而锻炼出来的，是实践和经验才使得他们有较强的交往能力。因此没有必要要求自己事事得体、处处大方，应该经常参加交往活动，处理各种复杂问题，掌握摆脱窘境的方法和技巧。

（2）适当运用自我暗示法

当恐惧来临时，可以用言辞暗示自我：我只不过是集体的一分子，别人不会专门盯住我、注意我一个人的。用此方法消除人际敏感，以摆脱那种过多考虑别人评价的思维方式。

（3）期望值不要定得太高

要注意克服自卑心理，先从与自己熟悉的人际交往中获取良好的交往经验，再适当推广至一般朋友、陌生人的友善交往，最终战胜交往恐惧。

三、大学生人际交往的艺术

1. 大学生人际交往的原则

（1）平等原则

平等原则意味着在交往中要互相尊重，一视同仁，这是和谐交往的基本前提。萧伯纳有一次在写作休息时，和邻居的小女孩玩耍。当送小女孩回家时，他对小女孩说："知道我是谁吗？回家告诉你妈妈，就说和你一起玩的是萧伯纳。"小女孩天真地回应说："知道我是谁吗？回去告诉你妈妈，就说和你一起玩的是克里·佩丝莱娅。"大文豪不禁汗颜。后来萧伯纳对朋友谈起此事，感慨道："一个 7 岁的小女孩给我上了一生中最好最重要的一课。一个人不论有多大的成就，他在人格上与任何人都是平等的。这个教训我一辈子也忘不了。"

交往中的平等是相互的,尊重他人,才能尊重自己。与他人进行交往时,要把双方放在平等的位置上,既不能觉得自己低人一等,也不能认为自己高高在上。尽管由于主观因素的影响,人与人在气质、性格、能力、家庭背景等方面存在差异,但在人格上大家都是平等的。因此在交往中要对自己有信心,对别人有诚心。彼此尊重,平等交往才可能持久。对于大学生来说,不论学习成绩好坏、家庭背景如何、是否是班干部、长相如何,都应得到同等的对待,同学之间不要冷落集体中的任何人。

(2)宽容原则

大千世界,芸芸众生,每个人都有不同的个性和爱好,而且金无足赤,人无完人。因此,我们在与人交往时,既不能用一种标准去要求他人,也不能苛求他人,要学会宽容,求同存异。宽容他人也就是在宽容自己,苛求他人也就是在苛求自己。不会宽容他人也同样得不到他人的宽容。

宽容原则非常重要,因为大学生交往中的许多问题都是由于不宽容造成的。要能宽容别人,首先要理解别人,学会设身处地为别人着想。而要真正理解别人,为别人着想,又要多交流,深入了解各自的性情爱好和价值理念,这样才不至于在出现问题后无端猜疑,造成不必要的纠纷,有碍于形成宽容和谐的气氛。

(3)诚信原则

朋友之交,言而有信。许诺别人的事情就要履行,这是诚信原则的重要表现。轻易许诺却失信于人,会给人留下极强的不信任感。缺乏诚意的交往正是人际交往的大忌。大学生要认识到信诺是非常郑重的行为。不应办或办不到的事情,不能轻易许诺,不要碍于面子而答应,之后又无法兑现承诺。守时,虽然表面看来是交往中的一件小事,但它是交往双方衡量对方品质的重要途径,尤其是在异性交往中,是否守时甚至是决定交往能否继续下去的关键因素。我国古人历来把守信作为一个人立身处世之本,如孔子曰:"人而无信,不知其可也。"

(4)真诚互助原则

这是一种崇高的道德力量,是纯洁友谊的内容,不要将此曲解为斤斤计较的功利原则,如"我今天帮助你,你明天必须报答我",或"我不图别人的好处,但我绝不白施与人"。它要求我们在别人遇到困难时伸出热情之手,像雪中送炭一样给别人以物质或精神的慰藉。互助的关键是要真诚。当然,互助也要注重相互性、互利性,如果一方只索取,不给予,或只给予不索取,那就容易使另一方或者认为自己被人利用,或者误解对方的诚意,不敢再进一步向对方敞开心扉,从而中断交往。事实证明,交往中缺乏真诚互助,双方的关系就越容易疏远。

2.克服人际认知的偏差

通俗地讲,人际认知就是对人的认识。人们在交往中彼此的感知、理解、判断往往直接影响对被认知对象的印象和好恶感觉,从而进一步影响人际关系。大学生的人际关系认知是彼此之间人际关系建立的起点。正确的、全面的、科学的人际认知有利于协调发展良好的人际关系;错误、片面、歪曲的人际认知阻碍人际关系的建立和协调。在人际认知中下面几种现象要特别注意。

（1）首因效应

首因效应又叫优先效应或第一印象。人们初次见面时产生的印象往往会影响对人以后一系列行为的解释,有先入为主的作用。人们初次相遇,总要首先观察对方的衣着、相貌、举止及其他可察觉到的动作反应,然后根据观察到的印象对对方做一个初步的评价,虽然第一印象在很短的时间内根据有限的、表面的观察资料所得出,但由于它的新异性和双方鲜明的情绪色彩,却能在人的脑海中留下深刻的烙印。第一印象有时和一个人的气质相吻合,有时和一个人的气质大相径庭。不同的人会对同一个人产生不同的第一印象,如对一个蓄长发留胡须的男青年,有的人认为他流里流气,有的人却觉得他很时髦,很"酷"。因此,我们在交往中要尽量避免第一印象的影响,要把第一印象作为一种信息储存在脑子里,且不要急于对一个人做出什么结论,要想对一个人理解得准确,有待于交往的进一步深化。"路遥知马力,日久见人心",仍不失为一个真理。同时,我们在人际交往过程中,应该努力给人留下一个良好的第一印象。美国学者伦纳德·朱宁博士在他所著的《接触:最初四分钟的接触》一书中指出,结交新认识的人时,头四分钟至关重要。为了给对方一个好的第一印象,他认为结识新朋友时,起码要高度集中精力四分钟,而不应一面与对方交谈,一面东张西望,或另有所想,或不断匆匆改变话题,致使对方不悦。

（2）晕轮效应

晕轮效应又叫成见效应或概面效应。这是指当一个人对某人产生了良好印象或者不良印象后便以偏概全,以点概面,认为这个人一切都很好或者都很差,形成了某种成见,好像月晕一样,把月亮的光扩大化了。产生晕轮效应是由于人在交往中掌握有关对方的信息资料很少的情况下做出总体判断的结果。"晕轮效应"最大的问题在于以偏概全,以个别特征代替整体特征,显然,这很不利于正确客观地认识他人。受晕轮效应的影响,甚至会主观地歪曲一个人的形象,对交往对象做出不正确的评价。如当你对某人印象好时就觉得他处处顺眼,爱屋及乌,甚至连她的缺点错误也会觉得可爱,有的大学生对异性有单相思,很多时候也因为晕轮效应而把对方看得很完美;当你对某人印象不好时,就觉得他处处不顺眼,憎人及物,对其优点或成绩视而不见,这种心理状态必然会影响到人际关系的融洽与和谐。

（3）社会刻板印象

社会刻板印象是指由于受社会影响,对于某个人或某一类人产生的一种比较固定的看法,也叫定型化效应。一般来说,定型的产生是以过去有限的经验为基础,源于对人的群体归类。人际认知时,人们并不是把认知对象作为一个个个体去认识的,而总是把他当作某一类人中的一员,认为他肯定也具备这一类人的共同特点。这种笼统地把人划归固定类型来加以认识的现象,即为刻板印象。如大学生中流传的南方学生精明,北方同学直率的印象;还如在人们脑子里,知识分子书生气十足,工人粗犷豪放,农民醇厚朴实,教授则必然白发苍苍的印象;方下巴是坚强意志的标志,宽大的前额象征智慧,胖人心地善良,厚嘴唇则忠厚老实的印象等等。

社会刻板印象在人际交往中有利有弊。一方面,它会导致在认识别人过程中的某种程度的简化,有助于人们对他人做概括的了解;另一方面,倘若在非本质方面做出概括而忽视了人的个别差异,就会形成偏见,做出错误的判断。事实上,一个类型的人所具有的特点,并不一定在该类型的所有人的身上出现,对某人的刻板印象并不见得与他本人的事实相符。

(4)投射效应

心理学实验证明,当人们被要求猜测一个陌生人的思想、品质或某些特征时,他最大可能的猜测就是与自己一样,自己好客就猜测别人也好客,自己多疑就猜测别人也一样,这就是自我投射效应:由己及人、由内及外,把自己的特征强加到别人身上。

在日常交往中,以投射的方式去认识他人,错误的可能性极大,因为即便是与自己相近的人,也不可能与自己完全相同,由己推人的主观方法很难获得对对方的客观认识。而一旦对方与自己不是同一类人时,造成的误解就会更大。交往中出现对交往对象的误解或扭曲就很容易出现交往障碍。所以,在交往活动中,应尽量排除用自己的偏见去看交往对象,更应该防止对别人疑神疑鬼,对某人有意见,就怀疑别人对自己也有意见,破坏了自己与他人的关系。

(5)从众效应

从众效应是指在群体作用下,个人调整与改变自己以求与他人保持一致。从众心理在交往中非常普遍,当自己身处在一个群体当中时,很容易受大多数人的意见的影响:如果多数人认为某个人是好人,自己就会比较放心地与他交往。由此可见,从众心理的实质就是群体效应,是将个体—群体评价代替自己的评价,并从此改变了自己的观念。从众效应在交往中有积极的一面,比如把一个后进生放进一个先进的集体中,后进生就可能在大家的影响下向先进生迈进。但是,从众心理在交往活动中也有消极效应,因为群体对个体的评价有时并非以一种客观、公正的标准和手段进行,而大多数人最常见的心理就是随大流,不愿独树一帜,这样,一种群体性的偏差就会产生,交往中的问题也就随之而来。

在人际交往中,必须克服上述偏见心理,要辩证发展地观察了解一个人,要加强相互间的交往,提高对人对事的认识程度,从而提高交往水平。

3.大学生人际交往的技巧

(1)掌握谈话中的语言艺术

由于交往主要是通过人的语言活动实现的,因此,交往中谈话的艺术是最重要的。谈话艺术可以概括为:一是人际称呼要恰当;二是谈话的态度要诚恳;三是谈话时眼睛要正视对方,积极倾听;四是语言要通俗准确,努力增加幽默感;五是说话不要喋喋不休,唱独角戏;六是说话的语音语调要恰当;七是不要轻易打断对方的谈话;八是配合必要的非语言信号。掌握了这些谈话艺术,能够帮助我们很好地与人交往。

(2)帮助别人获得“一种重要人物的感觉”

卡耐基在他的著作《人性的弱点》中列出几乎每个正常的成年人都不断渴望能够享有的八种东西:健康的身体和生命的安全;食物;睡眠;金钱和金钱能买到的东西;今后的生命;性生活的满足;子女的幸福;一种重要人物的感觉。这里需要特别指出的就是第八种“一种重要人物的感觉”。人缺少食物会引起生理饥饿感,同样,人缺乏一种重要人物的感觉,也会引起心理上的饥饿感。可以说,渴望重要人物的感觉,是人类和其他动物之间明显的区别之一。

卡耐基把人对食物的渴望看作人性的弱点之一,并不准确。人离不开食物,不能算作人性的弱点,同样的道理,人有想成为重要人物的渴望,也不能算作人性的弱点。最恰当的理解应该是这种渴望是人普遍的、突出的心理特点。既然人有这样的特点,就应顺其自然,而在处理人际关系中最好的顺应办法就是真诚地、发自内心地多赞美别人,以此让别人获得一种重要人物的感觉。

（3）微笑是走向成功的通行证

有不少人认为,漂亮是一张通行证。应该说这种观点是有一些道理的,只是不同的人对漂亮的理解是有差别的。为了能使自己漂亮,有的人置办行头,有的人去美容,其实一个最简单也最有效地使自己漂亮的方法,那就是学会微笑。

在与人们的交往中,你真诚的微笑往往能给别人留下美好而深刻的印象,也许你自己并没有意识到你的一个不经意的微笑是那样富有感染的力量。胡适先生曾写过一首名为《一笑》的诗:

> 十几年前,/一个人对我笑了一笑。/我当时不懂得什么,/只觉得他笑得很好。/那个人后来不知怎样了,/只是他那一笑还在:/我不但忘不了它,/还觉得它越来越可爱。/我借它作了许多情诗,/我替它想出种种境地:/有的人读了伤心,/有的人读了欢喜。/喜欢也罢,伤心也罢,/其实那只是一笑。/我也许不再见着那笑的人,/但我很感谢他笑得真好。

外面阴雨连绵的天气不会按照我们的意愿而变得晴朗,而微笑就像能冲破云层的阳光。微笑的含义就是:我喜欢你,见到你我很高兴。为了成为一个成功的交往者,从今天开始真诚地微笑吧,一切都会变得美好起来。

（4）爱人者,人恒爱之

主动关心、帮助身边的每一个人,无私、真诚、具有爱心,这样才能获得真正的友谊,赢得他人对你的尊重和爱。这就是社交中的"皮格马利翁效应"。古希腊神话传说中说,塞浦路斯国王皮格马利翁酷爱雕塑艺术。有一次,他在创作一座少女雕塑时倾注了自己全部心血和情感,并已渐渐对这座美丽的少女雕塑产生了爱慕之情。后来他的热情和真诚发生了效应,使少女雕塑突然复活。从此两个人幸福地生活在一起。

只要你善意地知觉对方,尊重对方,并表现出与之交往的强烈热情和渴望,付出真情,对方就能理解和尊重你,并也回报深情,那么,希腊神话故事所反映出的"爱"的效应也会出现在人际交往中。这就是所谓的以诚换诚,以心换心,心心相印。爱心和真诚永远是世界上最宝贵的品德和财富。大学生在日常生活中,对周围同学的情绪变化、饮食起居的不适都要多加关心,不要以为这些是无足轻重的小事,在这些看似很小的身心方面的变化往往是事故发生的预兆。少数自杀的学生,他们在做出自杀决定后的情绪变化也并不太显著,只有真正有心的人才会发现。

人在困难失意的时候最需要他人的爱心和帮助。所以,有的学生这样定义友谊:真正的友谊就是,当你失意了,你知道有几双深情的眼睛在默默注视你;当你失败了,你知道有几颗心始终如一地在与你一起跳动;当你步履蹒跚、举步维艰的时候,你知道有几支坚强有力的肩膀随时准备伸向你;当你因成功收到妒忌、冷嘲热讽时,你知道有几个人在真诚地分享你的快乐,为你祝福。在这时,这些友谊都会使你怦然心动而泪湿眼角。"敬人者,人恒敬之;爱人者,人恒爱之。"从我做起,主动与人交往,与人交往的同时,必须以诚相待,热情有加。古人说得好,"以诚感人者,人亦诚而应"。只要坚持如此,就必能创造出和谐的人际关系。

(5)反省自我——借面镜子照自己

有一咨询案例。小丽走进咨询室时并不像大多数人那样拘谨,她大大咧咧地坐下,没等我开口,就先对咨询室的布置评头论足一番。我微笑地看着她,等着她转入正题。终于,小丽说出了自己的困惑:她正被寝室同学人际关系困扰。比如同寝室的小 A,她是个没头脑的人,只知道啃武侠书,小丽才不愿意与这种没有上进心的人交往呢。而小 B呢,尽管聪明过人,但办事以自我为中心,自负得听不进批评。小丽难免会与小 B 产生摩擦,但是她还是愿意和小 B 这一类人交往。她的问题是:如何让小 B 变得谦虚些,容易相处些呢? 我让小丽先谈谈自己,她谈起来滔滔不绝,她认为自己有头脑,学业水平高,为人处世有原则,不怕吃苦,对未来的事业有雄心。只是由于有时太过"坦率直言",不太有人缘。"不过,与那些俗人交往也没多大意思",最后小丽来了一个总结。不知不觉中,一个小时过去了。我让小丽一周后再来。一周后,小丽依约前来。坐定之后,我递给她一张纸和一支笔,让她在纸上写下她认为最难相处的人的名字和其优缺点,有一条写一条,小丽在纸上写下了小 B 的名字……等她完成第一个作业,我又让她如法炮制,在另一张纸上写下自己的优缺点。半小时后,小丽把两张纸交给我。我飞快地看了一遍,果不出所料。但我不动声色,让她仔细地将两张纸的内容对比了一下。"是不是有某种程度的相似性?"我提示小丽。小丽的确聪明。她很快看出了其中的蹊跷:从本质上看,小丽和小 B 是同一类型的人。在写缺点时,小丽把同一性格特点用两种感情色彩的词来描绘。比如,她认为小 B 自负骄傲,而自己是自信自尊;小 B 是自我中心、自私,而自己是独立性强,做事有主见、有原则。看着看着,小丽不由地脸红起来。我顺势向小丽解释了心理防御机制中的投射作用。作为心理保护的手段,人们往往把自己的不足之处投射到别人身上。对他人的缺点十分敏感,而对自己的不足茫然不知。然而"察人可以知己,察己可以知人",自己和别人有时就像一面镜子,可以互相参照,引起反省。

看了这则案例后,我们是否可以想想在日常交往中是不是与小丽一样或者相似。有句话大家似乎知道,"在别人身上看到自己的缺点,是最令自己感到气愤的事",就如吝啬的人最容不得别人小器,骄傲的人最看不惯别人自负一样。我们最缺乏的是:通过别人来反省自己并改正自己的能力。在人际交往中我们如果能经常借面镜子照照自己,那么和谐的人际关系就一定会形成。

(6)建立良好的第一印象

人际交往总是从首次印象开始的,第一印象常常明显、强烈而且影响深远。第一印象在以后的交往中往往起着定势作用,如果一个人给人留下的是诚恳、热情、大方的印象,自然受人喜爱,别人也愿意与之继续交往。相反,如果留下的是虚伪、冷漠、呆板的印象,别人当然不会愿意接近。

良好的第一印象的确需要注意以下几点:第一,注意仪表。在公共场所中人们总是趋近外表美丽、英俊、衣着整洁、仪表大方的人,并且常常有意无意中还会把一个人的仪表风度同他相应的身份、修养、品德联系在一起,外表有魅力的人给人较好的印象,人们对之评价较高,也较有兴趣,这是因为美是人人向往的。第二,注意言语表情。语言不俗、内容丰富有趣总能给人留下好的印象;反之,夸夸其谈、品味平庸,使人厌恶。第三,注意举止。举止得体、优雅、潇洒,反映出一个人的内在气质和修养,能增强人际吸引;反之,如果过分拘谨、轻浮、粗鲁则使人远离。总之,无论在求职、交友、恋爱,还是在课堂、集会等公共场所都应注意使自己给人留下美好的第一印象,这是以后长期交往的良好开端。

第三节　案例及分析

走出孤独封闭的圈子

19 岁的小娟是某高职院校的一名大一女生。刚入大学时,由于她是第一次远离家人孤身一人来到一个陌生的城市读书,面对来自全国各地,性格、经历、生活习惯和家庭条件各不相同的同学,有时觉得很孤独,很想家,所以就经常往家里打长途电话,诉说自己在学校的感受和对家人的思念。有一天,小娟在寝室里因为对某个问题的看法不同而跟同宿舍的一位同学发生了争执,从此以后,小娟从"不喜欢对方"发展到"越看该同学越不顺眼",甚至连对方的长相、生活方式都看着别扭。只是她想到父母平时经常提醒自己与人相处要"以和为贵",于是便采取了消极回避矛盾的方式。每天清晨,她总是第一个起床,以最快的速度洗漱后,离开宿舍去用早餐,再到教室上课;中午,吃完饭也不回宿舍休息,而是在教室度过;每天晚上直到晚自习结束的铃声响过多时,她才最后一个回到宿舍。她常常在宿舍门外听到舍友们有说有笑,可一迈进宿舍,大家都不说话了。她十分不解,总以为舍友在一起议论她。一次她忍不住向一位舍友质疑:"我一回来你们就不说话了,是不是总在议论我?"舍友惊讶地说:"哪儿的事呀!你学习那么刻苦,每天早出晚归,挺不容易的,大家都想照顾你早点休息,所以才不说话的呀!"听到舍友的话,小娟心里很不是滋味,将这几天心里的孤独苦闷一股脑儿地说出来:"我哪里是在学校?我很孤独,我很苦恼,我想找个人倾诉也找不到,我的学习成绩一塌糊涂!上次跟那个室友争执后,生怕再跟她闹不愉快,所以就一直不愿意面对她……"说着说着眼泪不住地往下流。舍友听到小娟的倾诉后,一直在她身边陪伴她,不停地开导她,其实那个同学并不是有意要跟她争执,只是每个人对同一个问题都有自己的看法,而且有时候看问题倾向于从自己的角度出发,不会考虑到别人的感受。只要大家相互尊重对方的看法,敞开心扉,各抒己见,出现矛盾时,愿意去面对,而不是选择逃避,问题总会得到解决。经过该舍友一段时间的陪伴,再加上小娟自身的自我调节,小娟很快适应了大学的寝室生活,并意识到搞好寝室同学关系、培养人际交往能力的重要性;学会了尊重别人的观点、理解别人看问题的出发点;珍惜同学之间的友谊,与舍友坦诚相待,相处很融洽,就像亲姐妹一样。他们学习上互相鼓励、互相帮助、生活上互相关心、互相支持。生病时,有人会帮她买饭;恋爱时,有人会帮她出谋划策;早上起床晚了,早餐会在桌上静悄悄地等她。大家都感到宿舍就像自己的家,非常温馨和舒适。

【案例分析】

大学生作为社会一个特殊群体,其人际交往的质量直接影响他们的身心健康。宿舍是大学生生活、学习、娱乐的重要场所,其人际关系非常微妙,与大学生的成长与成才有着密切关系。倘若处理得好,无疑能促进自己在学习生活等方面的进步;倘若处理不好,则有可能给自己或他人带来不必要的烦恼甚至伤害。案例中小娟的问题是好多大学生经常会遇到的。她一开始为何如此孤独,不愿意回寝室?说到底,就是不善于处理人际关系,导致自己把自己从寝室中孤立出来。

庆幸的是,小娟在室友的帮助下,将自己内心的孤独苦闷倾诉出来,并勇于去面对自己的问题,而不是继续逃避矛盾。从小娟的案例中我们可以看到,寝室人际关系的处理应注意以下几个方面:

1.主动开放

每个人所隐藏的内心世界,正是别人希望发现的奥秘,一般来说只有暴露了自己的内心,才能走进别人的心里。当你对别人做出一个友好的行动,表示支持或接纳他时,他的心理就会产生一种压力,为保持自己的心理平衡,他便会对你报以相应的友好行为。善于与人交谈和一起娱乐,能恰当分配时间与人交往、参加集体活动,往往会取得融洽的人际关系。就像案例中的小娟一样,最后将自己的心声吐露出来,最终也获得了室友的帮助。

2.及时沟通

沟通是建立人际关系的重要技巧,有效沟通能帮人们更有效率的解决问题和相互了解、消除误会、避免产生偏见。案例中小娟与其室友发生争执后,一直采取回避矛盾的态度,渐渐地也将自己从寝室中孤立出来。"我惹不起还躲不起"回避矛盾的态度似乎在很多学生中被采用,他们觉得这样会比较省事,沟通不了就不去沟通,结果最终问题得不到解决甚至会激化。因此,学会及时有效沟通是大学生拥有健康寝室人际关系的基础。

3.加强自身维护良好宿舍关系的意识

作为宿舍的成员,要有自己维护良好宿舍关系的意识。通过自发组织参加一系列宿舍文化活动加强宿舍的集体荣誉感,增强宿舍成员间内部凝聚力。其实,大学生宿舍生活空间的共同性、年龄的相似性,使得同一宿舍成员间往往会在某些方面达成共识并形成趋同性。打开水时,不妨多提一壶;卫生值日积极一些;遇到棘手的问题不要憋在心里,不妨向舍友倾诉一下;舍友过生日,大家一起庆祝一下;小事多宽容一点,友情多珍惜一点,这样很多宿舍人际冲突都会迎刃而解,宿舍关系也容易变得和睦而温馨。

我们常说:"忍一时风平浪静,退一步海阔天空。"同一宿舍的同学聚在一起应看作是一种缘分,要学会宽容。其实宽容别人的过错并不等于软弱或降低身份,反而更能得到别人的好感和认可。只有舍友之间本着宽以待人、求同存异的原则相处,宿舍关系才会融洽和谐。

第四节　课外阅读

人际交往的恐惧犹如纸老虎一般,你越躲着它,避着它,它越欺人太甚,你只有蔑视它,挑战它,才有可能战胜它,要具有如此的信心和决心。建议大学生朋友不妨好好学习以下几招"克敌之术"。

一、人际恐惧的克敌之术

1. 空椅子技术

在房间里摆放几张空椅子,一张代表"我",其他的代表你所害怕交往的人如父母亲、同事、某异性等,想象一个你们交往的情景,你一会儿坐在"我"的椅子上扮演自己,一会儿坐在别人的椅子上扮演别人,向"我"说话,体会对方的心理状态。

这种游戏似乎很可笑,但如果你能在空闲时间忘情一试,必可逐渐获益,而且角色模仿的越像,表演越彻底,消除恐惧的效果越好。

2. 系统脱敏法

先主动与亲人和较亲密的朋友交谈,尽量选择轻松愉快的话题,慢慢地要求逐渐抬起头来看对方。

接着强迫自己每天到人多的地方去,看看人脸至少15分钟,最初每天一次,以后增加每天两次。一开始你可能会内心慌乱,周身出汗,不敢抬头,但一定要坚持,反复默想这没什么可怕,利用深呼吸进行松弛,从而克服恐惧情绪,并记录需要多长时间才能克服。

只要你咬牙抬头看人后约5～7分钟,恐惧情绪就会逐渐减轻。

以后便可增多到人群中去的次数,并延长看人的时间,当你见人恐怖的现象消失后便应逐步恢复正常的生活、学习和工作,正常地与人交往。

3. 认知深化法

每天坚持写观察日记,着重观察周围人的举止言行和对你的态度,也许你会发现别人各做各的事,并不特别关注你,在意你的行为。你再分别调查两位好友和两位异性朋友对你的评价,你定会发现许多你都不知道的优点。

4. 想象放松法

想象最想见的又怕见的人或想回避却回避不了的人突然出现在你面前,体验紧张的情绪,然后进行放松,反复多次后,便可把这种适应扩展到现实中去。

5. 自我调适法

克服自卑,没有可能也没必要事事处理得体、求全责备,多掌握一些与他人交往的技巧。有一天,你定会发现自己也能抛开恐惧,与人愉快相处,轻松交往!

二、人际交往的智慧

1. 喜欢自己、理解与欣赏他人

(1)喜欢自己

心理健康的标准之一就是喜欢自己,不是自负的骄傲,也不是自卑地自怜,而是怀着人类与生俱来的尊严感,认真地诚恳地接受自己。心理学家告诉我们,一个从不欣赏自己的人,也就是一个永远也不被别人欣赏的人。如果一个人不能真正地喜欢自己,那就不可能真正地喜欢别人。对自己轻视和抱怨,就会对身旁的人怀有敌意和排斥,并且变本加厉地自暴自弃。

课堂案例

有一位女性嫁给了一个野心勃勃、极有进取心、独断专横的政治家,于是,夫妻俩的社交圈就是所谓的名流圈子,里面充斥以社会地位和金钱数量来衡量人生标准。这位女性原本温柔贤淑,且有谦虚的性格,然而在此类环境中她却越来越自卑,直到讨厌自己,最后得了严重的社交焦虑。

其实,这位女性的关键问题不在于他无法适应环境,而在于她无法适应和接受自己,无法心平气和、快快乐乐地和自己相处。她没有彻底明白一个人不能用别人的标准来衡量自己,没有明白每个人都有自己的长处和短处,人无完人,强迫性地对完美的追求一旦不成功,这个人就会变得讨厌甚至憎恶自己。在我们可以接纳和喜欢自己之前,千万别指望别人能在与你相处的过程中感到轻松和愉悦。健全人格的标准就是在喜欢和尊重自己的前提下喜欢和尊重别人。

(2)理解他人

课堂案例

他是个单亲爸爸,独自抚养一个七岁的男孩。有一次出差回来,回到家中,已经很晚,孩子已经熟睡了。旅途上的疲惫,让他全身无力,正当他筋疲力尽准备就寝时,突然大吃一惊:棉被下面,竟然有一碗打翻了的泡面!"这孩子!"他在盛怒之下,朝熟睡中的儿子的屁股,一阵狠打。"为什么这么不乖,惹爸爸生气? 你这样调皮,把棉被弄脏,要给谁洗?"这是妻子过后,他第一次体罚孩子。"我没有……"孩子抽咽地辩解着:"我没有调皮,这是……这是我给爸爸吃的晚餐。"原来,孩子为了迎接爸爸归来,特意泡了两碗泡面,一碗自己吃,另一碗给爸爸。可是因为怕爸爸那碗面凉掉,所以放进了棉被底下保温。

在很多时候,我们每个人都只是从自己的角度出发去思考问题,却忘记了一个最基本的事实,这个世界上,没有两个人是一样的。理解万岁,这是一句人人都会讲的话。但现实生活中又常常被我们自己忽略。很多时候,我们在还没有认真了解、没有耐心倾听、没有理智思考的情况下就会做出自认为正确的判断;在很多时候我们忘记了应该尝试站在对方的角度和立场,好好思考对方的行为。每个人现在性格的形成背后都有他的故事和历史,每个人做的每件事背后都有他可以理解的动机。无论做错了什么事,其中都有合理的成分,我们应当善于发现。人生在世,难免会产生一些摩擦和冲突,相互体谅和宽容,才能一起成长。家人之间如此,与他人之间的交往亦是如此。

(3)欣赏他人

课堂案例

有位老师走进教室,在白板上点了一个黑点。他问班上的学生:"这是什么?"大家都异口同声地回答:"一个黑点。"老师故作惊讶地说:"只有一个黑点吗? 这么大的白板大家都没有看到?"读到这里,你想到了什么?

其实一个人的短处和长处之间没有绝对的界限,许多短处之中往往蕴藏着长处。换个角度看,一些缺点就会变成优点。如果你总是只会从一个角度去看别人,只盯着别人身上的黑点看,又怎会发现对方身上的美好呢?

课堂案例

在一次工商界的聚会上,几个老板大谈自己的经营心得。

其中一个说:"我手下有三个不才成才的员工,我正准备找机会将他们炒掉。"

"为什么要这样做呢? 他们为何不成才?"另一位老板问道。

"一个整天嫌这嫌那,专门吹毛求疵;一个杞人忧天,老是害怕工厂有事;另一个浑水摸鱼,整天在外面闲荡鬼混。"

第二个老板听后想了想,就说:"既然这样,你就把这三个人让给我吧。"

三个人第二天到新公司报到。新的老板开始分配工作,喜欢吹毛求疵的人,负责管理产品质量;害怕出事的人,让他负责报案系统管理;喜欢浑水摸鱼的人,让他负责商品宣传,整天在外面跑来跑去。过了一段时间,由于这三个人卖力工作,居然使工厂的营运绩效直线上升,生意蒸蒸日上。

罗丹说过:"生活中并不缺少美,而是缺少发现美的眼睛。"同样,一个人也不缺少优点,只是需要被发现。当你怀着欣赏的态度去看一个人,就会惺惺相惜。心灵彼此接近,无论合作还是沟通,又怎会存在界限呢?

2. 与其改变别人,不如改变自己

很多人在人际交往和沟通的过程中,一旦发现分歧,总是希望别人得到改变。比如,"这个方案,最好还是以我的意见为准,我经验比你丰富""你吃了饭能不能立刻就把碗洗了,家里老是让你弄得乱七八糟的""午休时你能不能不听刀郎的音乐""我决定让你去学钢琴,我这都是为了你好",等等。结果呢,对方一般很难听进去建议,尤其在他的习惯和他的行为并无绝对过错的情况下。你呢,因为自己的意见没被采纳,也就是别人的行为不符合自己的意志,而心烦气躁,甚至大动干戈。付出这样的代价,事情往往还不能得到妥善解决。

事实上,世界上的事物,从来都不是顺从任何个人的意愿去发展,而是有着它们自在的法则。一个人不能改变另一个人,一个人亦不能控制另一个人,每个人的信念、价值观和规条都只对本人有效,不应强迫别人接受,即使是好的动机也只给一个人去做某一件事的原因,但是不能给他控制别人或使事情如他所愿发生的权力。

想象这个世界和别人会凭自己意愿改变的人,是仍然停留在孩童阶段,未曾长大成人。只有小孩才可以向父母抱怨他人或其他事物,父母便忙于为孩子解决,或者给予安慰。成年了,还经常抱怨他人和这个世界,把自己大量的精力放在改变它们的企图上,这样的人是不成熟的人。

课堂案例

著名的职业咨询顾问、培训专家约翰·米勒在一次演讲后,一位嘉世腾公司(专门制作纪念章和纪念册的公司)的中层经理过去跟他聊天。

她说:"我在分公司担任经理时,有一位属下几乎没法管理,我们相处得糟透了。因此当他调到其他地区的另一个营业点时,我如释重负。后来过了几年,我们碰巧又在同一个办公室工作,而且我又成了他的上司。不过这次情况大不相同了。我们处得很好,沟通舒畅,而且在各种项目计划上合作得非常好。于是我问自己:'他什么时候改变的?'结果我发现,改变的不是他,而是我!"

约翰·米勒问:"你怎么改变的?"

她说:"我不再试图改变他!"

不试图改变别人,本质上就是自己的一种改变。一旦放弃改变别人,局面将得到彻底改变。

在自己与他人的关系中,如果发生分歧,选择以下三个方向可以让你有一份和谐的人际关系和良好的心情:

(1)改变自己

把自己的信念、价值观和规条改变,使得自己更能接受对方。

(2)做一些事,使对方感到改变的需要

至于什么事能产生这个效果,只可以由对方决定,不可强迫。没有效果便改变你自己所做的事,直至效果出现。

为自己做些安排,使得无论对方改变不改变,都不再影响自己的成功和快乐。

(3)尊重身份界限,把自己和他人分开

尊重身份界限是指在人际关系中,个体有很清晰的自我界限,清楚地知道自己和他人的责任和权利范围,既保护自己的个人空间不受侵犯,也不侵犯他人的个人空间,这需要做到以下几点:

①划清自我界限

自我界限清楚的人,对自我有足够的信心,不会把安全感建立在别人身上,也不需要控制别人,别人对他态度的好坏,对他的自信心没有任何影响。他在关系中自在地表达自己,满足自己的心理需要,同时不把自己的责任推托在别人身上。自我界限清晰的人并不意味着不需要别人,也并非在任何情形下都自己承担一切,拒绝别人在情感上和行动上的支持。自我界限清楚意味着,个人和他人接近,但没有近到失去自己的程度,也没有近到把别人当成自己的一部分的程度,他还是他,别人还是别人;与此同时,他也不会离别人太远,不会远到丧失爱自己想爱的人的能力和可能性,在他真正需要的时候,他会从别人那里获得不虚假的安全感与温情。即使在夫妻之间、父母与儿女之间、朋友之间,每个人也都应该有清楚的自我界限。那种消弭了自我界限的情感,迟早会对身处这种情感关系中的每一个人造成伤害。也许会有人说,在这样亲密的关系中把界限弄那么清楚,会不会使关系变得很冷漠?回答是不会。因为自我界限清楚,并不意味着没有情感。而且,两个都有着清楚的自我界限的人之间的情感交流,才是最深厚、最真实和最有价值的。让我们近一点吧,因为我们都互相需要,但也不要太近,不要近得分不清哪个是你,哪个是我;或者我们互相离远一点吧,但是不要远得在我们彼此需要爱的时候,听不到对方的声音。

要在心理上划清与他人的界限,非一朝一夕之功,需要长久的努力。首先需要弄清楚的是,自己在哪些看法、情感和行为上与别人的界限不清楚。然后一条一条慢慢地在那些不清楚的地方画上清楚的线。这样做会有一些痛苦,但也会有更多的成长的喜悦。

②学会恰当的帮助

尊重他人的自我界限即是意味着尊重每个人都有照顾好自己人生的权利和能力。每个人都是一个独立的个体,自我界限内的领域是属于自己的,人只能为自己负责,没有人能够为他人负责,我们只能负责我们的界限之内的事情,界限之外的事情我们担不了责任。因此,不要奢望我们能够拯救谁,或者被谁拯救。

所以,心理学认为并不是看到别人有困难施以援手就是"帮助",而是别人有困难,并且向你发出了求助的信号,这个时候你的"援手"才能成为帮助。如果认为自己无所不能,以解决别人困难为己任,这是不恰当的帮助别人的态度,是一种"英雄主义"的情结在作祟,很容易给自己造成困扰。具体说来,一方面当自己帮助别人的热情受挫,或者取得反定自我,这对正在形成自我意识的大学生来讲是很不利的;另一方面,当别人不需要你的帮助,而你又想让别人接受你的帮助时,别人会感觉受到侵犯和控制,会破坏人际关系,这时助人者有一种"吃力不讨好""狗拿耗子多管闲事"的感受。而殊不知,帮助别人是建立在别人需要帮助的基础上的,因为每个人都有自己的能力,也有发展自己能力的权利,而这种能力的发展就是建立在一次次客服自己困难的基础上的,如果一味地帮助别人克服困难,其实是剥夺了别人发展自己的机会,使帮助别人沦为控制别人、干涉别人的工具,这样"吃力不讨好"是在所难免了。尤其要注意的是那些"有着过度帮助别人倾向的人"是危险的,因为在不请自来的帮助背后,往往隐藏着想通过帮助别人满足自己内在没有满足的心理需要的目的。

即使别人确是需要帮助,那么我们也要考虑一下自己能否对别人提供有效的帮助。比如面对一个抑郁患者,没有心理学训练背景的人很可能不能为其提供切实有效的帮助。请记住,爱的动机并不能成为你伤害别人的理由。

总之,人际关系说到底反映的是心理上的距离。在彼此界限的基础上,人会根据对别人的喜好、熟悉程度来允许别人进入自己的领域。如果他们的关系好,那么彼此融入的程度就深一些,反之则浅;而不论怎样的关系,双方都会为自己保留一定的私密领域,比如"隐私"。尊重别人的本质就是尊重别人的界限,未经允许就踏入别人的领地就叫"冒犯",比如不请自来的帮助。因此,发展健全丰满的自我,建立合理清晰的自我界限,对我们建立健康的人际关系是非常重要的。

3.学会接受,维系人际间给予与接受的平衡

一个和谐平等的关系,必然有丰富的付出与接受,你给予我物质和精神的爱,我接受,我给予你更多的物质和精神的爱,你也欣然接受,然后回予我更多。如果这个付出和接受的循环被破坏,关系也随即向坏的方向发展。并且,与我们的想象不同,人际关系中,付出和接受的循环被破坏,很多时候不是因为不愿意给予,而是因为不愿意接受。不愿意接受的原因也并不如我们想象得那么伟大,恰恰相反,是因为我们不愿意承受内疚。对此,德国家庭治疗大师海灵格描绘说:"我们付出的时候,就会觉得有权利,我们接受的时候,就会感到有义务。"

只付出不接受的人,会有一种清白感,会觉得自己在这个关系中绝对问心无愧。这是一种很舒服的感觉,有这种感觉的人,会觉得自己在关系中永远正确。那么,相应的,关系的另一方就会觉得很不舒服,会频频感到内疚,会经常觉得问心有愧,即便他不明白付出者为什么那么喜欢付出,他最终一定会产生逃离的冲动。一旦他真做出了逃离的举动,那个一直认为自己清白无辜的付出者就会觉得受到了极大地伤害,并且会激烈地指责逃离者的背叛举动,但殊不知,他才是破坏关系的始作俑者。

对于这种助人者,海灵格描绘道:"这种人自我中心、抛弃需求⋯⋯他们从根本上讲是和关系对着干的。无论谁只想付出而不想接受,都不过是想维持高高在上的幻想;拒

绝接受生命的施舍,否认自己和同伴之间的平等。别人很快不想从拒绝接受的人那里得到东西了,反而会怨恨他们,远离他们。因此,长期的助人者常常是孤独的,最终变得痛苦不堪。"

内疚是和谐关系的调节者,我们必须认识到这一点。

内疚的产生,源自付出与接受的平衡。内疚的产生,其实是在提醒你,你该补偿对方了。我们要懂得这一点,懂得觉察自己的内疚,然后及时做出补偿。同样,当对方产生内疚时,我们也要给对方机会,让对方完成他的补偿。作为一种最基本的情感,内疚是大自然的馈赠,它在提醒我们,你的一个关系需要调整了。假若你懂得接纳自己的内疚,并帮助对方接纳他的内疚,那么关系就会自然地流动,自然地走向和谐。

海灵格说,最好的关系是彼此慷慨地付出和坦然地接受,通过这种交换,双方的接受和付出达成了一种平衡,且彼此都感到,自己在这个关系中富有价值。当然,这是完美状态,在具体关系里,平衡只是目标,而失衡才是常态,轻微的失衡没有关系,实际上,正是因为失衡,我们才会发展出有意义的交换。假若关系永远停留在一个平衡的地步,也就是你们的关系到了必须调整的时候。

4. 学会沟通

沟通没有对与错,只有"有效果"和"没有效果"之分。自己说得多么"正确"都没有意义,对方收到你想表达的信息才是沟通的意义。因此,自己说什么不重要,对方接收到什么才重要。信息由很多方法可以表达,使听者完全接收或大部分接受发出者意图传达的信息,便是正确的方法,有效果比只讲道理更重要。

(1)有效沟通的前提

①沟通方式能够有效地传达信息

表达信息的方式有很多种,无论面对面还是背靠背,无论是近在咫尺还是远隔天涯,有关联的两个人都可以找到自己的方式去表达信息。沟通的方式也林林总总,绝对不仅限于我们一般所理解的对话、书信往来、传真电邮等,爆发冲突、打架吵架、不理睬对方也是沟通的方式。关键是所用的方式有没有有效地传递了信息,表达了自己的意愿。

②沟通过程中建立了和谐的气氛

和谐气氛使双方感到安全而无须启动自己的保护机制。在这个状态下,脑里前额叶的理性中心(掌管信息思维、理解、解决问题和策划的部分)会更活跃,更能发挥其功能,因而能够产生良好的沟通效果。和谐气氛需要我们精心营造,恋人间浪漫的烛光,朋友间惬意的谈笑,父母子女间亲切的关怀,商务伙伴间轻松的晚餐等,都是有利于有效沟通的良好氛围。即便是在一份不太协调的关系里,也可以找到对方都感到平静愉快的时刻,找到一个舒适、安宁的环境,这时的交流,才更有建设性。

③学会倾听和投入

沟通时一方发出信息,另一方接受信息,并且做出回应。当沟通用非语言的方式进行时,倾听需要用眼睛完成;当沟通用语言的方式进行时,则倾听将需要同时用眼睛和耳朵进行。更积极的倾听还需要用上嘴巴、心、整个人。有了足够的倾听,我们才能清楚准确地了解对方的意思,因而才能够做出正确的分析、感受,并且做出符合所需的回应。

倾听并不是指只听到对方的文字及其意思,更重要的倾听是:

对方语言文字背后的信念、价值观、规条和对方对自己"身份"的定位。若有问题、争吵或冲突,真正的原因总是在这里找到。

对方说话的语音语调和身体语言。这些显示出对方的内心状态,尤其是他的情绪感受。嘴巴可以说出很多好听的话,但是语音语调和身体语言真是地显露出他的真正内心和立场。

(2)有效沟通技巧

①明确双方的身份定位

身份定位对沟通效果有着重要影响。在沟通时,你在内心里认定对方的身份是什么,决定了你对他的态度和说话的行为模式。所以,最快最简单同时又是最本质的改善沟通效果的技巧就是改变对方在你心里的身份定位。例如,准备去接待一个投诉的顾客,你把他的身份定位为"给我麻烦的人",还是"最能帮助我们提升的人";准备去和自己的孩子或配偶讨论一些不愉快的事,你把他的身份定位为"总不谅解我的人",还是"证明我是多么好的妻子和妈妈的人";准备去和自己的同学沟通一些有分歧的问题,你把他的身份定位为"不可理喻的乡巴佬",还是"高素质、有礼貌的知识分子"?

把对方的身份角色定得清楚,自己才可以更有效地配合。事实上,当对方有清晰的身份定位时,自己的思想、情绪感觉和行为意欲也会相对性地清晰和对应。同时,自己的身份清楚地定好位时,自己也会有效地影响对方的思想、情绪感觉和行为。

②发掘和创造更多的共同信念与价值,求同存异

共同信念是两个人都支持的信念。在同一件事中,两个人所追求的价值会有所不同,但是都是对方可以接受的,这便是共同价值。例如,两个人去餐馆吃东西,一个人追求的是饱肚,另一个人则是为了聊天,大家都能够接受对方所追求的价值,便会有一次愉快的吃喝体验的可能了。假如在吃喝和聊天的同时,大家找到共同的兴趣,例如旅行,而且交换了很多心得,两人的谈话便会深入、默契。在这个更融洽的气氛中,就算有什么问题要解决,也会容易做到。任何两个人之间,既然有沟通的需要,便一定有共同的信念、共同的价值的存在。建立更多的共同的信念和价值,便是达到良好沟通效果的保证。

③给对方安全和平等的空间

很多时候,我们凭着一些正面的动机,就以为可以代别人决定什么是对他最好的,不仅为他安排了事情,而且强逼他接受。当对方不接受时,我们埋怨他辜负了自己的一番好意,而且还责怪他不爱惜自己,自暴自弃。对亲朋好友的一份爱心,往往使自己盲目而看不清什么才是对所有人最好的。

其实每个人内心的一套信念、价值观,早已为他决定了什么对他好,应该怎么做。这些决定,或者最终不能带给他理想的结果,但是他要后来才知道。当时,他只会坚持本人内心的规条去行事。你若希望他接受你的看法,强人所难是不会有效的,因为只有他的信念和价值观改变了,他的行为才会变。"为他人所想"是好事,但是,代他人做决定则有些僭越了。所以,更有效的办法是从他的角度去看看,有什么比他的决定更能够给他更多更好的他所向往的价值,然后引导他自己意识到这些新的可能性。这样,他才肯用不

同的方法去改变自己。

容许对方的信念和价值观在你的思想中存在,在思考方法时考虑对方的信念价值观,便是给对方一些空间。给对方空间,其实就是给自己空间,给沟通的双方以达成良好效果的空间。

④放弃无效的做法,不断尝试找出新的办法

生活中总是看见有些人,一边抱怨和别人沟通没有效果,一边重复那些没有好效果的做法,或者尝试着用了一两招从别人那儿学来的点子,仍不见好效果便停止了尝试,无能为力地叹息:没有办法。

没有办法的念头是使自己停步不前的根源。凡事至少有三个解决办法,若已知的方法不管用,总可以找出变化和突破。如果你坚持要达到良好的沟通效果,你便要坚持找出一个新的办法去尝试一下,如果仍然没有改变,便再去找另一个新的办法。你想克服一个困难,首先你要相信这个困难是有可能克服的,然后去找出办法解决问题,并在过程中不断修正、改善,直到你希望的效果出现。没有两个人是一样的,也没有一成不变的沟通方式,你必须不断尝试才能找出另一个人怎样才会改变的关键。如果只是不断重复旧的、已经证实是无效的方法与人沟通,这是完全没有意义地在浪费精力。

(3)沟通中的语言、语调和身体语言

一位美国心理学家的研究心得证明,沟通效果的来源是:文字意义 7%,语音语调 38%,身体语言 55%。文字意义是指文字的内容和含义;语音语调包括了说话声音的高低、强弱、粗细、快慢及各种语气;身体语言则包括了面部表情、头与身躯的姿势、手势等。

传统上,人们在沟通中习惯了只去分析和理解文字的意思,而忽略了对方的语音语调和身体语言所表达的意思。

男友:"我能和你一起回家,去看看你的父母吗?"

女孩(满脸笑容,用幸福期待的目光看着他,撒娇式的语调):"随便你。"

男孩:"那好吧,这个假期就不去了,我还是抓紧时间把这个工程做完吧,反正以后机会还多。"

女孩一阵气恼涌上心头,扭头就走。男孩丈二摸不着头脑:"明明是你说随便的嘛,我到底怎么了我。真是女人心,海底针。"

文字虽然重要,但是决定沟通效果的却是语音语调和身体语言。当文字意义与语音语调或身体语言不配合时,对方选择的会是语音语调和身体语言,而不是文字意思。当语音语调和身体语言不一致的时候,对方会产生很大的疑惑。如果对方常用的内感官类型若是听觉型的,会比较多地注意你的语音语调;如果对方是视觉型的,他会选择相信你的身体语言。

语音语调影响对方听觉接收效果,在引起情绪共鸣上有决定性的作用。语音语调的配合,能令对方马上感觉你接收了他,使关系更易建立,沟通更有效。语音语调分为四个方面:高低声、大细声、快慢速度及说话的语气,良好的配合使四个方面都能照顾到。

(4)沟通中的语言技巧

同样的意思,不同的人去说,或者同一个人用不同的词语、顺序表达出来,效果会有很大的差别。要达成好的沟通效果,也要讲究语言的技巧。

①要学会复述

学会复述就是重复对方刚说过的话里重要的文字,加上开场白。例如,"你是说""你刚才说""看看我是否听得清楚,你是说"。"复述"表面上看起来简单、很平凡,而事实上是很有效的技巧,它可以使对方觉得你在乎他说的话,同时它可以含蓄修正对方说话中的困境,比如对方说:"我不懂游泳。"你复述说:"你是说至今尚未懂游泳?"至今两字使对方潜意识打开"未来大有可为"的可能性,松动对方的信念。

②要学会感性回应

感性回应就是把对方的话加上自己的感受再说出,例如,对方说:"吃早餐对身体很重要。"你回应说:"我要吃饱了肚子才可开工的,身体暖暖的,做事才起劲嘛!"感性回应是把自己的感受提出来与对方分享,如对方接受,他也会与你分享他的感受。感受分享是一个人接受另一个人的表示。

③学会假借

假借就是把想对他说的话转化为另一个人的故事,可以用"有个朋友""听说有一个人""去年我在美国遇到"等假借另一个人的故事把内心的话说出来,会使对方完全感受不到有威胁性或压力,对方因此而更容易接受。要学会先跟后带,就是先附和对方的观点,然后才带领他去你想去的方向。附和对方说话的技巧既可以取同,把焦点放在对方话语中你与他一致的部分,又可以取异,把焦点放在对方语言中与你不同的部分,还可以先接受对方全部的话语,然后再表达自己的看法、观点。

④要学会隐喻

隐喻就是借用完全不同的背景和角色曲含蓄地暗示一些你想表达的意思。比如,有人说:"我太软弱了,所以觉得事事不如意。"你可以回答:"你令我想到流水,流水很软弱,什么东西都能阻断流水,但流水总能无孔不入,最终到达它应到达的地方。"催眠治疗大师埃里克森运用隐喻的技巧出神入化,他经常以说故事的方式达到其他心理医生达不到的治疗效果。适当和巧妙地运用隐喻,会使对方在意识一无所知的情况下,潜意识得到重要的启示,整个谈话也将由此显得妙趣横生、回味悠长。

课后训练与思考

1.什么是人际交往?大学生人际交往的功能有哪些?

2.人际交往的基本原则有哪些?举身边的实例加以说明。

3.以自己的亲身交往经历,举例分析该经历成功或者失败在何处?符合或相悖于哪些人际交往的基本原则?

4.结合第三节中提到的案例,你认为走出孤僻心理的方法有哪些?

第八章　高职生恋爱及性心理

🖾**名人名言**

恋爱是青年人美丽的人生花。

——池田大作

爱是火热的友情，沉静的了解、相互信任、共同享受和彼此原谅。爱是不受时间、空间、条件、环境影响的忠实。爱是人们之间取长补短地承认对方的弱点。

——安恩·拉德斯

【内容提要】

德国著名诗人歌德曾说："天下哪个俏傥少男不善钟情？天下哪个妙龄少女不善怀春？"随着身心发育的日渐成熟，恋爱成了大学生最普遍的情感和生理需求。恋爱能在很大程度上影响着大学生的心理和行为，特别是其人格发展。什么是真正的爱情，如何对待恋爱、追求爱情，怎样处理好恋爱中出现的各种问题，如何协调恋爱中的各种关系等，将是他们所面临的问题。然而，不少大学生处理不好这些问题，却容易在爱情中迷失自我，出现各种心理困惑和心理问题，影响到自己的人际交往、学习及心理健康，并可能影响到日后的职业选择、事业发展，以及家庭幸福等。因此可以说如何正确地处理恋爱关系，如何拥有健康的恋爱心理健康是大学生心理健康的一个极为重要的方面。本章将帮助高职生了解自己的恋爱心理特点及恋爱与心理健康的关系，学会调适恋爱问题上难免出现的各种心理困惑。

第一节　课堂实训：了解大学生的恋爱观

一、大学生恋爱观心理自测

古人云："以利交者，利尽则散；以色交者，色衰则疏。"因此，树立健康的恋爱观、婚姻观是幸福婚姻的主要保障。它需要通过不断加强思想意识修养,陶冶情操来促成。那么,就其具体内容说,什么样的恋爱观是理想的或基本正确的? 怎样判断自己的恋爱观是否正确? 这里向大家推荐一种恋爱观自测的方法,量表是共有 17 个问题的问卷。

每一个问题的下面,都有四种不同的选择,请你在符合自己想法的那一个字母上打上"√",每题只选一个。

(1)你想象中的爱情是 计 分
  a.具有令人神往的浪漫色彩 2
  b.能满足自己的情欲 1
  c.使人振奋向上 3
  d.没想过 0

(2)你希望同你恋人的结识是这样开始的
  a.在工作和学习中逐渐产生爱情 3
  b.青梅竹马 2
  c.一见钟情也未尝不可 1
  d.随便 1

(3)你对未来妻子的主要要求是
  a.别人都称赞她的美貌 1
  b.善于理家 2
  c.顺从你的意见 1
  d.能在多方面帮助自己 3

(4)你对未来丈夫的主要要求是
  a.有钱或有地位 0
  b.为人正直有事业心 3
  c.不嗜烟酒,体贴自己 2
  d.英俊有风度 1

(5)你认为完美的结合应是
  a.门当户对 1
  b.郎才女貌 1
  c.心心相印 3
  d.情趣相投 2

(6)你认为巩固爱情的最好途径
  a.满足对方物质要求 1

  b. 柔情蜜意   0

  c. 对爱人言听计从   2

  d. 完善自己   3

(7) 在下列格言中,你最喜欢的是

  a. 生命诚可贵,爱情价更高   2

  b. 爱情的意义在于帮助对方,同时也提高自己   3

  c. 有福同享,有难同当   2

  d. 为了爱,我什么都愿干   1

(8) 你希望恋人同你在兴趣爱好上

  a. 完全一致   1

  b. 虽不一致,但能互相照应   2

  c. 服从自己的兴趣   0

  d. 互不干涉   3

(9) 当你发现恋人的缺点时,你的态度

  a. 无所谓   1

  b. 嫌弃对方   0

  c. 内心十分痛苦   2

  d. 帮他(她)改进   3

(10) 你对恋爱中的曲折怎么看

  a. 最好不要出现   1

  b. 自认倒霉   2

  c. 想办法分手   0

  d. 把它作为对爱情的考验   3

(11) 你对家庭的向往是

  a. 能同爱人天天在一起   2

  b. 人生归宿   1

  c. 能享天伦之乐   1

  d. 激励对生活的新追求   3

(12) 自己有一位异性朋友时,你将

  a. 告诉恋人,在其同意下继续交往   3

  b. 让恋人知道,但不准干涉   2

　　　　　c. 不告诉　　　　　　　　　　　　　　　　　1

　　　　　d. 告诉与否看恋人的气量而定　　　　　　　　1

(13) 另一位异性比恋人条件更好,且对自己有好感
　　　　　a. 讨好对方,想法接近　　　　　　　　　　　0
　　　　　b. 保持友谊,说明情况　　　　　　　　　　　3
　　　　　c. 持冷淡态度　　　　　　　　　　　　　　　2
　　　　　d. 听之任之　　　　　　　　　　　　　　　　1

(14) 当你迟迟找不到理想的恋人时
　　　　　a. 反省自己的择偶标准是否实际　　　　　　　3
　　　　　b. 一如既往　　　　　　　　　　　　　　　　1
　　　　　c. 心灰意冷,甚至绝望　　　　　　　　　　　0
　　　　　d. 随便找一个　　　　　　　　　　　　　　　1

(15) 当你所爱的人不爱你时
　　　　　a. 愉快地同他(她)分手　　　　　　　　　　3
　　　　　b. 毁坏对方名誉　　　　　　　　　　　　　　0
　　　　　c. 千方百计缠住对方　　　　　　　　　　　　1
　　　　　d. 不知所措　　　　　　　　　　　　　　　　1

(16) 你的恋人以不道德的理由变心时,你会
　　　　　a. 报复　　　　　　　　　　　　　　　　　　0
　　　　　b. 散布对方的缺点　　　　　　　　　　　　　1
　　　　　c. 只当自己没看准　　　　　　　　　　　　　2
　　　　　d. 吸取教训　　　　　　　　　　　　　　　　3

(17) 当发现恋人另有所爱时
　　　　　a. 更加热烈地求爱　　　　　　　　　　　　　1
　　　　　b. 想法拆散他们　　　　　　　　　　　　　　0
　　　　　c. 若他(她)们尚未确定关系就竞争　　　　　3
　　　　　d. 主动退出　　　　　　　　　　　　　　　　2

【评分方法】

　　将每一个打"√"字母下的数字填到右边的计分栏,然后将所有题目得分相加。总分在 46 分以上,说明恋爱观正确;42～46 分,恋爱观基本正确;42 分以下,说明恋爱观需要调整。

二、恋爱态度量表

诺克斯和斯波拉科斯基把爱情的态度分成两种类型：一是浪漫型,即把爱情看成是一种神秘的、永恒的力量,对爱情充满了激动、幻想与渴望,较少注重一些现实问题。另一种是现实型,以注重现实为特征,恋爱关系维系稳固、和谐。下面的量表可用于测量一个人对恋爱的态度是现实型还是浪漫型。

请仔细地阅读下列每条陈述,并在你认为最适于代表你意见的号码上打上圈。

1. 坚决同意　　　　　2. 适度同意　　　　　3. 不好决定

4. 有些不同意　　　　5. 坚决不同意

题　目	选　项
1. 当你真正恋爱时,你对任何别的人都不感兴趣。	(1　2　3　4　5)
2. 爱没有什么意义,它就是那么回事。	(1　2　3　4　5)
3. 当你完全陷入爱情时,就会确信它是现实的。	(1　2　3　4　5)
4. 恋爱绝不是你所能客观地加以研究的,它是高度情感的状态,不能进行科学观察。	(1　2　3　4　5)
5. 和某人恋爱而不结婚是个悲剧。	(1　2　3　4　5)
6. 有了爱,就知道这爱。	(1　2　3　4　5)
7. 共同兴趣实际上是不重要的,只要你俩真正相爱,就会彼此协调。	(1　2　3　4　5)
8. 只要你知道你们是相爱的,虽然彼此认识的时间还很短,马上结婚也不要紧。	(1　2　3　4　5)
9. 只要两个人彼此相爱,即使有着信仰差异,实际上也不要紧。	(1　2　3　4　5)
10. 你可以爱一个人,虽然你不喜欢这个人的任何一个朋友。	(1　2　3　4　5)
11. 当你恋爱时,你经常是茫然的。	(1　2　3　4　5)
12. 一见钟情往往是最深切、最永恒的爱。	(1　2　3　4　5)
13. 你能真正爱上的,并能在一起幸福地生活的人,世界上只有一两个。	(1　2　3　4　5)
14. 不用管其他因素,如果你确实爱上了另一个人,就可以和这个人结婚了。	(1　2　3　4　5)
15. 要得到幸福就必须对你要与之结婚的人有爱情。	(1　2　3　4　5)
16. 当你和所爱的人分离时,世界上的一切仿佛都暗淡而令人不满意。	(1　2　3　4　5)
17. 父母不应该劝说儿女同谁约会,他们已经忘记恋爱是怎么回事了。	(1　2　3　4　5)
18. 爱情被看成是婚姻的主要动机,那是好的。	(1　2　3　4　5)
19. 当你爱上一个人时,你就想到将来要和那个人结婚。	(1　2　3　4　5)

20.大多数人都会在某些地方有一个理想的对象,问题是怎样去找到那个对象。

(1　2　3　4　5)

21.嫉妒通常是直接随着爱情而变化的,就是说,你越是爱就越会有嫉妒心。

(1　2　3　4　5)

22.被任何人都爱上的人大约只有少数几个。　(1　2　3　4　5)

23.当你恋爱时,你的判断力通常不是太清楚。　(1　2　3　4　5)

24.你认为,一生中爱情只有一次。　(1　2　3　4　5)

25.你不能强使自己爱上某一个人,爱情说来就来,说不来就不来。

(1　2　3　4　5)

26.和爱情相比,在选择结婚对象时,社会地位和宗教信仰的差别是无关紧要的。

(1　2　3　4　5)

【评分标准】

将所有题目得分相加,分数越高越接近现实型,分数越低越接近浪漫型。

三、学习恋爱

1. 目的

帮助同学们学会如何去获得向往的爱情或是帮助正在享受爱情的同学,学会怎样去处理爱情中的一些难题。

2. 具体操作

(1)请你发挥自己的思维和想象的能力,用5句话填满这些空格,当然如果你能写出更多的方面,那就更好了。

①爱的能力包括＿＿＿＿＿＿＿＿＿＿＿＿＿＿＿＿＿＿＿＿。

②爱的能力包括＿＿＿＿＿＿＿＿＿＿＿＿＿＿＿＿＿＿＿＿。

③爱的能力包括＿＿＿＿＿＿＿＿＿＿＿＿＿＿＿＿＿＿＿＿。

④爱的能力包括＿＿＿＿＿＿＿＿＿＿＿＿＿＿＿＿＿＿＿＿。

⑤爱的能力包括＿＿＿＿＿＿＿＿＿＿＿＿＿＿＿＿＿＿＿＿。

(2)请你用形容词、词组或句子的形式写出自己选择恋人的5条标准。

①＿＿＿＿＿＿＿＿＿＿＿＿＿＿＿＿＿＿＿＿＿＿＿＿＿＿＿。

②＿＿＿＿＿＿＿＿＿＿＿＿＿＿＿＿＿＿＿＿＿＿＿＿＿＿＿。

③＿＿＿＿＿＿＿＿＿＿＿＿＿＿＿＿＿＿＿＿＿＿＿＿＿＿＿。

④＿＿＿＿＿＿＿＿＿＿＿＿＿＿＿＿＿＿＿＿＿＿＿＿＿＿＿。

⑤＿＿＿＿＿＿＿＿＿＿＿＿＿＿＿＿＿＿＿＿＿＿＿＿＿＿＿。

(3)各邀请五名男生和女生代表上台分享填写的结果。

第二节　知识链接:恋爱及性心理调节

一、恋爱与心理健康

1. 恋爱的定义

美好的爱情要经历一个萌芽、开花和结果的过程。男女双方培育爱情的过程,称为恋爱,按进程一般又可分为初恋期、热恋期、恋爱质变期(失恋或结合)。处于恋爱状态的男女双方会产生特别强烈的相互倾慕之情,通常呈现出一些明显的特征:①恋人之间常有眉目之间的传情和语言的沟通;②恋人之间有美化对方,只见对方优点而不顾及其他的倾向;③恋人有力图完善自己而与对方协调起来的倾向;④恋人会在日常的一举一动里表达对对方的关心,有"一日不见,如隔三秋"的感觉;⑤恋人常会戒备对方会被别人抢走,有独占对方的欲望。

研究发现,现代青年男女的爱情关系,不外以下六种形式:

(1)浪漫式爱情

将爱情理想化,强调形体美,追求肉体与心灵融合的境界。

(2)游戏式爱情

视爱情如游戏,只求个人需要的满足,对其所爱者不肯负道义责任,因而对恋爱对象的更换,视为轻易之事。

(3)占有式爱情

对所爱之对象,赋予极其强烈的感情,并希望对方回应以同样的方式,对其所爱,极具占有欲,对方稍有怠慢或忽视,即心存猜疑妒忌。

(4)伴侣式爱情

在缓慢中由友情逐渐演变成的爱情,温存多于热情,信任多于嫉妒,是一种平淡而深厚的爱情。

(5)奉献式爱情

信奉爱情是付出不是索取的原则,甘愿为其所爱牺牲一切,不求回报。

(6)现实式爱情

将爱情视为彼此现实需求的满足,不求理想的追求。"男子娶妻,煮饭洗衣;女子嫁汉,穿衣吃饭",正是这种爱情的典型。

2. 影响大学生恋爱心理的因素

大学期间,影响大学生恋爱心理有来自个体与社会方面多重因素的影响。而性生理的发育成熟是大学生恋爱的最根本的生理动因;而生理引起的情感心理需求以及校园、社会、文化等多方面的因素更是校园恋爱产生的推动力。

（1）生理上和心理上的内在需求

大学生的年龄大多在 18～22 岁，这一阶段生理发育已趋成熟，性意识迅速萌发。在性意识的推动下，他们会产生多种情感需求，需要与异性建立一种亲密关系。这一时期，父母、亲人的关爱已不能满足他们感情上的需求，他们需要有自己独立的感情生活，亲密关系对每个人来说都是不可缺少的，完全没有与自己关系密切的人交流往来，所带来的孤独是一般人很难忍受的。亲密关系的需要在青年前期开始显露。这时的青年有许多烦恼不能也不愿向长辈倾诉。于是大多数人发现，如果没有一个可互相吐露心声的亲密知己，日子将很难过。进入大学校园，对大多数人来说意味着脱离以前的群体进入新环境。青年必须重新建立各种关系。烦恼、寂寞、通过交流完善自我……多重目的使青年对亲密关系的需求空前强烈。而亲密关系发展的顶点就是爱情。心理学家沙利文指出，亲密关系和性冲动最终结合成人类的情爱。为了得到生理和心理上内在需求的满足，他们走进了恋爱。因此，恋爱是大学生生理需要和心理需要的一种自然反映，也是他们走向成人生活的重要步骤。不过，由亲密关系需要导致情爱可能会出现一种危险：把亲密关系需求与爱情混为一谈。导致分不清爱情与友情的关系，尤其是当一方有强烈错觉时，更可能把另一方的友谊信号误为爱情。把爱情与友情混淆是造成单相思的一个重要原因。

（1）外在客观环境的影响

①家庭因素

当今父母坚决反对子女在大学读书期间找对象的已为数不多，有一部分父母甚至鼓励孩子在读大学期间找对象。出现这种情况有多方面原因，父母认为在大学生活中，同学之间比较了解，而且在文化素质上是"门当户对"的，有些认为在这段时间比较容易找到称心如意的对象；还有些父母受社会风气影响，担心子女找不到好的归宿，或是他们有些年轻时为了事业，晚婚晚育，现在年过半百，但子女尚未"出道"，他们觉得不能让子女重蹈覆辙，所以不反对甚至鼓励子女读书期间谈恋爱。

②社会风气与价值观念

当今社会上的早婚和大龄青年找对象难的现象的出现导致部分学生担心以后找不到对象或者产生找个好对象胜过找个好工作的观念，同时高校对恋爱管理的宽松环境也对大学生的恋爱起到了一定的推波助澜的作用。改革开放以来，中西文化的交流增加，海外文化尤其是港台和西方的文艺作品大量占领大学生课余生活的领地，加之社会上影视娱乐中的性爱文化泛滥，这些现象都影响着大学生的恋爱观念和恋爱行为，增强了他们把爱情理想化的倾向。社会的变革和发展中产生的一些文化消极因素又反过来影响了他们对生活的态度。于是，他们淡化政治意识，回避社会问题，学习动力不足，一味追求享乐，并试图用谈恋爱来弥补精神上的空虚无聊。更有甚者以有无对象为尺度来判断自身的价值。这也导致了他们谈恋爱的迫切心理。

3. 恋爱对大学生心理发展的影响

（1）恋爱对青年心理的成熟健全的促进作用

首先，恋爱是青年释放日益强烈的性冲动的重要途径。通过恋爱接触异性，使青年不再感觉到性的压抑紧张。其次，性意识的发展必须经过恋爱阶段才能完善。性同一性的建立也要通过恋爱。而且,恋爱对青年的意义还不止于此。因为恋爱是两个人人格的深层接触。在此过程中,青年的自我概念受到对方的影响而发展,真正懂得了如何在保持自身独立性的前提下调整自身缺陷以适应对方。也就是说。恋爱对一些个性因素和社会情感的发展有重大意义。而且恋爱中两人的深层交往为提高青年交际能力,适应以后的社会打下了基础。难怪有些心理学家认为,恋爱是青春晚期和成年早期最重要的事件,只有经过了恋爱,人才会真正成熟起来。大学环境有它的独特性:对大学生来说,它在青年走入社会的过程中提供了一个缓冲环境。有了这个缓冲,青年能更从容地完成社会化,更完善地发展自我概念,而不至于感受到从青春中期直接下来落入社会的强大反差和心理不适。由此看来,大学生的恋爱并不是件坏事,它对青年的成熟很有帮助。再加上大学生普遍认为自己已不再是幼稚的少年,文学艺术中歌咏的爱情当然是他们追求的目标。

(2)恋爱对大学生心理发展的消极影响

恋爱的意义虽有积极的一面,有时也会危害青年的心理健康。首先,热恋与婚姻、失去配偶等生活大事是在心理紧张量表上分值很高的事件。过度的兴奋和悲痛都会加剧心理紧张。恋爱正是使人时而高兴时而痛苦的事。处在热恋中的青年会为一些小事而高兴或烦恼。因此恋爱带来高度的心理紧张。恋爱的进一步发展还会带来社会问题,这也是产生心理失调的重要因素。如婚前性行为的增加等,造成青年心理负担超重。热恋中的男女虽然感觉到强烈的心理紧张,但双方的共处和抚慰、爱情的甜蜜又会降低他们的焦虑感。那些遭受恋爱挫折的人就没这么幸运了。失恋的青年会失魂落魄,觉得人生意义不复存在,生活下去只有苦难和折磨,有人甚至走向了绝路。如果没有恰当的心理指导或较强的自我调控能力,失恋对青年的心理打击是很大的。可见,恋爱对青年来说是一把双刃剑,一方面它帮助青年心理发展走向成熟,另一方面它又带来各种心理问题。这也许是人生的至理,你要得到甜蜜的报偿就必须经受得住考验。

4. 恋爱中容易存在的问题

(1)择偶标准不实际

正所谓"金无足赤,人无完人",每个人都希望拥有完美的恋人,但由于大学生年纪轻,经历单纯,受文艺作品等的影响,往往把选择的对象理想化。而受日韩等爱情剧影响更希望寻得公主或王子般的对象,可这往往不切合实际,等发现现实中的人很难吻合,不免感到失望懊丧;也有些人固执于某一择偶标准不放弃,比如个子不能低于 1.75 米,非有钱人不找,相貌不漂亮、身材不苗条的不谈,等等。择偶不能无标准,但标准要结合实际,尤其不可因虚荣而划标准。在择偶标准中,有些因素是根本性的,非要不可的,例如,选择对象的品质、素养;而有些因素是可要可不要的,如经济、地位等;有些因素以后经过努力都是可变的。同时部分大学生忽略了自身存在的不足,刻意要求配偶的完美,失败后导致心理落差的加大。

(2)恋爱动机不纯

有些大学生的恋爱动机不是出于爱情本身,而是为了弥补内心的空虚、孤独或随大流的从众心理等。大学生中的"寂寞期恋爱""痛苦期恋爱""攀比性恋爱"等多半不是因为有了爱情而恋爱,而是因为生活的单调、寂寞或心情烦闷,或因为虚荣心等等。这种人在择偶时很少把恋爱的行为与婚姻结合起来考虑,缺乏责任感。还有极个别的为了显示自己的魅力,同时和几位异性同学交往、周旋,和谁都不确定恋爱关系。这种行为是不道德的,发展下去会产生严重的恶果。

恋爱动机的纯洁和健康是保证恋爱顺利进行的重要基础。没有建立在真挚感情基础上的恋爱往往先天不足,容易夭折或发育不良,甚至后果严重。著名教育家苏霍姆林斯基曾说过,纯洁的爱情使青年人健康;轻浮的爱情,消愁解闷的爱情使人堕落。

(3)恋爱中的不文明行为

现实生活中,一些大学生忽视恋爱行为的健康文明,常在公共场所乃至教室、食堂、马路上过分亲昵,旁若无人。这不仅有损大学生的形象,同时对其他同学也是一种不良的心理污染。恋爱中,随着感情交流和心理相容程度的提高,有一些亲昵行为是很自然的。但若在大庭广众之下,旁若无人地拥抱接吻,甚至轻佻放荡,则不仅有损于爱情的纯洁和尊严,也有害于恋爱者的心理健康。因此,大学生对恋人间的亲昵行为,一定要把握好分寸,举止要文雅,要注意场所;恋爱的表达方式要符合自己的身份,体现出大学生良好的精神风貌。

(4)恋爱中性行为轻率

在国内做过的一次高校学生性行为调查中发现,38%的大学生赞成婚前性行为,其中133名(72%)男生赞成婚前性行为。这说明部分学生对婚前性行为的态度过于开放。长期以来,我国受传统封建意识的束缚,很少公开谈论性问题,也很少在青年学生中开展性知识和性道德的教育。近几年来,随着社会经济的发展,受西方性解放、性自由思潮和大众传媒中各种与性有关信息的影响,传统价值观的淡化,以及青少年性发育成熟的提前,当今大学生的性观念和态度正日趋开放,婚前性行为也存在相当的比例。大学生具有强烈的爱的欲求,而在恋爱的道德观念上盲目性又较大,所以,他们在恋爱中容易出现轻率的性行为。还有些女生为了证明自己对爱情的奉献与忠贞,不考虑后果轻易与男生发生性行为,而有些大学生受西方性观念的影响,为了满足生理上的冲动,恋爱不久就发生性关系;有些干脆在校外租房同居。这些同学的恋爱行为不仅有违最起码的恋爱道德,也不可能给自己带来真正的幸福和进步。恋爱中的性行为在得到暂时的生理满足之后,空虚、厌倦、不安和自责便随之而来,它会破坏恋人之间那种新奇朦胧的审美感受,为爱情走向失败埋下祸根。

热恋中的大学生,在恋爱过程中要增强自己的责任感和义务感,要保持应有的理智。特别是女大学生,要做到自尊、自爱,切不可为表明自己对爱情的忠贞而以身相许。应该清楚,一失足而成千古恨,一旦发生性行为,吞食恶果的首先是女性,将造成终生遗憾。

5.大学生常见恋爱心理挫折调适

大学生在恋爱过程中,很容易碰上各式各样的问题,因为大学生的心智不成熟,处理问题难免陷入困境。因此就要从大学生自身来谈谈如何调适常见的恋爱心理问题,谈谈如何促进大学生的恋爱心理健康。

(1)恋爱挫折的自我调适

①失恋的自我调适

据调查,"目前在校有经历过恋爱的大学生中,约有半数感受到失恋的苦",失恋给他们增添了许多忧伤和哀愁,给他们的学习生活带来巨大的影响。失恋,是指恋爱中的一方否认或中止恋爱关系的原因给另一方造成的一种严重挫折。失恋可以说是大学生求学期间遇到的最严重的挫折之一,失恋会给大学生造成一系列消极心理,如羞辱、愤恨、悲伤、失落、孤独、虚无、绝望等。如果这些不良情绪得不到及时的排除或转移,那么便容易导致大学生出现自杀、报复和抑郁等行为,这将给学校和社会带来巨大危害。

第一,正确认知,冷静分析失恋原因。

要摆脱失恋的痛苦,防止心理和行为失常,必须认识到爱情虽然重要,但不是生活全部,人生更重要的是理想和事业的追求,爱情在生活中的位置应得到重新的认识。冷静地分析失恋原因是有效消除失恋痛苦的途径之一,既然感情不和,说明感情的发展已失去了动力,再相处彼此也是不会快乐的,这样的恋爱关系又有什么好留恋的呢?分手对双方都是种解脱。倘若不再留恋过去的美好时光,而多想一些相处的不愉快,则失恋的痛苦会大大减弱。

第二,敢于面对失恋的现实。

有的大学生在失恋后有一种难以摆脱的情结,即我的终生幸福没有了。怀有这种情结的失恋者不敢面对失恋的现实与未来,结果陷入越痛苦越思念、越思念越痛苦的怪圈中,不能自拔,从而导致心理疾病的产生。对此,作为一个理智的大学生,应勇敢地面对失恋的事实,坚强地承受失恋所带来的伤害,认识到爱情既然有成功、甜蜜的,就有失败、苦涩的,更要认识到爱情并非生命的全部,人生还有事业、亲情和友情;对于那些认为失恋就是失面子,失恋是自我价值贬损的大学生,不敢面对这个严酷的现实是不可取的。只有勇敢地面对事实与未来,才是顺利走出心理阴影的第一步。

第三,学会采取转移的方法。

转移包括两种,一是环境的转移,二是感情的转移。失恋是痛苦的,它在人们心境中的印记常常具有触发性,因此失恋后立即换个环境,暂时与会触动自己恋爱痛苦回忆的景、物、人隔离,并主动置身于新的欢乐的、开阔的人际交往与自然环境,或将自己的注意力集中在自己感兴趣的事物中,如专心学习,将失恋的痛苦转化为动力,失恋者会在努力学习中体会到人生的意义不仅仅是爱情,还有比爱情更重要的是事业。另外,可以转移感情,寻找新的替代者,抱着"天涯何处无芳草"的信念,以诚心去寻觅真正属于自己的爱。

第四,多为对方着想。

要设身处地为对方着想,这样将有助于理解对方提出结束恋爱的原因,有助于平静地接受失恋这一事实。大学生情绪波动较强,感情上易冲动,还不够稳定,这种换位思考对之有较大的益处。既然对方觉得这样更幸福,就让他(她)离开你吧。不然,有一个人觉得不幸福,两个人的生活也是不幸福、不安定的。

第五,加强自我调控,减轻心理压力。

失恋后产生痛苦、失落等心理问题,是由于恋爱的大学生所追求的目标与结果产生了冲突而诱发的。对此,大学生应加强心理品质的修养,积极减轻心理压力。如有意识地控制自己波动不安的情绪;积极参加体育锻炼,增加生理上的受挫力;克制因对方提出分手而产生的愤怒,反思对方结束恋情的原因,分析自身的优劣势,将眼光放远些;尤其要消除"我得不到,别人也别想得到"的危险想法,以免酿成悲剧;努力保持心理的平衡,以自信、坚强的精神面貌积极投入学业,这有助于及时走出心理的低谷期。

第六,自我安慰、合理化树立自信心。

失恋后,认为昔日恋人一切都好,自己一切都很糟,所以他(她)才抛弃自己,失去恋人都是自己的错,或把失恋看作是一件可怕至极的、糟糕透顶的事,认为自己今生再也不能找到如此美好的爱情了,失恋者为了缓解内心痛苦,应当学会自我安慰。首先,采用"酸葡萄效应",多想想以前恋人的一些缺点,不想或者少想对方的一些优点,这有助于打破理想化倾向,使自己更容易忘记对方。其次,可以采用"甜柠檬效应",把自己的各项优点罗列出来,找出自己的美好之处,相信自己有这么多的优点不怕找不到好对象,这样有利于自己恢复自信,从而减轻自己的痛苦。自我安慰是一个很好的缓解失恋者痛苦的方式,通过这样的方式以达到失恋者进行自我调节、自我防御的目的。

第七,合理宣泄,减轻痛苦。

失恋后如果把自己的苦衷、烦恼、怨恨过分压抑,就容易使自己更加苦闷、孤独和惆怅。应当把自己心中的这些压抑向亲朋好友诉说,这样会得到他们的同情、安慰和鼓励,也会得到他们客观的分析和中肯的建议,这有利于失恋者冷静地对待失恋,达到心理的平衡。如果无合适的对象倾诉,可以把自己的苦处写出来,还可以关起门来大哭一场,或者到无人的地方如海边大叫,尽情地发泄自己的情绪,以达到心理的平衡,理智状态的恢复。这样有助于消除失恋带来的心理压力,及时恢复心理平衡。当然,宣泄要有"度",无休止地唠叨,反而容易沉溺于消极的情绪中。

②单恋的自我调适

单恋是许多大学生面临的一种感情痛苦,是一种不可能得到回报的情感体验,它常使人自作多情、想入非非,做出一些荒唐可笑的事情来,严重影响了他们的身心健康发展。那么对于这种"剪不断,理还乱"的单恋,如何来解决呢?

第一,客观、理智地对待恋爱问题。

恋爱是男女之间相互爱慕的行为表现,互爱是爱情产生和发展的必要前提,相爱的双方都能给予爱的机会和回报。那么当你对某人产生炽热感情时,可先冷静想想:这是你生理发育成熟的一种需求,还是你的一种暂时的迷恋,或者仅仅爱上一个虚幻的爱情偶像,恰好他(她)正符合你心目中的恋人形象呢?有些大学生一旦陷入这种情形后,就容易把爱情视为"得不到的便是最好的东西",因而越是得不到的爱,越发珍贵,越想得到,独自在爱中煎熬。其实这种情况并不仅仅存在于爱情之中,一切都是一幕自编自导的独角戏。

第二,学会用理智战胜情感。

通过加强修养、陶冶性格来培养健康的人格和良好的心理素质,学会用意志的力量驾驭自己的思维和情感,从认识的误区中解脱出来,克服爱情错觉心理。因为单恋往往是单恋者对对方的一往情深,一味地只看到对方的优点,并且常常把对方的言行举止用自己的观点来解释,从而造成一种认知偏差。对此应客观评价、认识对方的言行,成功地转移自己的感情;同时借助理性,努力从感情上加以调整,时常提醒自己,"对方不爱我,我不应这样做""我们彼此毫无瓜葛"等,让理智战胜情感,消除爱情固执心理,摆脱这种无意义的情感羁绊。

第三,及时地移情、移境。

这是摆脱单恋苦恼的有效途径。移情就是恰当地转移自己的感情,如多参加集体活动或喜爱的文体娱乐活动,以转移注意力,或将自己已积累的相思之情,转化为更广泛的爱,比如说对父母更亲些、与朋友加强联系等;移境则是转换一个新的环境,如从距离或环境上远离痴心所爱的人,以免触景生情,随着时间的推移和新的爱情实现,有可能使自己对往事逐渐淡忘。通过移情和移境,逐步把自己的情感和注意力转移到学习或他人身上,经过一段时间的磨砺,个人会逐渐克服单恋的迷惘。

第四,勇于自我表露。

单恋的困扰另一方面是由于当事人不敢表露自己的爱,如一个人过于内向,或者一贯做事都是犹豫不决,在面临爱情时也这样,那么难免会顾虑重重、躲躲闪闪的,结果同样给当事人带来很大的困扰。这时应挑选一个合适的场合与时间,用直截了当的方式,向对方表达自己心中的爱意,大胆地说"我爱你"。

总之,面临恋爱这样重大的问题时,就要果断决策,并见诸行动。否则,就有可能陷入单恋之渊,不仅丝毫无助于自己爱情的成功,还可能危及心理健康。

③多角恋的自我调适

在恋爱纠葛中,三角恋、多角恋是其中最为突出的问题,因为陷入这样的恋情中,不仅他(她)自己痛苦,而且别人也痛苦,伤及双方甚至多方的身心健康。那么如何解决这种恋爱纠葛呢?

第一,认识爱情的选择性与排他性之间的区别。

大学生健康的恋爱心理要求彼此尊重各自的选择、自由与权利,但爱情的本质又告诉他们恋爱是专一排他的,不能进行选择。如果你同时与几个对象有了恋爱关系后再进行选择,那就混淆了选择与排他之间的界限。大学生在这种情形下发生多角恋,应当分清二者,重新权衡自己的感情,决定放弃谁、不放弃谁,然后慢慢地、有条有理地淡化自己与他(她)的感情联系和行为接触。

第二,重新评价自己与恋爱对象的关系。

自己的恋人对他人产生了恋情,作为失利的一方,心情是极其痛苦的,这时最需要的是冷静的思考。面对这样的情形,清晰地分析一下出现这种情况的原因,重审自己与恋人的关系,看看是否是因为对方认为第三者比自己强,还是自己某些方面做错了什么,比如说自己的言行不得体,对他(她)关照不够、热情不够,或者是说这段感情经不起考验等原因。进行一番思考后,再与对方坦诚相谈,看能否改变这种局面,假如事情已经到了不可挽回的地步,内心也能较为平静地接受了。

第三,明智理性地退避。

感情既然已经陷入这种说不清、道不明的境地,究竟还有多大价值值得持续呢? 如果再在上面耗费精力和时间,不仅不会给自己带来幸福和进步,还可能对自己的感情造成更大的伤害。此时,一个看似消极实则积极的策略就是退避,而且是理智勇敢地回避这种关系。这种决定的最大心理障碍是"退让即是失败"的错觉,这种想法实质是不敢正视现实和自己真正的立场,是消极的、失败的。

二、性与心理健康

小时候,你问过你的父母或长辈这个问题没有——"我从哪里来?"你得到了哪些答案呢?你现在知道答案了吗?

1. 性与性行为

从生物学角度来看,性是人类的本能之一,是整个人类得以生存和繁衍的基础;而从社会学角度来看,人类的性不仅是生命实体的存在状态,同时也被赋予了精神和文化内涵。

性行为有广义和狭义两种概念。广义的性行为是指人类个体之间有意识地触摸自己或性伴侣身上的性敏感区域的行为。狭义的性行为是指男女性交或同性生殖器接触的行为。前者中有意识地触摸、玩弄自己的性敏感区叫自慰;有意识地触摸他人的性敏感区域的有性爱抚,而违背他人意愿的有猥亵、调戏、性骚扰等。对他人实施的性行为又分为边缘性性行为(如搂抱、亲吻、相互抚摸和游戏性性行为等)和实质性性行为,即性交行为。

2. 性心理的发展与特征

(1)性心理的发展阶段

按照弗洛伊德学说来理解,心理发展的动力来自于性本能,追求性欲的满足就是心理发展的内驱力。

①口腔期(the oral stage,0～18个月),性本能通过口腔活动得到满足,如咀嚼、吸吮或咬东西。若母亲对婴儿的口腔活动不加限制,儿童长大后的性格将倾向于开放、慷慨及乐观;若其口腔需要受到挫折,则未来性格发展可能偏向悲观、依赖和退缩。可见,弗洛伊德认为早期的经验对人格的发展会有长期的影响。

②肛门期(the anal stage,18个月～36个月),随着成熟,婴儿获得了依照自己的意愿大小便的能力。按自己的意志大小便是满足婴儿性本能的最主要的方式。但这一时期也正是成人对婴儿进行大小便训练的时期,要求婴儿在找到适当的场所之前必须忍住排泄的欲望,这与婴儿的本能产生了冲突。弗洛伊德认为母亲在训练婴儿大小便时的情绪气氛对其未来人格发展影响重大。过分严格的训练可能会形成顽固、吝啬的性格;而过于宽松又可能形成浪费的习性。

③性器期(the phallic stage,3～6岁),这一时期的儿童开始对自己的性器官产生兴趣,性器官成为全身最敏感的部位,儿童常以抚摸性器官获得快感。弗洛伊德认为这一时期的儿童都会产生想与异性父母有性爱关系的欲望,即所谓恋母情结或恋父情结。在正常发展的情况下,恋母情结或恋父情结会通过儿童对同性父母的认同,吸取他们的行为、态度和特质进而发展出相应的性别角色而获得解决。

④潜伏期（the latency stage，6～11 岁），这个阶段，儿童的性本能是相当安静的，有关性的和侵犯的幻想大部分都潜伏起来，埋藏在无意识当中。性器期时性的创伤已被遗忘，一切危险的冲动和幻想都潜伏起来，儿童不再受到它们的干扰。儿童可以自由地将能量消耗在为社会所接受的具体活动当中去，如运动、游戏和智力活动等。

⑤生殖期（the genital stage），一般女孩于 11 岁开始，男孩于 13 岁开始。随着生殖系统逐渐成熟，性荷尔蒙分泌的增多，性本能复苏，其目的是经由两性关系实现生育。这一时期的心理能量主要投注在形成友谊、生涯准备、示爱及结婚等活动中，以完成生儿育女的终极目标，使成熟的性本能得到满足。

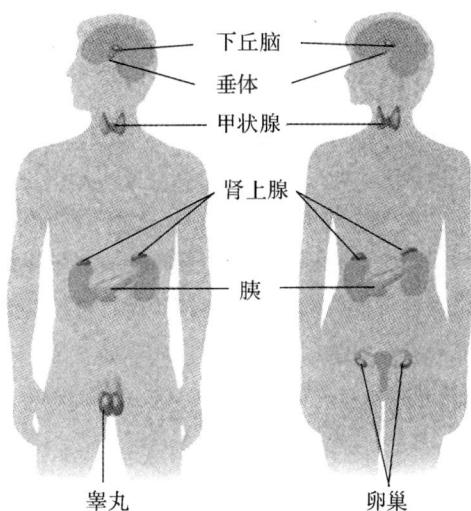

图 8-1 男女内分泌腺

（2）影响性心理的因素

性心理的发展首先有其生理物质基础。柏曼（L. Berman）就以内分泌腺功能优势为标准把人的心理发展分为胸腺期（幼年）、松果腺期（童年）和性腺期（青年）。遗传基因、脑内分泌的促性腺激素和性腺所分泌的性激素对性心理都具有不可忽视的影响。

家庭教育对孩子的性心理具有关键性的影响。首先是父母对性的态度。其次是父母对待孩子性别的态度对孩子的性心理发展的影响。在家庭和社会境遇中，个人在儿童期和成年期内所经历的某些偶然事件，必定也会对性的发展产生一定的影响。

每个人都是被社会文化塑造的人，一定社会中的性文化观念、性道德、性行为方式对个体的性心理发展也具有深刻的影响。在社会文化中，传媒对人们的性态度和性生活方式具有重要的影响。

三、大学生的性行为与表现

1. 性冲动

性冲动是一种性本能的表现，是在性诱因刺激下，性兴奋强度逐渐增加并企图诉诸行为的一种心理体验。性冲动在大学生中是一种普遍存在的现象,是主要由激素(荷尔蒙)引起的。它使异性之间产生强大的吸引力,帮助引起情欲和达到性高潮,在性行为完成之后,又使人产生放松的满足感。这种使人愉快的激素(荷尔蒙),是两性交往时产生种种快感的媒介。同时引起大学生性兴奋的诱因主要还有:看有性描写的书刊、影视、网页等;谈论有关性方面的话题;看异性人体;偶然与异性身体接触;与异性朋友约会等。

不过,大学生性冲动的诱因存在很大的个体差异。就男女而言,男生的性兴奋容易被视觉刺激所引起,对女性器官的构造和功能往往有很大的兴趣,会反复阅读文学作品中有关性行为、性体验和性犯罪等的描写,并且性兴奋集中于生殖器官。而女生在这些方面的兴趣和反应相对不像男生那么强烈,她们的性兴奋常不集中于性器官,性兴奋容易为触觉刺激所引起,而表现为期望被异性抚摸、被拥抱的"肌肤之爱"。

面对性冲动带来的压力和矛盾,多数大学生都能通过正常的途径和方式疏导、升华或转移;部分大学生则寻求各种途径进行发泄,如所谓的"厕所文学""课桌文学""卧谈会""寝室夜话"等;有的甚至表现为偷窥、恋物等性变态;更有甚者效仿西方性观念,放纵自己的性冲动,发生不负责任的性行为,给自己和他人身心健康带来巨大伤害;而有些人则走向另一个极端,对内心的性欲念自责和恐惧,一味地压制自己,出现一种病态性压抑。

2. 性别认同

性别的认同是指个体在心理上觉得自己是男是女,以及对自己现有性别和性征的喜恶。随着第二性征的出现,男女大学生在体相上也发生了很大变化。他们对自身的体相日趋关注。此时,男大学生希望自己身材高大、英俊潇洒;女大学生希望身材苗条、面容姣好;普遍希望能对异性产生吸引力,能让同性羡慕。但现实中,有很多女性对自己的身材发育不满意,为体形的胖瘦而烦恼;男性对自己的生殖器不满意,为身材矮小而苦恼,并将其看作是自身的缺陷,产生烦恼、焦虑、自卑等消极情绪,甚至成为性发育上的思想负担和心理障碍,以致影响人际交往、学习和生活。对于自己的性别角色,不少男大学生担心自己男子汉气质不足,为此,有的男生为了更具男子汉气质,抽烟喝酒,故作深沉,甚至打架动粗,以展示个体粗犷的硬汉形象;女大学生则担心自己是否不够温柔,或把握不了自己该柔弱些还是顽强些。

许多大学生还曾怀疑过自己的性功能,从而增添了自己的心理负担。他们中的绝大多数人并无性生活的实践,也可能从未进行过这方面的检查。之所以产生对性功能的怀疑,一方面因为对性生理和心理知识缺乏了解,另一方面是因为道听途说、断章取义或看了一些不健康的书刊后产生的胡思乱想。

3. 性梦

性梦,是指人在睡梦中梦见与性对象发生性接触而出现性冲动或性高潮的现象。潘绥铭(1995)的研究表明,95%的男生和56.7%的女生做过性梦。性梦发生的频率随着年龄增加而增加,且男大学生做性梦的频率高于女生。有性梦经历的健康大学生,如果很少有手淫活动的话,则性梦可长期延续下去,至少每隔一些时期会出现一次。女性在梦中常梦见自己的意中人,并经常在性兴奋状态中醒转。而男性性梦中的性对象多是一些既陌生又熟悉的人物,一般不是现实生活中的恋人,较少在性兴奋状态中醒转。女性性梦的表现一般较复杂,但肉欲色彩多不明显,色情成分也较少。男性性梦的色情成分较重,但由于对女性身体缺乏足够认识,梦中一般不会有完整的女性形体,可能只是一种朦朦胧胧的性活动场面,甚至只是一种气氛,射精也往往很快就发生。性梦作为性冲动和性欲的一种常规满足方式,是一种普遍、正常的性心理现象。

4. 性幻想

性幻想是指人在觉醒状态时,通过幻想方式获得性快乐的现象。性幻想一般分为三种情况:第一种是不伴有性行为的性幻想。此类最普遍,发生频率也最高,又称为"白日梦";第二种是伴随自慰的性幻想;第三种是伴随性生活的性幻想。

性幻想是人类性心理中最普遍的一种现象,在人类心理活动中占有极其重要的位置,是性意识能动性的体现。首先,它是启动性兴奋的一种正常机制,有助于性兴奋的维持和性快感的获得;其次,它是对现实生活中暂时不能实现的愿望的精神满足,可强化躯体刺激,加深体验,提供更深层的性满足;再者,它可疏泄性压力,是性行为的一种替代;最后,它有助于减轻生活中的焦虑感。

性幻想中出现的性情景和性对象一般能反映人们内心的真实需求,但往往与现实不符。因此,倘若整天沉溺其中,甚至把幻想当成现实,那将有碍于大学生的健康成长,还会形成性病态。

5. 性自慰

性自慰俗称手淫,是指用手或替代物刺激、摩擦性器官以引起性快感的行为。性自慰是一种常见现象,在男女老幼不同年龄阶段均可能出现,但在青少年中最为普遍。无论男女,到了青春期后,由于体内的生理变化,都会自然而然地产生性的冲动和要求,使自身处于性紧张状态。作为一种本能,人们有可能在性生理和性心理的驱使下开始有意识地性自慰,解除性紧张状态。在未婚状态下,性自慰是一种合理的解除性紧张的方式,既不涉及异性或卷入感情纠葛,也不会导致性攻击甚至性犯罪的发生,同时也能够解决一部分因性而引起的社会问题。因此,适度的性自慰不仅无害,反而对于解除性紧张、缓解心理压力有所帮助。需要强调指出的是,说性自慰无害,并不等于说它是必需的,更不是说可以无度。研究表明,性自慰对身体的危害并不在于精液的损耗,而在于由性自慰产生的不正常心理状态和过度性自慰对身体的严重影响。不正常的心理状态有两种:一种就是对自己的性自慰行为过于否定,比如把性自慰后一段时间内所有的身体异常都归罪于性自慰,从而造成紧张、忧郁、焦虑、悔恨、自责、自罪、自卑等心理,以及难以自制时的挫折感。这种矛盾的心理可能引起大脑高级神经过程的高度紧张,从而导致神经系统功能的失调和皮下中枢及植物神经功能的障碍,出现头晕、失眠、多梦、乏力、记忆力减退、食欲不振、精神萎靡等症状。

6. 婚前性行为

婚前性行为是一个较为宽泛的概念。这里特指男女双方在恋爱期间发生的性交行为。其特点是：双方自愿进行，不存在暴力逼迫；没有法律保证，不存在夫妻之间应有的义务和责任；容易产生一些纠纷和严重后果。

大学生发生婚前性行为的原因很多，一般来说有下面几种：崇尚性自由观念，追求享乐；自制力不强，不能克制自己的性冲动或不忍拒绝对方的意思；作为稳固和升级"爱情"的手段，急于求成、占有或显示对爱情的忠诚；对性有好奇探究心理；满足个人私欲和虚荣心；逃避社会压力；避免孤独；用性报答对方；利用性报复社会。然而，不管因为什么原因发生婚前性行为，都容易对当事人造成伤害。

虽然婚前性行为并不等于心理不健康，但是由此而导致的价值观念冲突、内心矛盾、家庭和社会问题却可以诱发和加重性和心理健康问题。当然，婚前性行为本身就表明当事人存在着性伦理道德观、自制力等方面的问题。另外，婚前性行为还会为性病传播提供条件。

7. 异常性行为

凡是最终不以正常性交实现自己的性欲满足，以其他方式替代了生殖器性活动，寻求性满足的对象或满足性欲的方式与常人不同，而且违反当时的社会习俗，这种性满足的行为就是性行为异常。性行为异常分为量的异常和质的异常两种。量的异常包括性功能亢进，如男子色情狂、女子色情狂等。质的异常包括手段异常和对象异常，手段异常如露阴癖、窥阴癖、性施虐狂、性受虐狂、鸡奸等；性对象异常如同性恋、恋童癖、兽奸等。性心理和行为变态会给未来的婚姻生活带来严重后果，造成精神创伤和心理上的痛苦。有些性行为异常还会导致违法犯罪。值得注意的是，这些年来，大学生的性行为异常表现似乎有增多的趋势。

四、加强大学生性心理健康教育

1. 健全人格的培养

对于大学生而言，性心理问题的核心就是自尊、自制和责任心的问题。因此，性心理成熟的过程也是自我完善的过程，培养健全人格正是解决各种性问题的根本途径。人格健全的人才知道自己该干什么，能通过合理的方式表达自己的情感，也能严格地将自己的欲望控制下来，使自己的行为符合外界环境和社会文化背景的要求。在面对性问题时，人格健全的人会自觉抵制各种不良刺激的影响，克制自己的欲望，尊重自己，尊重他人，使其能够以负责的态度来面对"性"这件事。把性心理健康教育上升到健全人格培养的高度，就是要结合大学生性心理发展的规律，对其进行社会价值观、个人意志品质、心理调节能力和社会适应能力等多方面素质的综合培养教育，以协调性心理发展与人格发展之间的关系，缩小性成熟与人格成熟之间的差距。

2. 加强性教育

结合爱情教育进行性教育，就是要通过培养大学生成熟的爱情观、责任感、恋爱动机和男女平等意识，达到理顺性心理与恋爱心理之间关系的目的，进而带动个体性心理的健康发展。大学生已进入正常的恋爱季节，许多人已开始恋爱。因此，他们的性心理活动常常与恋爱心理联系在一起。爱情不都是柏拉图式的精神恋情,但需要这样一个精神交往过程。爱情对欲望有一种自然抑制力,当一个人仅仅因为害怕得性病而不敢偷越雷池时,可能还会心存侥幸而放纵自己的欲望,但当一个人意识到爱情的神圣和责任时,他就会以审慎的态度去对待自己的欲望,用理性去护卫纯洁的感情。对大学生而言,纯洁的感情是真爱与淫乱的分水岭。如果缺乏真正的爱情,恋爱心理就容易被性欲冲动所主宰,从而影响双方感情的正常发展。

3. 加强性道德伦理教育

大学生必须按照社会的规则来适当约束自己的性行为。用道德控制人的性欲望和性行为,也是人与动物相区别的标志。应明确了解什么是正确的,什么是错误的,维护和强化两性关系中的维护尊严和名誉的心理。一方面,维护自己尊严和名誉的心理是性心理中具有积极能动性的激励机制。它以强烈的情感和情绪激励人们树立正确的善恶观和荣辱观,促使人形成自尊、自爱、自珍的道德心理,激励人们无论在任何环境和条件下都能抵御诱惑,坚守节操。另一方面,维护尊严和名誉的性心理是性道德得以产生和发展的坚实的情感和心理基础。

4. 加强性知识的传播

通过性知识传授,使得大学生懂得必要的性知识,正确对待青春期出现的一些性生理、心理现象。对性欲冲动保持理智的态度,使他们学会保护自己,调节自己,爱护、发展和完善自己,更好地防止在成长发育期间产生性生理疾病和性心理障碍,同时为今后的婚姻生活提供必要的知识储备。另一方面,要让大学生通过公开、健康、科学的方式和途径获取有关性的知识,以满足他们对性知识渴求的心理,避免被黄色书刊、盗版光盘、网络上淫秽的性信号刺激、误导和毒害。在性知识传授中,性社会知识的传授应放在突出的位置。

5. 培养大学生多方面的兴趣

对大学生进行性心理健康教育,不能无视青年期个体经常涌现的性冲动。这种标志着个体性成熟的性欲冲动,无论是来自体内,还是由外界因素引起,都必须有合理的途径加以疏导,一味压抑或放纵都可能导致性心理与行为的异常。对于人格成熟的人来说,适当的意志调节和合理的升华作用都是有效的处理方法。然而对于人格尚未完全成熟的大学生来说,则必须通过健康有益的文体活动来转移兴奋点,实现性能量的合理宣泄。事实上,任何健康有益的兴趣活动都是转移、宣泄性冲动的有效方法。因此,把性教育与培养大学生多方面的兴趣、爱好结合起来,也是增进他们性心理健康的有效途径。

6. 普及大学生预防性病艾滋病健康教育知识

由于当今社会风气的日渐开放,性行为的泛滥导致了一系列的性疾病传播速度和广度扩大。在大学生中,普及性病艾滋病健康教育知识是节制大学生性行为与预防性病传播的一种有效的手段。

艾滋病(AIDS)全称为获得性免疫缺陷综合征。它是由艾滋病病毒(HIV)引起的一种目前尚无预防疫苗、又无有效治愈办法且病死率极高的传染病。HIV通过严重破坏人体免疫功能,造成人们的抵抗力极度低下,最终导致全身衰竭而死。艾滋病主要通过血液、精液、阴道分泌物、乳汁等体液传播。已证实的传播途径有以下三种。

（1）性传播：通过异性或同性性行为传播。

（2）血液传播：通过共用不消毒的注射器和针头注射毒品、输入含有艾滋病病毒的血液或血液制品、使用未经消毒或消毒不严的各种医疗器械（如针头、针灸针、牙科器械、美容器械等）、共用剃须（刮脸）刀及牙刷等传播。

（3）母婴传播：通过胎盘、产道和哺乳传播。

艾滋病不会通过空气、饮食（水）传播，不会通过公共场所的一般性日常接触（如握手，公共场所的座椅、马桶、浴缸等）传播，不会通过纸币、硬币、票证及蚊蝇叮咬而传播，游泳池也不会传播。

虽然艾滋病是一种极其危险的传染病，但对于个人来讲是完全可以预防的，其主要预防措施为：

①遵守法律和道德，洁身自爱，反对婚前性行为，反对性乱。

②不搞卖淫、嫖娼等违法活动。

③不以任何方式吸毒，远离毒品。

④不使用未经检验的血液制品，减少不必要的输血。

⑤不去消毒不严格的医疗机构打针、拔牙、针灸、美容或手术。

⑥不共用牙刷、剃须（刮脸）刀。

⑦避免在日常工作、生活中沾上伤者的血液。

⑧根据国外经验，正确使用避孕套有助于避免感染艾滋病。

⑨患有性病后应及时、积极地进行治疗，否则已存病灶会增加艾滋病感染的危险。

第三节 案例及分析

一、案例 1

校园里的青涩爱情

吴军和菲菲是同所大学又是同班的学生，刚开始，在班上寥寥无几的几个男生中，菲菲也就是看吴军比较顺眼，因此关注他也就相对多点。后来知道吴军喜欢班上另一个女生，菲菲对此虽然不是很开心也并没有很大的感觉。只是从心里大打消了那唯一的念头。可是后来事情不知道怎么发展了，吴军和那女的并没有成功，而菲菲心理也并没任何想法。渐渐地到了大二，两人接触渐渐多了点，又加上两边朋友的撮合和玩笑，两人互相喜欢的事实就这么被爆料了出来！于是本来双方可能都没想过恋爱这个问题，现在就这样被拉到了一起谈起了恋爱。本来一切都是这么顺利地发展着，他们每天一起吃饭，一起散步，一起看书，也还拥有着他们的梦想………

本来一切在外人眼里以及他们自己眼里看来是多么美好,两人相处也很好,似乎并没有什么问题。每天都是那么简单而平凡地过着,这是一段平凡的爱情,并不轰轰烈烈,并不冲动,也没有任何曲折。可是一个多月后,事情发生了。因为另一个男人出现了。他是菲菲在认识吴军之前出现的,因为各方面条件的限制,菲菲从没想过和他会有可能。但是,当菲菲有了男朋友以后,他向菲菲表白了。菲菲非常矛盾,她不知道她的心里到底爱着谁,她对两个男人都有感情,谁也放不下。她把事实告诉了吴军,她第一次感觉到吴军是那么爱她,他哭了,哭得那么伤心……可是那个男人呢,他在远方,他的难受她看不到,她不知所措了,最后中间经历两次选择,她果断地选择了那个身在远方的男人。而对吴军,这样的打击使他受不了,他一直苦苦哀求她能回到他身边,可是菲菲这次真的想跟着自己的心走,不想听任何人的意见,她感觉自己懂了什么是爱而什么是喜欢,可吴军却说是她让他懂得了什么是爱,他一直不肯放手,也接受不了这个事实,离开了学校。那段时间两人都一直没心思学习,浪费了好多时间,就这样持续了好久,终于他回来了,说要等她回心转意,可是不久觉得无望又受身边朋友的影响取消了这份等待。而这个过程中又发生了一些事,因为吴军的冲动和不成熟做出了一些过激的事,甚至开始恨菲菲,说了很多狠话。说自己看错了人,曾经的爱已不在。

【案例分析】

实际上,大学生恋爱如今在大学校园较为普遍。他们在思想上已趋于独立,对待爱情更是有自己独到的见解,如果大学生能理智地对待爱情,就能较好地处理爱情与学习、生活等各个方面的关系。

而上面案例中的爱情存在以下的问题:

1. 菲菲和吴军的交往是仓促的,甚至于有点盲目

两人在大学里的相处并不多,可以说交往时双方都并不是互相了解的,只是各自看到各自好的方面而相互喜欢。而在这种基础上产生的爱情是很容易出问题的。这可能是恋爱过程快餐化的一种表现。这在大学里也是很常见的,因为大多数人都会说大学的恋爱是很浪漫很温馨的,上大学不谈恋爱实在是一种遗憾。由此大多数人到了大学,便会想要有这样一种尝试。大学生的心理和生理都已经成熟,使得在校大学生有了接近异性的冲动,其实对异性产生好感很正常,所以在不经意间两人也便开始了一段恋情,这很容易开始可能也就很容易结束。这种恋情不是说就不真实,当然了,也有在大学里谈恋爱以后就建立了很幸福美满的家庭。而不成功的仍然占大多数,他们曾经也会有过梦想有过山盟海誓,当时的他们或许是真心的,但是时间和现实是打破一切的罪魁祸首。大学生活轻松了,自由了,也促使大学生更加向往爱情。尤其是青年,由于生理、心理的逐步成熟,都会萌动春心,涉入爱河。浪漫热情之恋是青年男女内心的美好憧憬,它似一杯甘醇芳馨的美酒,令人如痴如醉。菲菲和吴军也就是这么走到一起的。大学生中对感情不确定的现象较多。案例中的菲菲、吴军皆是如此,吴军一开始喜欢一女子,由于没成功

转而又喜欢菲菲,而菲菲后来也是同时喜欢着两个男人。这是由于大学生的心理还不是很成熟,没能真正地理解爱的真谛,无法区分爱与喜欢,一个人可以喜欢很多人但是却只能爱一个人。而在当代大学生中,事实有时却不是这样,所以总会出现三角恋情又甚至于出现更多的人纠缠在一段恋情中的情况,导致大学生中经常会有为了爱情而产生过激行为的事情。年轻时的恋爱都是只看重对方的外表以及对对方的基本认识。由此会引发很多问题,两个人因表面的互相爱慕而走到一起,没有深入的了解,也没有是否适合的判断。最后相处多了就可能出现一系列的问题。

2. 爱情的非理性观念

认为失恋是人生重大的失败,爱情是靠努力可以争取到,即付出总有回报。爱情的神圣与庄严,神秘与美好吸引着无数青年男女为之折腰。有的学者说:"有青年人的地方就会有爱。"但是,大学校园里并非都存在着完美的恋爱,并非都闪动着幸福的恋人,并非每个爱情的渴望者都能品尝到甘甜的爱情之羹。然而,有恋爱就有失恋,这是个辩证的自然法则。所谓失恋是指恋爱受挫失败。失恋引起的主要情绪反应是痛苦和烦恼。大多数失恋者能正确对待和处理好这种恋爱受挫现象,愉快地走向新生活。然而,也有一些失恋者不能及时排解这种强烈的情绪,导致心理推移,性格反常。案例中的吴军也是因为受不了失恋的打击竟然离校出走,由于失恋而对学习生活失去信心,也有些不愿放手而对对方做出一些过激的行为,这更是一种自私的占有的想法,根本没有真正理解爱情的真谛。失恋者羞愧难当,陷入自卑和迷惘,心灰意冷,走向怯懦封闭,甚至绝望、轻生,成为爱情的殉葬品。从社会学的角度看,大学生的社会心理并没完全成熟,他们的社会责任感、道德观念、恋爱态度以及他们对恋爱与学习关系的处理等都是不成熟的。相当一部分大学生是在一种不成熟的状态下,凭着自己青春期的冲动,把任何事物都看得很美好。他们缺少挫折锻炼,心理承受力太弱。有的则一旦失恋后,就痛苦不堪,无法恢复自己正常的生活和学习,好像没了恋人就无法生活似的。真正的爱情是有独立性的,大学生恋爱,要把自己放在一个正确的位置,适当控制自己的情绪,即使恋爱失败了,也只能说可能彼此不是最适合的,而且,还可以通过失败的恋爱吸取经验,从中学会怎样和异性交往。

二、案例2

失恋的痛苦

某男,20岁,某大学二年级学生,因失恋感到非常痛苦前来咨询。

他与他的女朋友是同班同学,一年前他们相恋,但不久前他的女朋友就与他中断了爱情关系,这对他来说是一个沉重的打击。多日来,他借酒消愁,情绪抑郁,心烦意乱,无思学业,他对新生活的所有期待与憧憬也顷刻之间化为乌有。来访者说这是他的第一次恋爱,而且是对方主动追求自己,相恋后,感情曾经一直很稳定,但因个性不合,观点分歧,又因几件小事而发生几次争吵,这使对方感到越来越烦,对他失去耐心,最后因第三者插足导致对方移情别恋,与其分手,抛弃来访者。来访者说他无论如何也忘不了她,很想去挽回恋人的心,每次想起两个人曾经在一起的美好时光就让他泪流满面,失恋的痛苦就像恶魔一样,无情地折磨着他的心。后来来访者知道自己的恋人已无法挽回,渐渐地对她产生了怨恨,两人此后见面都不打招呼和说话,而且来访者经常在宿舍痛骂她。

【案例分析】

当代大学生失恋后往往会表现出一些不良的症状,失恋后的症状也称为失恋后的挫折感受,它以失恋者的性格、人生观、恋爱时间的长短及恋爱关系的深浅程度的不同而不同。

1. 失恋的表现

(1)极度地悲伤和绝望。当失恋者对恋爱对象的喜欢程度越强时,该症状的表现就越强。

(2)感到无比的难堪和羞辱,羞见于人,无地自容。对于自尊心越强的失恋者来说,加上恋爱的公开程度过大,这种症状的表现就越明显。

(3)充满了虚无感和失落感。热恋时对爱情的存在越肯定,失恋后的虚无感就越强烈;热恋时产生的依赖心理倾向越大,且得到恋人的温暖和安慰越多,这时的失落感也就越多。

(4)对事物冷淡和对恋爱对象产生憎恶。失恋后,失恋者对平时感兴趣的事物会感到索然无味,冷淡视之;对于恋爱的对象则会产生出一种憎恶感,怀恨在心,甚至会产生报复行为。

(5)有自杀的意念。当失恋者感到十分痛苦而无法自拔的时候,他们会采取非常的做法,走上绝境,以死来求得痛苦的解脱。

2. 失恋的原因

当代大学生失恋引起的心理挫折是一个复杂的现象,其原因是多种多样的,但归结起来主要有社会心理因素和个体心理因素两种。

(1)社会心理因素

①家庭的压力。在子女选择恋爱对象的过程中,父母的影响是较大的,由于恋爱双方缺乏勇气和信心,又惧怕父母的威严,觉得双方门不当户不对,或相貌差异太大,感到自卑,再加上父母的干涉,只好痛苦地选择分手。

②社会舆论与风俗的压力。由于不良的社会舆论与风俗偏见,如认为不同地方、不同方言的双方不宜在一起,这会影响一方与另一方父母的沟通,因此恋爱双方感到巨大压力。

③环境条件的限制。虽然现在大学生毕业工作不像计划经济时的统分统配,但恋爱双方毕业不能在一起工作的现象还是存在的。由于大学生恋爱双方毕业工作不在同一个地方,双方距离相差又甚远,或者由于承担家庭重担及其他责任而不得不选择忍痛

割爱。

（2）个体心理因素

①一方变心，见异思迁。由于恋爱中的一方缺德，见到一个比现在自己恋人还要好的对象就移情别恋，喜新厌旧，抛弃对方。

②个性不合，观点分歧。由于恋爱双方个性尤其是性格不合，在交往中彼此思想和情感容易出现分歧，容易彼此发脾气和吵架，结果很难相处下去，只好分手。这也是大学生失恋现象普遍存的原因。

③一方缺点过多。由于恋爱中的一方缺点过多，又不加以克服，尤其是过多地猜疑、嫉妒、责备、埋怨和误解对方，导致对方无法容忍，最终失去恋人的喜爱。

④恋爱动机不纯。有的大学生恋爱动机不纯，不懂爱情，把恋爱当作儿戏，或贪图对方钱财，玩弄感情，见一个爱一个，到处"滥"爱，最后落得个没有人爱的结果。这种恋爱动机不良，不尊重对方的人必然会被抛弃。

由此我们可以看出当代大学生失恋受到社会和个体心理因素的影响，但一般来讲，个体心理因素的影响是最主要的，因为家庭和社会舆论挫折尽管会对大学生的恋爱产生影响，但是由于有些大学生具有逆反心理，家庭和社会舆论是难以中断他们的恋爱取向的，相反，往往会强化他们的爱情关系。

三、案例3

他真的不愿意与人交往吗？

小樊与小路是高校"夫妻部落"中的一员，两人在校园附近租下一套房子，过起了同居生活。两人在接受记者采访时坦言，双方对未来都没有太明确的想法，目前生活在一起只是为了"相互取暖"。

【案例分析】

在现代教育体系下，青年人"知、情、意"不平衡。可能智商比较高，情商比较低，那么意志力就更弱了，不能很好地管理自己。那么在身体某方面曾经没有得到满足，就会产生缺失性需要，就会通过各种途径来获得满足。在某些压力下，人会回避退型，退回到儿童心理阶段，那么就会有这样一种行为发生。但这是极端的一种表现，在学生中存在的大多是性渴望、性焦虑等，这恰恰表现出在性教育问题上缺乏一定的指导。对于大多数学生来说，他们对性充满渴望，但是真正了解的并不多，也有的情侣因为是否需要发生性关系而闹翻，这些都很深地困扰着现在的大学生。学生们可能没有很强的意识，那就是爱和性不仅是一种心理和生理上的体验和感受，它背后还有一个严肃的责任问题。这些是不可回避的，那么对于学生来说，健康、科学地对待性问题，了解性问题，更要理智思考并约束自己的行为，是大学生精神健康很重要的一部分。

第四节 课外阅读

爱情、婚姻、幸福、生活的真谛

有一天,柏拉图问苏格拉底:"什么是爱情?"

苏格拉底说:"我请你穿越这片稻田,去摘一株最大最金黄的麦穗回来,但是有个规则:你不能走回头路,而且你只能摘一次。"

于是柏拉图去做了。许久之后,他却空着手回来了。

苏格拉底问他怎么空手回来了?

柏拉图说道:"当我走在田间的时候,曾看到过几株特别大特别灿烂的麦穗,可是,我总想着前面也许会有更大更好的,于是没有摘;但是,我继续走的时候,看到的麦穗,总觉得还不如先前看到的好,所以我最后什么都没有摘到⋯⋯"

苏格拉底意味深长地说:"这,就是爱情。"

又一天,柏拉图问苏格拉底:"什么是婚姻?"

苏格拉底说:"我请你穿越这片树林,去砍一棵最粗最结实的树回来放在屋子里做圣诞树,但是有个规则:你不能走回头路,而且你只能砍一次。"

于是柏拉图去做了,许久之后,他带了一棵并不算最高大粗壮却也不赖的树回来了。

苏格拉底问他怎么只砍了这样一棵树回来?

柏拉图说道:"当我穿越树林的时候,看到过几棵非常好的树,这次,我吸取了上次摘麦穗的教训,看到这棵树还不错,就选它了,我怕我不选它,就又会错过了砍树的机会而空手而归,尽管它并不算我碰见的最棒的一棵。"

这时,苏格拉底意味深长地说:"这,就是婚姻。"

还有一次,柏拉图问苏格拉底:"什么是幸福?"

苏格拉底说:"我请你穿越这片田野,去摘一朵最美丽的花,但是有个规则:你不能走回头路,而且你只能摘一次。"

于是柏拉图去做了。许久之后,他捧着一朵比较美丽的花回来了。

苏格拉底问他:"这就是最美丽的花了?"

柏拉图说道:"当我穿越田野的时候,我看到了这朵美丽的花,我就摘下了它,并认定了它是最美丽的,而且,当我后来又看见很多美丽的花时候,我依然坚持着我这朵最美的信念而不动摇。所以我把最美丽的花摘回来了。"

这时,苏格拉底意味深长地说:"这,就是幸福。"

柏拉图又有一天问苏格拉底:"什么是外遇?"

苏格拉底还是叫他到树林走一次。可以来回走,在途中要取一支最好看的花。

柏拉图又充满信心地出去。

两个小时之后,他精神抖擞地带回了一支颜色艳丽但稍稍焉掉的花。

苏格拉底问他:"这就是最好的花吗?"

柏拉图回答道:"我找了两个小时,发觉这是盛开得最美丽的花,但我采下带回来的路上,它就逐渐枯萎下来。"

这时,苏格拉底告诉他:"那就是外遇。"

又有一天,柏拉图又问苏格拉底:"什么是生活?"

苏格拉底还是叫他到树林走一次。可以来回走,在途中要取一支最好看的花。

柏拉图有了以前的教训,又充满信心地出去了。

过了三天三夜,他也没有回来。

苏格拉底只好走进树林里找他,最后发现柏拉图已在树林里安营扎寨。

苏格拉底问他:"你找着最好看的花了吗?"

柏拉图指着边上的一朵花说:"这就是最好看的花。"

苏格拉底问:"为什么不把它带出去呢?"

柏拉图回答道:"我如果把它摘下来,它马上就枯萎。即使我不摘它,它也迟早会枯。所以我就在它还盛开的时候,住在它边上。等它凋谢的时候,再找下一朵。这已经是我找着的第二朵最好看的花。"

这时,苏格拉底告诉他:"你已经懂得生活的真谛了。"

看完这个寓言故事你会有怎样的理解呢?

最容易错过的是爱情。

经历过爱情的无奈之后,对于婚姻的态度就会发生很大的转变,会选择一个合适的,但不是最好的。

幸福就是在不断寻找中获得满足。

外遇看起来很美,但会凋零,最终一无所获。

生活就是不断地寻找幸福!

📖 课后训练与思考

1.案例1

6月23日晚,某校一名计算机系大二男生从女生寝室6楼跳下身亡。

据悉,跳楼男子武卫(化名)来自四川,在校成绩很好,一直是班上前几名,但平时不爱说话。前日,武卫与外校的女朋友分手了,情绪反常,喝了不少酒。当时就被同学发现并有一同学寸步不离守护他。前一日中午11时许,武卫冲上女生寝室,去六楼找"红颜知己"许开惠(音)聊天,他趁守护的同学不备,关上门从6楼纵身跳下……据赶到现场的医生透露,当时武卫呼吸微弱,瞳孔已经放大,经抢救无效死亡。

请谈谈你对此事件的看法。

2.案例2

最近一个对高校大学生的调查表明,在受调查的同学中,有13%的人坦言大学期间有过性行为,有个别有过在校外同居的经历。

请问如何看待当今校园恋爱同居的现象?

第九章 高职生压力管理与挫折应对

名人名言

不因幸运而故步自封，不因厄运而一蹶不振。真正的强者，善于从顺境中发现阴影，从逆境中寻觅光亮，时时校准自己前进的目标。

——易卜生

挫折和不幸，是天才的晋身之阶，信徒的洗礼之水，能人的无价之宝，弱者的无底深渊。

——巴尔扎克

【内容提要】

在人的一生中，每个人都希望时刻沐浴幸福和阳光，但是，人的生活不可能是一帆风顺的，也会经历坎坷与挫折。遇到这些现象时，人们或心烦意乱，或痛苦不堪，或萎靡消沉，或越挫越勇。人们面对挫折的不同态度，造就了不同的人生。本章介绍了挫折及其成因，以及个体遭受挫折的表现，并对大学生常见的应对挫折时产生的心理问题进行了详尽的讨论，在此基础上提出了有效增强挫折耐受力的方法，以帮助大学生养成顽强进取的积极心态。

第一节 课堂实训：与压力共舞

一、绝处逢生

1.目标

在面临困难和挫折时要心存希望。

2.时间

20分钟。

3. 步骤

（1）活动

成员围成圆圈，每人伸出右手，掌心向下，再伸出左手，食指在左边成员的右手掌心上。领导者开始说一段话，只要听到出现某一个字（如"抓"），你的右手要快速抓到右边人的食指，而自己左手的食指要尽可能逃脱。

（2）讨论

逃了几次，被抓了几次？是否因为反应错误而出现误逃和误抓的情况？为什么会出现反应错误？在游戏中的体验是什么？

（3）解决问题

请一位同学表演因为失恋痛苦不堪而准备自杀的情景，其他成员列出各种理由劝他放弃自杀的念头，并评出最佳理由。

（4）总结

人的脆弱源于对自我认识的无知和狭隘，面对困难和挫折总有摆脱的机会，可以选择任何一个时刻作为自信的开始，跌倒了爬不起来才失败。

二、挫折的滋味

1. 目标
学会在压力下工作

2. 形式
以分组讨论形式完成

3. 时间
5～10分钟

4. 步骤

（1）讲述一个关于一条来自北方的梭子鱼的故事

有一条来自北方的梭子鱼被养在一个分割为两半的大水箱里。在这个大水箱的另一半里，有无数的鲤鱼，但鲤鱼和梭子鱼之间被玻璃隔开了。饿坏了的梭子鱼为了吃到鲤鱼做了无数次的努力，但每次都无望地与玻璃抗争，最后梭子鱼认识到要接近鲤鱼是不可能的。这时，玻璃隔板被拿走了，但梭子鱼并不去攻击鲤鱼。这种行为就称为"梭子鱼综合征"，它的特点是：①忽视变化；②假设自己已经知道了所有的知识或情况；③过早地下结论；④固守过去的经验；⑤拒绝考虑其他变通方法；⑥不能在压力下工作。

（2）讨论

能不能与大家分享一些你所知道的"梭子鱼综合征"的例子。我们怎样才能帮助别人（或我们自己）从"梭子鱼综合征"中解脱出来？在什么情况下，"梭子鱼综合征"是有用的？

第二节 知识链接:压力及挫折概述

一、压力概述

1.什么是压力

心理压力是个体在生活适应过程中的一种身心紧张状态,由于环境要求与自身应对能力之间的不平衡而产生。

个体在面临心理压力时一般都会有各种各样的身心反应,适度的心理压力有利于人的进步和发展,但如果超过了人的承受能力,则会危害人的身心健康。大学生身心发展尚未完全成熟,自我调节和自我控制能力不强,在面临压力时的表现往往过激,以致造成消极影响。

2.压力的来源

压力源可分为四类来讨论。

(1)心理性

心理性压力的发生,简单来说就是"要与不要"的问题。在每个人的心中都有满足基本需求与达成愿望的想法。如果这些需求的追寻遭受挫折,就会产生心理压力。

(2)生理性

对躯体产生直接性损害的刺激,如各种疾病、环境的噪声、温度变化等。

(3)社会性

指社会生活中所发生的变化,广义如政治动乱、战争、社会制度的变革等;狭义如工作环境的变动、家庭成员的生离死别等重大生活事件。现代社会发展迅速,地区人口密集、人际互动频繁,新的工作要求、方式变化等原因,使得社会性压力成为人们主要的压力来源。

环境研究表明,你的压力来源与你所处的小环境有直接的关系。小环境主要包括工作单位、学校及家庭等。例如,在大学里那些来自于贫困家庭的大学生,当他们看到有些同学家庭富裕,穿的是名牌,用的是品牌,花钱大手大脚,而自己的学费还需要贷款,每天还为生活费操心时,思想上就会受到很大的冲击,就会在心理上感到压力很大,产生自卑心理,不愿与别人交往,变得敏感、封闭等。

(4)文化性

这是指迁徙、移民或者跨国旅行,因为生活方式、语言的不同而产生的适应性压力。

3.压力引起的反应

有研究者认为当大学生面临心理压力时会产生一系列压力反应,包括心理、生理、行为上的反应。这些反应在一定程度上是有机体主动适应环境变化的需要,它能够唤起和激发个体的潜能,增强心理承受和抵御压力的能力。但是如果压力引起的身心反应过于強烈和持久,超过了个体自身的调节和控制能力,就会大大消耗体内的能量,使个体的免疫机能下降,从而影响机体组织器官的正常功能,并由此可能导致大学生生理、心理功能紊乱而致病。具体地说,大学生面对压力时会有以下三方面的压力反应:

(1)心理反应——心理上的紧张

在压力状态中,大学生会产生心理上的紧张。一般情况下,心理上的紧张又具体表现为:警觉、注意力集中、思维敏捷、情绪适度唤起等,这些都是适度的反应,有助于个体适应环境。但是当压力超过一定限度时,由于持续的心理紧张,大学生也会表现出过度的心理反应。如急躁、情绪不稳、抑郁、焦虑、多疑、愤怒不安、恐惧、沮丧、失望、消沉、空虚、无聊、感到生活没有意义、注意力不集中、思维混乱、自我防御心里增强等。

(2)生理反应——生理上的紧张

在压力状态下,大学生不仅会表现出心理上的紧张,同时会产生生理上的紧张,且彼此相互作用、相互影响。一般情况下,心理上的紧张具有隐蔽性,又是别人感觉不到的。但是,生理上的紧张则表现得较为直观,很容易被他人体验到。在压力状态下,大学生生理上的紧张主要表现在中枢神经、内分泌系统和免疫系统三方面的变化。比如心率加快、心肌收缩加强、血压升高、呼吸急促、各种激素分泌增加、消化道蠕动减少。这些生理反应在短期内调动了机体的潜在能量,提高了大学生对外界刺激的感受和适应性,从而有效地应付外界环境条件的变化,但过度的压力会使人肌肉高度紧张、头痛等等。

(3)行为反应——行为上的紊乱

在心理压力状态下,大学生的行为反应有两种:一种是直接的行为反应,指面临紧张刺激时,为了消除刺激源而做出的反应,如因学业成绩失败而发奋图强或自暴自弃;间接行为反应是指为了减少或暂时消除与压力有关的苦恼,而采取的使自己暂时缓解紧张状态的行为。随着压力的持续,个体在上述两种行为反应中均会有过度的表现。如行为退缩、消极、被动,行动减少,无所适从,失去对生活目的和意义的追求,行为失控、不断发脾气、与人冲突不断、自我防御行为增多等等。

有研究者通过对大学生面对压力时的心理和身体反应的调查发现,大学生面对压力时经常出现的身体和心理反应有:心跳加速、出汗、头痛、紧张、食欲不振或暴饮暴食;情绪不稳或失控;情绪低落或急躁易怒;为生活小事弄得不开心;善忘;悲伤,提不起劲或兴趣做事;犹豫不决、精神难于集中;焦虑和不耐烦;缺乏自信心;没精打采,容易疲倦;睡眠不宁或失眠等等。

二、大学生常见的压力

大学生处在特殊的生活环境和特殊的年龄阶段,也承担着特殊的使命和社会角色。在日趋激烈的竞争环境下,大学生面临越来越多的挑战和困难。大学生常见的心理压力有以下几个方面。

1. 学习压力

学习是大学生的首要任务。大学生活中的绝大多数时间是在与学习打交道,所以,由学习所形成的压力有时虽强度不是很大,但持续时间却很长,对大学生的影响不可低估。据调查,有 30％的学生感到目前最大的压力是学习问题。在学习方面的压力主要与以下几个因素有关:一是不恰当的社会比较;二是由专业和专业知识不感兴趣导致的压力;三是学习时间长,学习头绪多所带来的压力。

高等职业教育的课程设置与一般学术型课程有很大的区别,它突出应用性、淡化系统性。许多学生无法适应这一转变,觉得学习负担加重,感到压力很大。其次是考证的压力,一般高职院校都实行"双证"制度,要求学生不仅要拿到毕业证,还要考取各种技术等级证书,既要花钱,又要花时间和精力。许多学生认为"多一本证就多一份竞争实力",于是互相攀比,在你追我赶中奋力考试,也带来了相应的竞争压力。还有校内各种社会工作的竞争带来的压力。

2. 生活压力

也许对一部分大学生来讲,最大的压力莫过于生活的艰辛。大学生所缴费用与上学花销在逐年加大,这成了一部分同学尤其是一些贫困生和特困生的压力源。首先是生活上的窘迫感。有些甚至到了"不敢随便多吃一点东西,否则生活费就没有了"的地步。第二是对家人的内疚感。有的同学来自父母老、弱、病甚至双亡的家庭,他们最大的内疚就是对不起亲人,不想让家人替自己背包袱,可自己又无能为力。

3. 交往压力

部分大学生交往中会有自卑感。有的同学总担心别人看不起自己,同学间不经意的一句玩笑或某种行为都会深深地刺伤他们的心灵,强烈的自尊渴望与脆弱的情绪、情感相交织。

心理学研究认为,社会支持(或良好的人际关系)能对应激状态下的个人提供保护,即对应激起缓冲作用,能有效地减少忧郁倾向和心态失衡。美国社会心理学家的一项调查认为,使人们感到幸福的既不是金钱,也不是名利、地位、成功,而是良好的人际关系。我们在对大学毕业生所做的一项调查中也发现,大学生最留恋的是朋友间的友谊。但是在现实的大学生群体中,人际交往并没有那么顺利,反而成了一些人心理障碍的根源。

"踏着铃声进出课堂,宿舍里面不声不响,互联网上诉说衷肠。"这句顺口溜实际上反映了相当一部分大学生的交际现状。

4. 情感压力

情感生活作为大学生活主旋律之一,始终是问题的敏感点和多发点,在出现心理危机的学生群体中,情感危机引发的心理问题占到了相当比例。性与恋爱问题处理不当,造成的后果最为严重。很多大学生在与异性的接触过程中,不知道该接触到什么程度合适,一些学生难以把握自己,一旦出现问题就可能走极端。

5. 就业压力

国家重视教育,高校的扩招,大学毕业生人数逐年增多,毕业生就业实行的是自主择业,社会上就业找工作还存在不规范之处,就业形势日益严峻,大学生要找到理想的工作越来越难,看到一些有门路的同学很轻松地找到工作,这对学习一般又无社会背景家境并不富裕的同学形成很大的心理压力;一些大学生对社会了解不够,不能正确认识自己和社会,职业理想没有建立在正确的自我评价基础上,好高骛远,不能正确选择适合自己发展的就业道路,择业时心理负担过重。

6. 社会环境压力

我国正处于社会转型时期,社会主义市场经济的发展,整个社会都在进行前所未有的变革,各种社会问题不断滋生,多元文化、多元价值的冲击,贫富差距的拉大,竞争和压力日益加剧,社会对人才的要求越来越高,这都给心理尚未成熟的大学生带来了更多的压力,往往导致他们心理困惑、价值观混乱、情绪低落。

三、压力的应对

1. 锻炼身体

一个人生病的时候是最没有能力应付压力的时候。一个健康的身体是我们应付压力的前提。

2. 接受压力

很多人之所以没有办法应对压力,是因为自己抗拒压力、逃避压力、不愿意面对压力。其实我们一旦选择了某一条道路,总会有相应的麻烦和问题。世界上几乎没有一件事情是可以轻松做到的。接受压力,相信"压力是进步的代价",能够帮助我们从理性层面做好应付压力的准备。

3. 解决问题,而不是抱怨问题

很多人面临压力的时候,不是想办法解决问题,而是抱怨周围的一切。例如抱怨给自己压力的环境、给自己压力的上司、给自己压力的同事……唯独不考虑真正在有问题的是我们自己。抱怨解决不了问题,解决不了问题,就没有办法减轻压力。

4. 倾诉,让别人帮助自己

很多压力是我们自己无法化解的,合理的做法是向自己的同事、朋友、上司甚至是下属倾诉自己的问题,请求得到别人的帮助。这样做奏效的前提是,我们不想把压力推给别人,而是为解决问题而寻求别人的帮助和支持。

5. 相信"谋事在人,成事在天"

把"谋事在人"当成重点,我们应该全力以赴做好我们应该做的事情,勇敢地面对压力。我们也可以把这句话反过来念:"谋事在人,成事在天。"这样念我们会有一个平和的心态:如果一件事我们已经尽力,还是达不到目标,结果也可以接受了。但千万不能把这句话当作借口。

6. 调整目标和期望

有些时候,老板给员工的目标是不切实际的,我们自己给自己的目标也可能是不切实际的。如果是这样,我们要懂得适时适当地调整自己的目标。人生的智慧在于明白什么是可以实现的,什么是不可以实现的;想尽一切办法实现可以实现的,勇敢地放弃无法实现的。

7. 帮助别人就是帮助自己

很多管理者认为把任务布置下去，自己就没有问题了。他们相信把压力放到别人身上，自己就能够从压力中解脱。尽管下放责任是管理者的权力，但是千万不要忘记，帮助下属减轻压力，帮助别人就是帮助自己。

8. 通过沟通找到合适的压力范围

压力不够或者压力过大，都会导致一个人无法正常生活、一个企业无法正常运作。无论是家庭还是企业，我们的一个重要任务就是通过不断地沟通找到适合我们的压力范围，找到生活上、工作上、经营上的平衡。沟通，是我们发现适合自己的压力范围的最好途径。

四、挫折及挫折承受力的培养

1. 挫折的定义

挫折是指一种情绪状态，即个体在从事有目的的活动过程中遇到障碍或干扰，是个人动机不能实现、需要不能满足时的情绪状态，是一种对阻挠不能接受的主观感受和体验。

2. 挫折的作用

挫折对大学生心理具有两方面的作用，一是积极的作用，一是消极的作用。挫折的积极作用主要是：

(1)磨炼性格和意志

多数大学生生活在条件较好的家庭和校园环境里，虽然这种环境有利于他们的成长，但也降低了他们对挫折的适应能力，不利于性格的形成。一旦遇到挫折，将会承受更大的压力。如果所经历的挫折多了，那么他们承受挫折的能力就强，就能更清醒、更深刻地认识所面对的问题，其性格也就变得更坚强。

(2)增强情绪反应能力和解决实际问题的能力

当大学生面临困难或挫折时，其神经中枢受到强烈的刺激会引起情绪激奋、精力集中，使整个神经系统兴奋水平提高。在这种情况下，个体表现出精神焕发、思维加快、情绪反应能力大大提高的状态。同时，在解决困难和应对挫折的过程中，大学生可以从中学习到经验和解决问题的能力。

(3)正确地认识自我，提高生活适应能力

许多大学生对社会、对自己有一些不切实际的想法，当他们以这些想法指导自己的行动时，就容易出现挫折。挫折的产生，无疑让他们的头脑更清醒，使他们做出一个合乎实际的评价，同时也使他们对生活和社会有一个较为客观的认识，从而增强其适应现实生活的能力。

挫折的消极作用主要体现在以下几个方面：

(1)降低学习效率

学习是一种积极的思维活动，学习效率除受个体的智力水平和知识水平的制约之外,还与学习者的情绪状态、自信心等因素密切相关。在现实生活中,有许多大学生在遇到失恋、考试失败、父母去世等挫折之后,学习成绩明显下降。

(2)降低思维能力与生活能力

大学生受挫后,容易出现情绪波动和行为偏差。如果持续遭受挫折,则可能导致神经系统的混乱。这样不但会大大降低大学生的思维创造能力,而且会使他们的生活适应能力大大降低。

(3)促使改变性格与出现行为偏差

当大学生遭到重大挫折或持续挫折而又无法做出相应的调整时,就会使某些行为反应形成相应的习惯模式或个性特征。如一位对爱情充满憧憬、热情开朗的女大学生,因恋爱屡次失败,导致她对爱情不再抱有热情和希望。这种消极态度的持续发展,使其个性外向热情变成了深沉世故。同时,由于受挫的大学生处在应激状态下,感情易冲动,自控能力较差,不能正确评价自己的行为及其后果,可能会做出违反社会规范的行为。

3.挫折承受力的培养

挫折承受力是指个体适应挫折、抵抗和应付挫折的能力,是个体在遇到挫折情境时,经受打击和压力,摆脱和排除困境而使自己避免心理与行为失常的一种耐受能力。

大学生大多数刚刚从父母的庇护下走出家门,社会实践少,经受的挫折不多,意志品质的锻炼和培养普遍不足,主要表现为意志品质的发展不充分,处理动机冲突的能力不强,目标调整能力差,缺乏韧性、恒心与毅力,容易受外界影响,等。所以,大学生要想获得发展,实现自己的远大理想和奋斗目标,就必须在实践中不断磨炼自己,努力提高自己的挫折承受力和意志力。

(1)树立正确的挫折观

提高挫折承受力,首先要对挫折有一个正确的认识。挫折是普遍存在的,随时随地都可能发生,挫折是人们生活的组成部分,是客观存在的。因此,大学生应做好面对挫折的充分的心理准备,一旦遇到挫折,就不会惊慌失措,痛苦绝望,而能够正视现实,敢于面对挫折的挑战。同时,也应该看到,挫折也并不总是发生的,整个生活中无疑有很多快乐、幸运和幸福的事情。所以,大学生在遇到挫折时,不应始终停留在挫折产生的不良情绪之中,而应尽快从情感的痛苦中解脱出来,以理智面对挫折。

(2)善于调节自我抱负水平

自我抱负水平是指个人对未来可能达到的成功标准的心理需求,是指人们在从事某种实际活动之前,对自己所要达到目标规定的标准。如果一个人对自己规定的标准高,那么他的自我抱负水平就高;如果对自己规定的标准低,那么他的自我抱负水平就低。可见,自我抱负水平是自定的标准,仅仅是个人愿望,与个人的实际成就不一定相符合。一般而言,自我抱负水平直接影响个人的学习和生活,一个抱负水平较高的人,往往对自己的要求也较高,因而其学习、工作的效率也就较好;一个抱负水平低的人,对自己的要求也就低,缺乏积极性、主动性,因而其学习、工作的效果也就较差。但是,个人的自我抱负水平必须建立在对自己的实际能力正确认知的基础之上,如果一个人的自我抱负水平总是高于自己的实际能力,那就很难达到预期的目标,很容易遭受挫折。

在现实生活中,不少大学生在学习等方面的挫折都与自我抱负水平的确立不当有关。因此,大学生必须学会根据自己的实际能力正确设定生活的目标,调整自我抱负水平,并在前进中及时调整自己的目标。如果在目标实施过程中,发现自己设定的目标不切实际,前进受阻,就要及时调整目标,以便继续前进。对那些远大目标,要把它分解成中期、近期和当前目标。如对考研,就可以由易到难给自己设定目标,当受到挫折后,及时调整目标,改进方式或方法。这样,就可以在成功中体验到愉快和满足,逐步提高自信心,又能在失败、挫折后不断总结经验教训,最终战胜挫折,取得最后的成功。必须指出的是,大学生在确立自我抱负水平时,应注意把自己的目标与社会的客观环境条件、社会利益等因素综合加以考虑,这样才能做出有助于自身、更有助于社会的成就来。

（3）学习和掌握一些自我心理调适方法

主动寻求社会支持和心理咨询的帮助,学习和掌握一些自我心理调适方法,可以有效地化解因挫折而产生的焦虑、紧张等不良情绪,从而提高挫折承受力。常用的自我心理调适方法有自我暗示法、放松调节法、想象脱敏法、想象调节法和呼吸调节法等。

提高挫折的承受力,还应建立和谐的人际关系,营造自己的情感社会支持系统。当人遇到挫折时,一般都伴有强烈的情绪反应,处于焦虑和痛苦之中。这时,如果有几个好朋友或亲友给予安慰、关心、支持、鼓励和信任,将有效地缓解心理压力和降低情绪反应,从而增强应对挫折的承受力。所以,大学生在遇到挫折时,不应将自己封闭起来,而应尽快找自己的好朋友和家人进行沟通,寻求他们的支持和帮助。

当一个人受到挫折,陷入不良情绪中不能自拔时,还可以寻求心理咨询师的疏导和帮助。通过心理咨询,受挫者在心理咨询师的引导下,校正主观认识,发挥内在潜力,消除心理障碍,明确前进方向,化解不良情绪和行为反应,最终获得心理上的成长,提高挫折承受力。

（4）正确认识自我和评价自我

由于当代的大学生大多没有经历过艰苦生活磨炼,社会阅历不够丰富,他们往往对自我的认识与评价不到位,要么高估,要么低估。他们一般有着极强的成就动机,总想出人头地、大展宏图,因而对自己的目标定位过高。但是,社会环境总是非常复杂的,面对激烈的竞争压力,大学生却又缺乏迎接挫折与困难的心理准备,常常在挫折面前又表现得信心不足而迷惘无措,情感表现得敏感、脆弱。因此,大学生必须正确认识自我和评价自我。

正确地认识自我和评价自我,就是指大学生应根据自己的学习要求、成长要求,恰当地分析自身的长处和不足,对自己的不足要有充分的理解,这样才能扬长避短、取长补短,实现自我价值。例如,某师范生的表达能力不好,很容易给自己带来压力和挫折困扰,如扬长避短则是改变职业,如取长补短则是加强口才的锻炼。当然,后者解决内在问题更为有效。其次,要根据自己外部条件和内在条件的变化及时调整自己的期望水平、抱负水平,避免一些无谓的"碰壁""撞墙"。例如,考试原本可以取得好成绩,可是由于自己身体不好或试题偏难,而没有达到预期目标,这时就要作好两种心理准备,一是自己有可能超常发挥,如期取得好成绩;二是无法克服困难,难以实现预期目标,学会原谅自我。

（5）建立积极的心理防御机制

所谓心理防御机制，是指个体处于挫折与冲突的紧张情绪时，在其内部心理活动中具有的自觉或不自觉的解脱烦恼，减轻内心不安，以恢复情绪平衡与稳定，确保心理健康的一种适应性倾向。人在现实生活中，其需要和欲望不可能都获得满足，必然会遇到挫折和心理冲突，从而引起情绪上的焦虑和紧张。如果持续不能解除，就会导致心理障碍和心理疾病。可喜的是，在每个人的身上都自觉或不自觉地存在某种解脱烦恼和维护心理健康的防御机制。不同的是，有的人心理防御机制比较完善，能比较顺利地度过挫折困境，保护了心理健康，而有的人心理防御机制不完善或残缺不全，无法应付挫折困境，因而造成了各种心理障碍和心理疾病。面对复杂多变的社会生活，大学生很有必要建立和完善自己的心理防御机制。积极心理防御机制主要有以下几种。

①理智。即建立正确的世界观、人生观和价值观，扩大知识视野，积累经验，以冷静、理智和科学的态度去分析与化解挫折和心理冲突，确立正确的态度和选择最佳处置方案。这是最重要的心理防御机制，也是最有效的解决挫折和心理冲突的方法。

②宣泄。是指人在不能用理智的行动消除不良情绪时，改用语言宣泄，以求得心理平衡的一种方法。可以找老师或要好的同学或亲密朋友，尽情地诉说自己的恼怒、委屈和不平，将积蓄在内心的破坏性能量尽可能释放出来，而后再冷静处理问题。

③升华。是指被压抑的欲望或冲动，不以社会所反对的形式表现出来，而升华为符合社会要求的行为，如从事科学研究，勤奋工作，参加文艺活动、竞技、游戏或其他运动。在这里被压抑的欲望或冲动变为从事崇高活动的动力，既有益于社会和他人，也使无意识的欲望获得满足。

④转移。指挫折心理冲突过程一时排解不开，而通过转移大脑兴奋中心去缓解不良情绪的方法。挫折和焦虑在大脑形成了一个兴奋灶，而转移刺激物或情境又在大脑建立了一个新的兴奋灶，用以抵消和削弱挫折和焦虑的兴奋灶。可以选择自己喜欢的可能有所成就的事做，也可以脱离挫折情境，进入新环境。

⑤补偿。指一个人在生理或心理上有某种缺陷，主动用某种方法弥补，以减轻其心理压力和不适感的方法。补偿活动应适可而止和选择正确的方向，否则会导致心理畸形。如一个自惭形秽的人可能发展为自高自大、好斗和富于攻击性的人，这称为过度补偿。

⑥表同。指把别人具有的使自己感到羡慕的品质加到自己身上。这往往表现为模仿他人的言行举止，以别人的姿态和风度自居，以减轻自己的挫折感。

⑦幽默。有时一句幽默得体的话，往往可以缓解紧张气氛，消除愤怒不安的情绪，解除尴尬的窘境，高尚的幽默是精神的消毒剂，极有助于个人适应环境。

⑧健脑。指合理地用脑，保持大脑和中枢神经系统健康聪敏。大脑是心理的物质载体，大脑健康，心理才能健康。

（6）建立和谐的人际关系

心理学研究表明，一个人与他人一起处在挫折压力中时，可以降低消极情绪体验。因此，大学生在面对挫折时，除了积极改变自我之外，还应学会交往，与他人建立良好的人际关系,这对其压力的缓解也是很有帮助的。交往是人们为了交流思想和感情而彼此间相互作用的过程,它使人们在互动过程中相互了解、相互依赖,形成稳定的心理联系,满足人们的情感需要。同时,由交往形成的人际关系又可以满足人的归属、情谊、认可等社会性需要。因此,学会交往,建立良好的人际关系是提高大学生应对挫折能力的有效手段。

大学生加强人际交往,融洽人际关系时,首先要掌握交往技能,使自己与别人的交往得以顺利进行。例如掌握基本礼节礼貌,口头表达良好等。其次要养成良好的交往品质,要自觉地择友而交,要相互理解、相互尊重,要对朋友真诚、宽容。最后要把握各种机会参与交往,并保持沟通畅通,以免误解,产生不愉快。

人生路途漫漫,顺境时切莫得意忘形,不要被胜利冲昏头脑;逆境时不逃避,而应奋起直追,一如既往地驶向彼岸,以自信的灿烂微笑去咀嚼挫折。最终,你将在咀嚼中汲取宝贵的营养,获得思维的升华,从而成功地跨越这道障碍。

第三节　案例及分析

一、案例1

让心灵重见阳光

　　某大学大三学生王某,坐在教室里看书时,总担心会有人坐在身后并干扰自己,有强烈的不安全感,以致只能坐在角落或者靠墙而坐,否则无法安心看书;对同寝室一位同学放收音机听的行为非常反感,有时简直难以忍受,尤其是中午睡午觉时总担心会有收音机的声音干扰自己,从而睡不着觉。经常休息不好,但又不好意思跟其当面发生冲突,因为觉得为这样的小事发脾气,可能是自己的不对,很长时间不能摆脱这种心理困境,严重影响了自己的日常生活和学习。即将毕业,心中一片茫然,担心找不到理想的工作,有时候也懒得去想这个问题,怕增添烦恼。他学习一般,在班上成绩中游,当看到其他同学都在准备考研究生时,自己也想考,但是又不能集中精力学习。他自卑,缺乏自信,生活态度比较消极,认为所有的一切都糟透了。由于家在农村,经济状况一般,他认为自己有责任挑起家庭的重担,但又觉得力不从心。

【案例分析】

　　在该案例中,实际上该生的心理困境主要是由各种压力源造成的。首先,该生即将面临大学毕业,择业困难是构成其压力源的核心。择业压力所导致的心理紧张和心理困境,其实质是由来访者自身能力与理想目标之间的落差造成的,落差越大,心理压力也就越大。学习成绩一般,对自己缺乏信心,但家在农村,又觉得自己责任重大,必须找一份好工作来回报父母,因此心理压力是相当大的,而且与日俱增。其次,择业压力使来访者在心理上产生不安全感。行为发生学认为,当人受到刺激时就会做出某种特定的反应。来访者面对压力,采取的是消极应对策略——回避。虽然不去想它,但是问题和压力却仍然存在,尽管只是一种茫然状态。再次,择业压力使来访者的心理变得异常敏感和脆弱,这一点在他的日常学习和生活过程中直接体现出来。哪怕有一点动静,在教室看书或者在宿舍睡午觉就会受到干扰。第四,择业压力和敏感的心态极易使来访者面临人际性冲突问题,这是来访者采取回避和压抑等消极应对策略的必然结果。在与同学相处时,尽管来访者自己也意识到干扰只是一些很小的事情,但就是不能控制自己。当某件事情或某个人多次引起自己的反感和不快时,就很自然地把自我消极情绪固定在该事或该人之上,从而影响人际的和谐与沟通。实际上,这是由于来访者刻意回避主要现实压力,导致压力感(压力能量)转移的结果。

【咨询建议】

缓解压力的方法主要有以下几种:

(1)如果面对困难,你感到孤立无援,那你应该寻求朋友和亲人的安慰。与朋友的一次很短的电话交谈远胜于服用一剂镇静剂。

(2)消除压力产生的根源。

(3)学会倾听。任何时候都不能自认为已经完全领会了对方的意图。唯有仔细倾听才不会产生疑问,从而远离诸多的不快与冲突。

(4)如果心情烦恼是因为时间不够造成的,不妨放下手头的事情,重新安排一下工作计划。哪怕是每天清晨早起 15 分钟也行。

(5)音乐是非常有效的心理疗法。多听音乐有助于培养开朗的性格。

(6)定期进行体育锻炼,增强体质。良好的身体素质是战胜心理压力的基础。

二、案例 2

他为什么沮丧

某高校机械专业毕业生王刚,当看到开办计算机软件设计公司效益不错,决定自己创业。他向别人借了 5 万元钱,添置了计算机设备等,聘请了计算机专业人才,但是由于他本人不懂技术,在计算机软件设计方面缺乏创新意识,也缺乏市场开拓意识,结果公司非但没有产生经济效益,反而把本钱赔进去了。他感到极度沮丧,心理压力极大。

【案例分析】

随着我国高等教育从精英教育向大众化教育的转变,大学扩招后毕业生人数逐年攀升,就业形势日趋严峻。面对竞争激烈的市场,大学生应做好充分的择业心理准备和应对策略,这成为大学生迈向社会的"必修课"。只有了解市场,了解自身,才能在就业中增强信心,走向成功。

每个人都渴望成功,但并非每个人都能够成功。为什么有的人如愿以偿,而有的人虽然做过一些努力,却总是事与愿违?原因固然很多,但最基本的一点,就在于是否具备成功者所特有的心理素质。当一个人在通向成功的道路上迈出第一步的时候,这种心理素质起到了非常巨大的作用。一个缺乏积极心态的人,不会为改变自身的现状而去努力进取;一个自卑的人,不会充满自信的去迎接各种各样的挑战,也无法勇敢地去战胜挫折和磨难;一个没有热情的人,不会让自己的梦想和智慧像烈火般的熊熊燃烧,从而转化为成功的动力;一个听任命运摆布的人,更难以激发出自己的潜在能力和创造精神。现在,社会竞争日益激烈,没有良好的心理素质,就失去了竞争中强有力的支柱,面对压力很容易被击垮。每个成功的人都离不开较高的心理素质。大量事实说明,成功始于健康的心理,成功应该从提高心理素质开始。

面对激烈的竞争,我们不否认大学生会存在一些焦虑、恐惧、自卑、盲从的不健康的心理。因为每个人的主客观条件不一样,而且面临从求学到工作的人生大转折,大学生求职时出现这样那样的心理困惑我们也应该给予理解。作为大学生本人也要及时寻求心理调适,通过与同学、亲友或心理咨询师的交流释放自己的压力,找回自己的平常心和自信心。学会科学地认识自己的优势与劣势,正确面对成功与失败,坦然接受顺境与逆境,以积极地、健康的心态去看待整个职业市场和自己追求的职业目标。

心理调适是缓解就业学生心理障碍的有效途径和方法,对大学生的心理健康有很大帮助。

自我调适是指从自我出发调节自身的心理,使之得到平衡。这是一个重要的途径,因为心理问题产生于当事者本人,正如俗话说的"解铃还须系铃人"。

【咨询建议】

自我调适的方法有以下几种。

一是自我反思法。通过对自己的反思,找到自己诸如在就业问题上的错误认识。比如,了解自身思想是否脱离实际,对自身条件估计是否准确,就业定位于社会需要是否脱轨,等等。找出自身心理问题发生的根本原因,然后对症下药。

二是自我慰藉法。在就业过程中,大学生经常会遇到挫折,当经过主观努力仍无法改变时,可适当进行自我安慰,以缓解心理压力,保持稳定的情绪。遇到因挫折而引起焦虑、烦躁、抑郁、失落等情绪时,可用"亡羊补牢,未为晚矣""塞翁失马,焉知非福"等话来安慰自己,以解除烦恼与痛苦。

三是自我暗示法。多给自己积极地心理暗示,让自己自信满满,给自己加油鼓劲,让自己兴奋与振作。

四是自我激励法。自我激励主要是指用生活中的哲理、榜样或明智的思想观念来激励自己,同各种不良情绪做斗争,坚信未来是美好的。

第四节　课外阅读

一、阅读材料 1

八倍的辛劳

2005 年美国国务卿赖斯访问中国。3 月 20 日，国家主席胡锦涛在北京人民大会堂会见她。一个曾经备受歧视的黑人女孩通过努力成为著名的女外交官，完成了从丑小鸭到白天鹅的变化。当被问及怎样获得成功时，赖斯说："我付出了八倍的辛劳。"

赖斯小时候生活在伯明翰，那里黑人地位低下，处处受到白人欺压。11 岁时她跟随父母到了首都华盛顿。他们在宾夕法尼亚大道上散步，最后在白宫大门前停下来，却因为黑人身份而不能进入白宫参观。他们看着那座举世瞩目的建筑物徘徊良久。最后，赖斯转过身平静地告诉父亲："我现在因为肤色而被禁止进入，但总有一天，我会在那间屋里。"父母赞赏她的志向，告诉她改变黑人状况的最好办法就是取得非凡的成就。"你可能在餐馆里买不到一个汉堡包，但也有可能当上总统"，"如果你拿出双倍的劲头往前冲，或许能赶上别人的一半；如果你愿意付出四倍的辛劳，就能与白人并驾齐驱；如果你愿意付出八倍的辛劳，就一定能赶在白人前头，就会得到回报。"

从此，赖斯数十年如一日，发奋学习，除母语外，精通俄语、法语、西班牙语，考进名校斯坦福大学拿到博士学位，26 岁已经是斯坦福大学最年轻的教授，随后又出任斯坦福大学历史上最年轻的教务长，也是该校历史上的第一位黑人教务长。谈弹钢琴曾获得全美青少年第一名，在网球、花样滑冰、芭蕾舞、礼仪等方面也颇有造诣。后来由于她的杰出才华，2005 年 2 月她接替鲍威尔成了美国国家安全顾问，成为美国政坛最耀眼的政治女明星之一，美国年轻黑人更是瞪大了眼睛。天道酬勤，"八倍的辛劳"，终于使她脱颖而出。

二、阅读材料 2

飞人乔丹"决不放弃"

迈克尔·乔丹是全世界公认的最棒的篮球运动员，也是 NBA 历史上第一位拥有"世纪运动员"称号的美国篮球巨星。

他谈到自己成功的经验时这样总结："我从来不关心输掉一场大赛会有什么后果，因为顾及后果时，总是会想到消极悲观的一面。有人在失败的恐惧前止步不前。我认为,要成就一番事业,就要不畏艰险,孜孜以求。任何畏惧都是虚幻的,看起来荆棘丛生,实际上都是纸老虎。即使结果未能尽如人意,我也不会思前想后,失败只不过让我下次加倍努力罢了。我的建议就是:乐观积极地思考,从失败中寻找动力。有时候,失败恰恰使你向成功迈进了一步,世界上的伟大发明都经历过成百上千次的挫折和失败才获得成功。我认为畏惧有时来自缺乏专注。如果我站在罚篮线上,脑中却想着有 1000 万观众在注视着我,可能就会手足无措。所以我努力设想自己是在一个熟悉的地方,设想自己以前每次罚篮都未曾失手,这次也会发挥我训练有素的技术,不必担心结果如何,因为我知道自己不会失手。于是放松、投篮,一切就成定局。我对平时的训练和正式比赛一视同仁,绝不厚此薄彼。你不能期望训练中的马马虎虎会给以后的比赛带来好成绩。有很多人临阵磨枪,说到做不到,这正是他们失败的原因。要知道,成功的崎岖之路,困难和艰险对谁都是均等的、不留情面的。然而你不必因此踌躇不前。要是前面有一堵墙,不要折回头放弃努力,想办法爬过去、超越它,即使被撞到也不要放弃!"

三、阅读材料 3

面对压力,积极的、富有建设性的减压方式是相对于破坏性的减压方式而言的,它们是。

(1)直面问题,解决问题

直接面对问题,而不是逃避、压抑、转嫁或迁怒于无关的人或事;理性地评价、选择有效的解决问题的方案;解决问题的策略要与现实相符,其出发点是对问题的真实估计,而不是自我欺骗或自暴自弃。

(2)管理自己的情绪和行为

学会认识和抑制毁灭性的或是潜在危害性的各种负面情绪,即学会情绪管理;学会控制自己具有危害性的行为习惯;努力保证自己的身体不遭受酒精、药物的伤害,加强锻炼,保证睡眠。

(3)坚持适当的体育锻炼

尤其是感到压力的时候,你需要做的不是坐在那里发愁或抱怨,而是走出去,让自己活动活动。你可以慢跑,请注意,一定是慢跑!慢跑的过程中,呼吸缓慢而有节奏,一边跑一边意念,让神经和身体彻底放松;你则可以全身心地投入运动中。体育活动是非常有效的减压方式,它基本不产生额外花费,却可以迅速地改善你的某些生理系统及其功能,让你充满生命活力,找回控制感,从而有效减轻你的心理负累。

(4)置身于文艺世界

你可以看电影、听音乐、欣赏书画作品,任何让你能够感受到美的东西,你都可以尝试去做。在欣赏和感受美的过程中,让自己找回人性的光辉、世界的美好和生活的希望。

（5）郊游或者远足

你可以根据你的时间表和你的经济条件，把自己交给大自然。请记住：大自然永远是人类最宽宏慈爱的母亲！当你面对她的时候，你可以完全抛开你在社会中因防御需要而带上的层层面具，重新思考过去没有考虑过的东西，真实面对自己。

（6）户外体验或者拓展训练

你可以个人报名或者组织同学、朋友，进行一次户外体验或者拓展训练。这同样可以让你放松减压。

（7）阅读书籍，吸取榜样力量

当你面对压力感到不知所措的时候，可以从榜样身上寻找力量。杰出人物毫无疑问经历了无数的挫折与压力，那么他们是怎么做的？去看看人物传记吧。

（8）寻求专业人士的帮助

如果上述方式都无济于事，那么，我们建议你，是时候寻求专业人士的帮助了。你需要进行心理咨询，让专业人士引导你排除压力。

课后训练与思考

1.你感觉压力最大的事情是什么？

2.遇到挫折时你是怎么面对的？

3.你是如何看待平时生活中的困难的？

第十章 生命教育

世界上只有一种英雄,那就是了解生命而且热爱生命的人。

——罗曼·罗兰

生命在闪耀中现出绚烂,在平凡中现出真实。

——伯 克

【内容提要】

人最宝贵的是生命,生命是智慧、希望和一切美好情感的载体。在我国,高校是培养社会主义建设者和接班人的重要场所,因而生命教育要渗透到学校所有的教育教学活动中,充分发挥各学科教学、主题教育、校园文化活动的积极作用,注重学校、家庭与社会的联动,形成生命教育的合力。在尊重大学生发展的基础上,教育与引导他们认识生命、珍惜生命、尊重生命、热爱生命,让生命之树常青!

第一节 课堂实训:测试你的价值观

一、实训活动——价值观拍卖

1. 活动目标

(1)激发学生思考自己的价值观念,体验和澄清自己的人生态度。

(2)协助学生了解自己的个性对行动力的影响。

2. 活动理论

"价值澄清"这个概念是美国的大学教授路易斯、拉斯等人在对传统的价值观教育法进行研究分析的基础上提出来的。价值澄清的方法不是灌输给学生一套事先安排好的、严谨的价值观,而是通过一定的过程,让学生反省自己的生活,对自己的行为负起责任,从而达到澄清自己的价值观、减少价值认识混乱的目的。在集体的情境中,学生在共同进行价值辨析的讨论中,经过一系列心理互动的过程来达到主动学习、自我评估、自我改进的目的。

3. 活动过程设计

提问:如果你有 5000 元,你会用它来买什么东西?

每个人面临同样的选择,但是每个人做出的选择并不是完全相同的,这是因为我们每个人所持的价值观不完全一样。可以说,每个人都有自己的价值观,都会根据价值观做出自己的选择。价值观是我们行动的指南,它们决定了我们面对抉择时如何选择:是做还是不做? 到底应该怎样做? 那么,我们的价值观应该是什么样的呢? 我们的选择又体现了什么样的价值观呢? 带着这个问题来开展这项活动——价值拍卖会。大家或多或少地都会了解到一些拍卖东西的过程,这里,我们拍卖的是特殊的东西——友情、智慧、权利、财富等。

4. 游戏规则

(1)拍卖项目如表 10-1 所示,给出价格为底价。

(2)每人有 5000 元钱。

(3)封顶价是 5000 元(此时可以多人同时买进)。

(4)最低以 500 元为单位加价。

(5)在举手时同时叫价。

(6)认真思考自己要买什么,价高者才能得到。

5. 游戏活动过程

组织学生讨论自己的价值观,弄清楚自己最想要的东西是什么,然后根据相似的价值取向分成小组,每组 10 人以内。拍卖开始前,请学生先拿出纸笔将要拍卖的"东西"按其重要性排列,并且对他们全部定价,自己认为它值多少钱就定多少。

(1)首先按表 1 的顺序逐一拍卖,由学生叫价,价高者获得被拍卖的"东西"。

(2)竞拍成功者发表一下感言。

6. 讨论——分享感受

(1)你是否买到了自己认为最重要的价值观项目? 如果是,买到时的心情如何?

(2)有没有学生什么都没有买? 为什么不买? 心情如何?

(3)你最想买的项目是什么? 其背后隐藏的价值观是什么? 为什么它对你而言那么重要?

(4)你是否后悔买了所买的东西,为什么?

(5)拍卖过程中你的感受如何? 你的心态如何?

(6)假如现在已经走到人生的尽头,请你看看你手上还有什么东西? 它们对你来说是否仍然有意义?

(7)现在把你最想要的东西写下来,想一想,在现实生活中怎样才能得到它。

(8)通过活动,你从中得到什么启示?(如不轻易放弃机会等等,结合自己的学习、生

活实际谈谈如何为了理想而奋斗)

(9)这些项目的价值中,哪些你认为是重要的,哪些是不重要的? 为什么?

7. 总结

我们做出的选择体现了我们的价值观,但同时,我们的价值观并不是十分成熟的,因此我们做出的选择并非完全正确。我们要学会选择,学会权衡利弊轻重,我们在选择价值时也要趋向于友情、健康、快乐、智慧等,而不是财富、美貌等。诚然,这些都很重要,只是相对来说,智慧、快乐比财富、金钱更重要。大家觉得呢? 因此,我们要树立正确的价值观,同时也要学会选择属于我们自己的价值。你觉得没有必要买,就不要买;不值得买,也不要买! 只要坚持自己的价值观,选择自己认为值得的东西就可以了。

表 10-1　拍卖的项目

序号	项目	价格(元)	序号	项目	价格(元)
1	友情	500	7	快乐	500
2	智慧	500	8	权力	500
3	健康	1000	9	财富	1000
4	美貌	500	10	名垂青史	1000
5	爱心	500	11	知识与技能	500
6	自由	500	12	亲情	1000

8. 价值观名言

友情:朋友是生活的阳光。

智慧:使人发光的不是衣服上的珠宝,而是心灵深处的智慧。

健康:健康是人生第一财富。

美貌:美貌是一个无声的推荐者。

爱心:爱心是美德的种子。

自由:只有自由的灵魂才能永葆青春。

快乐:世界上没有比快乐更能使人美丽的化妆品。

权力:地位和身份的象征。

财富:拥有财富可以使你成为富有的人。

名垂青史:姓名和功绩在历史典籍中流传下来,为后人所景仰。

知识与技能:人的知识越广,人本身也趋于完善。

亲情:亲情无价。

二、课堂讨论

(1)结合自己的生活实际,谈谈你对生命的认知?

(2)谈谈使你感到特别快乐的一件事。

(3)当你感到挫败或者沮丧时的行为表现有哪些?

(4)你认为人的生活中重要的事情是哪些?

(5)你关注你的健康状况吗?

(6)谈谈你对"亲情无价"的理解。

第二节　知识链接:生命教育概述

一、生命的内涵

从古至今,人类就十分关注生命。人们从最初对生命的敬畏到一步步揭开生命神秘的面纱,取得生命领域的一个又一个进步,可以说,人们从来没有停止过对生命的探索。

冯契主编的《哲学大辞典》指出:"生命是由核酸、蛋白质大分子组成的,以细胞为单位的复合体系的存在方式。"[1]恩格斯曾经这样定义生命:"生命是蛋白体的存在方式,这个存在方式的基本因素在于和它周围外部自然界的不断新陈代谢,而这种新陈代谢一停止,生命就随之停止,结果便是蛋白质的分解。"[2]生命哲学认为"生命是世界的、绝对的、无限的本源,它跟物质和意识不同,是积极地、多样地、永恒地运动着的"[3]。

从以往给生命的定义中,可以看出,人们把生命看成世间生物的基本存在形态。而马克思指出:"动物和它的生命是直接同一的,它没有自己和自己活动之间的区别。它就是这种生命活动。人则把自己和生活活动本身变成自己的意志和意识的对象。"[4]马克思的论述表明,人知道"我是人",而动物不知道它是什么,它们不知道生,也不知道死,它们只是凭着激素和神经系统的作用在完成着自然的代谢;只有人类,才具有思维和意识,人的生命是自然生命、精神生命和社会生命的统一。

二、生命的特征

根据对生命的理解,人的生命具有以下特征。

1. 生命的有限性

人的自然生命是有限的,是任何人都无法摆脱的。这种有限性主要表现在以下几个方面:其一,人的自然寿命有限。它是指自然寿命可以活到的年龄,现代科学测算人的自然寿命可以活到百余岁的。其二,人生际遇的不可控性。社会现实反复表明:绝大多数人是达不到自然寿命的。其三,认识经历的不可逆性。不可逆性往往让人们产生种种的遗憾和悔恨。

2. 生命的超越性

人是一种有理性的存在,他有着超越自身有限性的理想。人渴望超越,超越人自身

---

[1]　冯契:《哲学大辞典》,上海辞书出版社 1992 年版。

[2]　恩格斯:《自然辩证法》,人民出版社 1971 年版。

[3]　杨建朝:《教育目的的选择:从社会化到生命化》,《广东教育》2006 年第 3 期。

[4]　马克思:《1844 年经济学—哲学手稿》,人民出版社 1979 年版。

存在,超越现实的存在,正是在各种不停的超越中,实现着生命价值的提升,不断走向新的解放,生成新的自我。

3. 生命的独特性

地球上每一种生命都有其独特性,正如世界上没有两片完全相同的树叶一样,世界上也不存在两个完全相同的生命个体。遗传的差异性,决定了人先天具有的独特性,以及在后天发展中的优势结构,所以,不同的人会表现出不同的爱好和特长。遗传素质奠定了人独特性的基础,但是,人的生命的独特性不仅仅取决于个体遗传素质决定的生理因素,还取决于后天形成的个性、思维、精神等因素。

4. 生命的精神性

人的生命既包括自然赋予人的肉体生命,又包括后天获得的精神生命,一个完整的生命是自然生命和精神生命的和谐统一。人生的过程,就是生命个体不断追求生命意义、实现生命发展的过程。所以,人作为生命的存在,就是要从自身生命的自然存在出发,珍惜自己的生命,并在此基础上超越自然地存在,追求自身存在的价值,从而使人生变得更加有意义。

5. 生命的完整性

就个体的生命而言,现实的人都是完整的人。他们有躯体,也有思想;有物质需要,也有精神追求。生命随着年龄、成熟、自我实现等形式而逐步完善。生命的完整性是人存在的一个基本特征,任何对人的生命的解读和以生命为对象的实践,都必须在完整性这一基础上建立。

6. 生命的实践性

实践是人的生命存在的方式,也是人不断追求生命意义、实现人生价值、走向生命超越的途径。人在实践这种主动的生存方式中积极追求生存之道,寻求更好的生活。

二、生命教育的内涵

1968 年美国的一位学者出版了《生命教育》一书,探讨必须关注人的生长发育与生命健康的教育真谛。近年来,日本、英国、中国台湾和中国香港等国家和地区竭力倡导生命教育,各种学术团体纷纷建立。

1. 生命教育的指导思想

生命教育着眼于大学生身心的和谐发展,为学生的终身幸福奠定基础;着眼于学生个性的健康发展,为提升学生的生存能力和生命质量奠定基础;着眼于增强学生在自然和社会中的实践体验,为营造健康和谐的生命环境奠定基础。引导学生热爱生命,建立生命与自我、生命与自然、生命与社会的和谐关系,学会关心自我、关心他人、关心自然、关心社会,提高生命质量,理解生命的意义和价值。

2. 生命教育的定义

那么什么是生命教育呢？生命教育是通过生命活动进行的教育,是为了生命而进行的教育。从事生命教育的工作者以生命为核心,以教育手段,倡导认识生命、珍惜生命、尊重生命、爱护生命、敬畏生命、超越生命,这一种提升生命质量、获得生命价值的教育活动。让大学生认识生命和珍惜生命成为这一活动的重中之重。

3. 开展生命教育的必要性

(1)生命教育是一切教育的前提

生命教育是在充分考察人的生命本质的基础上提出来的,符合人性的基本要求,它是一种全面关照生命多层次的人本教育。生命教育不仅只是教会大学生珍爱生命,更要启发大学生完整理解生命的意义,积极创造生命的价值;生命教育不仅只是告诉青少年关注自身生命,更要帮助青少年关注、尊重、热爱他人的生命;生命教育不仅只是惠泽人类的教育,更应该使大学生明白让有生命的其他物种和谐地生活在同一片蓝天下;生命教育不仅只是关心今日生命之享用,还应该关怀明日生命之发展!

(2)生命教育是提升大学生素质的基本要求

大学生是我国社会主义事业的建设者和接班人,大学生的生命质量决定着国家和民族的前途与命运。在中小学大力开展生命教育,有利于提高广大青少年学生的生存技能和生命质量,激发他们树立为祖国的繁荣富强而努力学习、奋发成才的志向;在大学阶段开展生命教育,有利于大学生将中华民族的优秀品质熔铸在报效祖国的斗志中,培养他们勇敢、自信、坚韧的品格,推动社会快速发展高素质人才。

(3)开展生命教育是社会环境发展变化的迫切要求

经济全球化和文化多元化的发展趋势,信息与科技的迅猛发展,为不同民族、不同国家的交流与合作提供了极其便利的条件,为大学生获取信息、开阔视野、培养技能提供了广阔的平台,但随之而来的消极因素也在一定程度上影响了大学生的道德观念和行为习惯。享乐主义、拜金主义、极端个人主义等的负面影响,导致部分大学生道德观念模糊、道德自律能力低下。此外,校园伤害、意外事故等威胁大学生的人身安全,在一定程度上也影响了大学生的身心健康。因此,迫切需要加强大学生的生命观教育,进而为大学生树立正确的世界观、人生观和价值观奠定坚实的基础。

(4)开展生命教育是家庭教育的重要职责

家庭教育是生命教育必不可少的环节和重要组成部分。当前,现代化进程的迅速推进,使家庭教育面临着新的挑战,家庭教育还存在和大学生成长需要不相适应的方面,相当一部分家长不了解孩子身心发展的规律,忽视孩子渴望得到理解与尊重的需求,缺乏科学的家庭教育理念和方法,对孩子或者期望值过高,或者漠不关心;或者过分包揽,或者放任自流。这些无形中加剧了部分大学生心理问题的出现,如厌学、离家出走、违法犯罪等,有的甚至选择了自杀……因此,开展科学、正确的生命教育是家庭教育的重要职责。

(5)开展生命教育是现代学校教育发展的必然要求

学校现有课程教材中的生命教育内容比较单一,对学生身心发展的针对性、指导性尚不够明确;对学生生存能力的培养,缺乏有效的操作性指导。因此,必须加快学校教育的改革,从生理、心理和伦理等方面对学生进行全面、系统、科学的生命教育,引导大学生善待生命、完善人格、健康成长！

三、生命教育的原则

实施生命教育要注重科学性与人文性的统一，必须遵循以下原则。

1. 认知、体验与实践相结合原则

生命教育既要对学生进行科学知识的传授，又要引导学生贴近生活、体验生活，在生活实践中融知、情、意、行为一体，使学生丰富人生经历，获得生命体验，拥有健康人生。

2. 发展、预防与干预相结合原则

生命教育要面向全体学生，以发展性、预防性教育为主，同时又必须对已经发生的青少年学生危机问题进行科学的干预。预防是为了发展，发展是最好的预防，合理、有效的干预也是发展的重要条件，三者之间有机结合、缺一不可。

3. 自助、互助与援助相结合原则

自助注重引导学生进行自救、自律与自我教育；互助重在开展学生之间、师生之间、亲子之间等各种帮助；援助强调教师、家长和社会机构等的积极引导和主动帮助，包括引导学生增强求援意识和应对技能。通过自助、互助和援助的有机结合，形成互动互补效应，为提升学生的生命质量搭建开放式的发展平台，营造生命教育的良好氛围。

4. 学校、家庭与社会相结合原则

生命教育既要发挥学校教育的积极引导作用，又要积极开发、利用家庭和社会的教育资源。在学校课程教学、综合实践活动等方面落实生命教育的同时，还要通过家长学校、社区活动等多种途径，积极引导家庭和社会培养学生健康的生活习惯、与人和睦相处的技能和积极的生活态度，形成生命教育的合力。

四、生命教育的内容

从总体上讲，生命教育的内容非常宽泛。大学生生命教育的内容主要为大学生健康教育，包括生理健康教育和心理健康教育；大学生情爱教育，包括亲情、友情教育、爱情教育和感恩教育；大学生挫折教育等。具体通过生命教育，使大学生学会尊重、理解和关爱他人，能够妥善处理人际交往中的冲突和矛盾，建立良好的人际关系；学习和了解每个人在婚姻、家庭与社会中的责任、权利和义务；学会用法律和其他合适的方法保护自己；培养良好的道德素养，远离黄、赌、毒；学会应对挫折的方法与技能，学习应对精神创伤的危机干预技能；关心人类生态危机，理解生态伦理，自觉参与环境保护；关心和积极参与社会活动，拓展自己的精神世界；理解生与死的意义，培养积极的生命态度，树立正确的生命观和人生观；学会在日常生活中丰富充实自己，学习规划自己美好的人生；掌握防灾和应对灾害的技能。

五、生命教育的途径

生命教育要有机渗透在学校教育的各门学科、各个环节、各个方面，既要充分运用学科教学,传授科学的知识和方法;又要突出重点,利用课内课外相结合等方式开展形式多样的专题教育;更要坚持以实践体验为主,开展丰富多彩的课外活动。要重视营造学校、家庭和社会的和谐人际环境,发挥环境育人的作用。

第三节 案例及分析

一、案例1

药家鑫事件

2010年10月20日23时许,被告人药家鑫驾驶红色雪佛兰小轿车从西安外国语大学长安校区返回西安市区,当行驶至西北大学长安校区西围墙外时,撞上前方同向骑电动车的张妙,后药家鑫下车查看,发现张妙倒地呻吟,因怕张妙看到其车牌号,以后找麻烦,便产生杀人灭口之恶念,遂从随身背包中取出一把尖刀,上前对倒地的被害人张妙连捅数刀,致张妙当场死亡。杀人后,被告人药家鑫驾车逃离现场,当车行至翰林路郭南村口时再次将两行人撞伤,后交警大队郭杜中队将肇事车辆暂扣待处理。2010年10月23日,被告人药家鑫在其父母陪同下到公安机关投案。经法医鉴定:死者张妙系胸部锐器刺创致主动脉、上腔静脉破裂大出血而死亡。

从警方处得知,2010年10月20日晚事发时,张妙骑着电动自行车回家,被一辆雪佛兰科鲁兹轿车撞倒在地,当时她的眼睛还睁着,只是左腿骨折、后脑磕伤,充其量是个轻伤,有绝对的时间进行抢救。但是肇事男子下车后,发现张妙睁着眼,看见了自己。张妙试图去看车辆后牌号,招致该男子持刀杀害。

【案例分析】

身为大学生的药家鑫缺乏对生命最基本的敬畏。倘若抛开当事人的身份标签,人们就会发现,在这个犯下恶行的年轻人身上,存在着一种邪恶的东西:那就是缺乏对生命最基本的敬畏。在他眼里,生命是可以漠视的,生命是可以赎买的,生命甚至是可以被随意剥夺的。

在整个社会,尤其是大学生群体中,要重视生命教育,要尊重生命、敬畏生命!驱逐个体思想中的冷血思维,保护生命!我们的社会主义道德教育进行得如火如荼,大学生是一个国家兴旺的源泉,承继着一个民族的希望。而培养一个合格的大学生,最核心的就是要教育他们做一个有良心的人,做一个有正义感的人,做一个对社会负责任的人,做一个对社会有用的人。

二、案例2

广东佛山车辆碾压幼童案

2011年10月13日下午5时30分许,一出惨剧发生在佛山南海黄岐广佛五金城:年仅两岁的女童小悦悦走在巷子里,被一辆面包车两次碾压,几分钟后又被一小货柜车碾过。让人难以理解的是,七分钟内在女童身边经过的18个路人,竟然对此不闻不问。最后,一位捡垃圾的阿姨陈贤妹把小悦悦抱到路边并找到她的妈妈。小悦悦在广州军区陆军总医院重症监护室,脑干反射消失,已接近脑死亡。2011年10月21日,小悦悦经医院全力抢救无效,在零时32分离世。

【案例分析】

两岁小女孩悦悦被一辆面包车撞倒和碾轧。两名路人先后路过,均对倒地的悦悦不理睬,接着悦悦被一辆车再次碾压。之后5分钟往来的十余个路人无一伸援手,直到一位拾荒阿姨看到并救起悦悦。对于小悦悦的悲剧,我们需要追问,究竟是什么原因让那么多的过路人对躺在地上的小悦悦熟视无睹?但我们更应该告诉自己,我们每一个人,都可能成为走过小悦悦身边的"路人",请停下来,拉她离开街心;或伸出援手,将她抱离险境,这是本分,更是底线……请伸出温暖的双手,让人心不再冷漠!

三、案例3

最美妈妈徒手接住坠楼女童

2011年7月2日下午1点半,在杭州滨江区白金海岸小区,两岁女童妞妞翻出阳台,在10楼高空悬挂了一会儿后突然坠落。就在此时,正在楼下的年轻妈妈吴菊萍甩掉高跟鞋,奋不顾身地冲过去,用双臂接住了孩子,之后两人均陷入昏迷。昏迷10天后,妞妞奇迹般苏醒,呼吸、血压、脉搏等生命体征基本平稳,能叫"爸爸妈妈"了。伸手接孩子的吴菊萍,则左手臂多处骨折。

【案情分析】

我们感谢这位80后的最美妈妈,她是好样的,我们应该为她鼓掌。一个英勇救人的义举,竖起一面热爱生命、尊重生命的旗帜!吴菊萍的行为最为受人颂扬之处就在于其救人的自主性及其事后的淡定与从容。就她自身而言,她并不是出于功利的目的而救人,也没有刻意宣扬自我。因此,她在事后不抢功、不表功、不贪功、不恋功,她把自己的行为与之前、以后的平淡生活都看作是自己的长久思考与自愿选择。"最美妈妈"吴菊萍受到了各界好评和群众颂扬,这正体现了人们维护道德、颂扬德行的社会风气。

第四节　课外阅读

一、阅读材料 1

约翰·库缇斯的故事

　　约翰·库缇斯,一名 1969 年出生的澳大利亚残疾人,出生的时候只有可乐罐那么大,腿是畸形的,而且没有肛门,躺在观察室奄奄一息,医生断言他不可能活过 24 小时,建议他父亲准备后事。当悲伤的父亲给儿子准备好小棺材、小墓地后,发现儿子居然还活着。医生又断言他活不过一周、一个月、一年……而今天约翰依然健康的在全世界发表演讲。

　　为什么他能逃脱死神的魔掌?为什么他能战胜癌症的磨难?为什么他最终找到真爱?他是如何用他的双手走出一条不寻常的坎坷路程?来聆听他的故事,寻找答案。他用他的生命印证爱的力量、信念之伟大、生命之璀璨与珍贵!约翰的一生都在和恐惧、孤独、侮辱、折磨、病痛甚至死亡抗争,回想往事,他说:"这个世界充满了伤痛和苦难。有人在烦恼,有人在哭泣。面对命运,任何苦难都必须勇敢面对,如果赢了,就赢了;如果输了,就输了。一切皆有可能,所以永远不要对自己说'不可能'!"

　　有人说,上帝缔造他的时候,一定用了另外一副模子。他天生严重残疾,身患癌症,但他挑战死亡;他从小受尽歧视和折磨,但他依然笑对人生;他只能依靠双手行走,却成为运动健将;他只能算半个人,却是世界上最著名的激励大师。在 190 多个国家,他用自己的亲身经历,激励过 200 多万人。他告诉自己,永远都不要说不可能!他的名字叫约翰·库缇斯——"激励大师"无腿走世界。

1. 出生就被宣判死刑

　　1969 年,约翰·库缇斯在医院出生。第一眼看到约翰,父亲伤心极了——小家伙只有可口可乐罐子那么大,腿是畸形的。而且没有肛门,躺在观察室里面奄奄一息。医生告诉约翰父亲,他几乎不可能活过 24 小时,还是给孩子准备后事吧。

　　由于个子非常小,周围的一切对小约翰来说,都像庞然大物。小约翰非常胆怯,对任何比他大的东西都充满恐惧。尤其是家里的狗经常欺负他。父亲认为,应该培养小约翰的胆量,让他勇敢起来,毕竟将来的人生要他自己一个人去面对。

　　"你必须自己面对一切恐惧,勇敢起来。"一天,父亲对约翰说过这句话后,把小约翰和家中那只狗一起关在后院里。父亲走后,后院很快传来小约翰的一阵尖叫,同时还有狗的叫声。父亲一直待在屋里没有出来,附近的邻居听到声音后,报了警。等警察和父亲一起走进后院的时候,大家惊讶地发现,小约翰正骑在那条狗的背上,像骄傲的牛仔。

回忆起那次与狗的接触经历,约翰·库缇斯说,当那条狗恶狠狠地扑过来的时候,我只是揪住它的尾巴,用手指在它屁股上使劲捅,终于制服了那个讨厌的家伙。"如果你觉得恐惧,那么你就学会去面对它!"父亲给小约翰上了人生第一课。

2. 被折磨的童年

约翰上学了。父亲第一次把他送到学校,并且告诉他,从现在开始,你必须学会独自承受生活,真实的世界就在眼前。当约翰背着比他个头还大的书包,坐在轮椅上开始憧憬新的生活时,他压根儿没有想到迎接自己的却是噩梦。

学校里有很多调皮学生,个头矮小的约翰几乎成了他们的玩偶。他们掀翻约翰的轮椅,弄坏他轮椅上的刹车,让他从学校走廊直接"飞"进了老师的办公室,甚至把他绑在教室的吊扇上,随风扇一起转动……

有一次,几个同学用绳子绑住他的手,用胶纸封住他的嘴,把他扔到垃圾箱里,接着在垃圾箱外点起了火。滚滚浓烟令约翰窒息。他恐惧极了,瘦小的身体拼命地挣扎着,直到一位老师把他解救出来。

很多时候其他同学都走了,只有约翰一个人在教室的一个角落里,一边哭泣,一边慢慢组装自己被同学们拆散的轮椅。

后来,约翰进入了高中。高中学校有 1000 多个孩子,而对于约翰来说,则是面对着几千条腿。他每天坐在轮椅上,在无数条腿中间小心地穿行着,唯一要做的就是保护自己的手不被其中任何一条腿给踩伤。

在一次幻灯片课上,约翰出去上厕所。可是,他在黑暗中每移动一步,都感到钻心的疼痛。当他来到光亮处,才发现自己手上扎满图钉,鲜血直流。约翰终于无法忍受了。回到家,望着镜子中的自己,想着自己一次次被折磨、被侮辱的遭遇,他号啕大哭。他想:"为什么只有我的生活这样的悲惨,在学校里,我就像一个怪物,我的存在只是让更多的开心和取笑。这样的日子活着还有什么意义?"

3. 想过自杀

这时,母亲进来了,流着泪紧紧拥抱着约翰,她说:"约翰,你永远是我们生命中最美好的孩子!"

在母亲的劝解下,约翰放弃了自杀。"永远都不要认为自己很惨,世界上比你更惨的人多的是。"现在回忆起来,约翰幽默地说,"至少,那时我闭着眼睛也能很快安装好被拆散的轮椅。"

4. 终于自食其力

1987 年,17 岁的约翰·库缇斯做了腿部的切除手术。因为那两条从来没有派上过用场的畸形的腿像尾巴一样翘起来,使他行动非常不方便。约翰成了

"半"个人,但行动更加自如。同时,还避免了因为腿上的溃疡和皮肤感染及骨髓炎所可能引起的并发症。约翰中学毕业了,决定给自己找个工作。他爬在滑板上,敲开一家又一家店门。问店主是否愿意雇用他。人家打开店门,根本没有发现几乎趴在地上的约翰,就又把门关上了。

经过成百上千次应聘失败后,约翰终于在一家杂货铺找到自己的第一份工作,还在一个仪表箱公司扭过螺丝钉。他每天凌晨 4:30 起床,赶火车到镇上,然后爬上他的滑板,从车站赶到几公里之外的工厂。尽管生活艰辛,但是能够自食其力,约翰勇敢而快乐地生活着。

5. 成为运动健将

约翰有着希腊血统,他全身上下总是充满竞争和拼搏精神,有着天生的运动员气质。从 12 岁起,约翰开始打室内板球,他还喜欢上了举重和轮椅橄榄球。由于上肢的长期锻炼,他的手臂有着惊人的力量。他的命运其实从那时就开始转变。

因为从小被人孤立,运动成了约翰唯一的寄托,所以他对自己的训练要求特别严格,他的运动成绩也非常好。当他做完了腿部切除手术出院后不到 3 天,就出现在打室内板球的俱乐部里。虽然他经常把其他球员撞倒轮椅外面去,有人也会抱怨他打球太狠,但是他也会反驳有些人缺乏献身精神。

然而,每当约翰戴着太阳眼镜和运动头盔出现在赛场上时,小孩子们总会喊起来:"看哪,来了一个会走路的头盔!"

1994 年,约翰·库缇斯获得澳大利亚残疾人网球赛的冠军;2000 年,约翰拿到澳大利亚体育机构的奖学金,并在全国健康举重比赛中排名第二。约翰还获得了板球、橄榄球的二级教练证书。他用成绩回击所有的嘲笑和侮辱。

6. 演讲改变命运

一次偶然的公开演讲,给约翰带来了全新的人生。

在一次午餐会上,约翰应邀对自己的经历作简短的演讲。"我一定要把最勇敢的一面呈现给观众!"约翰告诉自己。他的经历和现状让现场观众热泪盈眶,他也因此赢得了热烈的掌声。一个女人跑到台上,哭着告诉约翰,她非常不幸,正准备自杀,身上还带着手枪,听了他的演讲后,她觉得自己应该好好地活下去。

演讲完之后,约翰独自一个人来到海边,坐在沙滩上,望着汹涌澎湃的大海,他一会儿颤抖,一会儿哭泣。回想起午餐会上热烈的掌声,他开始生平第一次大声笑出来——因为在他的一生中,第一次有人如此关切他的讲话,并且报以最真诚的掌声。这时,约翰忽然清楚地发现,到讲台上去,讲出自己经历的恐惧和忧伤,讲出自己的挣扎和拼搏,给他人以启迪,真是一件非常重要的事情。

约翰开始了公众演讲。在演讲过程中,约翰尽量削减他的生理特性会对听众造成的影响,而尽可能地讲出有价值、有影响力的话。他希望观众是来分享他的人生经验而不失来看"怪物展览"。

约翰有着天生的演讲家的气质,语言幽默,反应敏捷。在演讲台上,约翰用粗壮的胳膊支撑着身体,眼神炯炯,声音洪亮,仿佛拿破仑在激励他的千军万马向前冲。

到现在为止,约翰在190多个国家,做了800多场演讲,他用自己的亲身经历,激励和影响了200多万人。

二、阅读材料 2

感谢天敌

桉树是澳大利亚的一种优良树种,它纹理细密,木质坚硬,是一种上好的木材。然而,自从19世纪美国引进桉树后,桉树在美国的生长可谓顺风顺水,一粒种子只需3年时间,就可长成一棵参天大树,其生长速度是在澳大利亚本土的几倍。但在美国生长的桉树,木质极差,用它做成的木板,很容易弯曲,而且极易产生裂缝,所以在美国以桉树为主要原料的企业纷纷倒闭,因为美国桉树这种木材基本上都是毫无用处的废材。

澳大利亚的一种优良树种,为什么到美国后就成了一种废材呢?原来桉树在美国的生长太顺利了,它几乎没有遭遇到任何天敌。而在澳大利亚,桉树的生长会遇到两种天敌,一种是专吃桉树叶子的昆虫,另一种是抑制桉树生长的真菌。正是这两种天敌,减缓了桉树的生长速度,而桉树只有在慢速生长时,它的组织才是最优化的。

在人生成长的过程中,也会遇到很多"天敌",比如对手的攻击,朋友的背叛,旁人的嘲笑,还有前进途中的坎坷、挫折和失败,当你为这些"天敌"而苦恼和埋怨时,就想想生长在澳大利亚桉树的天敌吧,有时正是这些天敌,提升了我们生命的价值,让我们走向了终极的成功。

三、阅读材料 3

海伦·凯勒

海伦·凯勒(Helen Keller,1880年6月27日—1968年6月1日),是美国盲聋女作家和残障教育家。1880年出生于亚拉巴马州北部一个叫塔斯喀姆比亚的城镇。她在17个月的时候因为一次急性脑充血夺去了她的视力和听力,接着,她又丧失了语言表达能力。然而就在这黑暗而又寂寞的世界里,因为她的导师安妮·苏利文(Anne Sullivan)的努力,她学会了读书和说话,并开始和其他人沟通,并且以优异的成绩毕业于美国拉德克利夫学院,成为一个学识渊博,掌握英、法、德、拉丁、希腊五种文字的著名作家和教育家。她走遍美国和世界各地,为盲人学校募集资金,把自己的一生献给了盲人福利和教育事业。她赢得了世界各国人民的赞扬,并得到许多国家政府的嘉奖。主要作品有《假如给我三天光明》《我的生活》《我的老师》等。

海伦·凯勒自幼因病成为盲聋哑人,但她自强不息,克服巨大困难读完大学。一生写了十几部作品,同时致力于救助伤残儿童、保护妇女权益和争取种族平等的社会活动。1964年获得总统自由勋章。

她在黑暗中摸索着长大。七岁那一年,家里为她请了一位家庭教师,也就是影响海伦一生的苏利文老师。苏利文在小时候眼睛也差点失明,了解失去光明的痛苦。在她辛苦的指导下,海伦用手触摸学会手语,摸点字卡学了读书,后来用手摸别人的嘴唇,终于学会说话了。

苏利文老师为了让海伦接近大自然,让她在草地上打滚,在田野跑跑跳跳,在地里埋下种子,爬到树上吃饭;还带她去摸一摸刚出生的小猪,也到河边去玩水。海伦在老师爱的关怀下,竟然克服失明与失聪的障碍,完成了大学学业。

1936年,和她朝夕相处50年的老师离开人间,海伦非常的伤心。海伦知道,如果没有老师的爱,就没有今天的她,决心要把老师给她的爱发扬光大。于是,海伦跑遍美国大大小小的城市,周游世界,为残障人士到处奔走,全心全力为那些不幸的人服务。

1968年,海伦89岁去世,她把所有终生致力服务残障人士的事迹,传遍全世界。她写了很多书,她的故事还拍成了电影。苏利文老师把最珍贵的爱给了她,她又把爱散播给所有不幸的人,带给他们光明和希望。

死后,因为她坚强的意志和卓越的贡献感动了全世界,各地人民都开展了纪念她的活动。

四、阅读材料4

一份感人至深的发言稿

尊敬的各位领导、教师,亲爱的同学们:

大家好!

我叫张宝娣,来自湖南吉首大学,是音乐舞蹈学院03级的学生。1983年我出生在山东济南一个贫困的农民家庭。回想起童年的家,我只有一种感觉——穷。我们全家有八口人,太奶奶已年过90了,爷爷奶奶体弱多病,养家糊口的重担压在了父母的肩上。迫于生计,在我没满月的时候,父母就上山砸石头,艰难地支撑着整个家。这一去就是七年。由于比我大两岁的小叔叔不幸夭折了,我是吃奶奶的奶水长大。当七年后我再次与父母重逢时,看到的却是一个残疾的父亲——为了这个家,父亲的一只眼睛被石头给崩瞎了。妹妹和弟弟的相继出生,使原本贫困的家庭雪上加霜。为了减轻父母的负担，九岁的我开始承担起家里的一切家务：洗衣、做饭、带孩子、喂猪……本应拥有幸福童年的我，每天只能挎着篮子，上山摘树上的榆钱叶回家蒸窝头；拖着破麻袋捡废铁卖；握着镰刀为牲口割草料；费力地抡起跟我差不多高的铁锤砸石头；十三岁学开拖拉机，帮着父母往工地送石料。记得上小学的时候，为了给家里节省一顿口粮，我中午不回家吃饭，而是去学校附近的粉条厂，捡工人掉在地上的碎粉条，用开水泡了充饥……这就是我记忆中的童年。

贫困的生活，艰苦的成长历程锤炼了我自强、自立、永不服输的个性，也更加坚定了我挑战贫困、立志成才的决心！我清醒地意识到只有努力学习才是我的唯一出路。

然而，生活处处面临着挑战，中考前夕，我不幸从楼上摔了下来，左枕骨骨折，脊椎第三软骨损伤，下半身几乎瘫痪——使我与高中无缘。躺在病床上的那段日子里，是奶奶日夜守候在我床边。刺骨的疼痛一阵阵向我袭来，但看到两鬓斑白的奶奶，我宁愿把嘴唇咬破，把枕巾撕烂也从不喊一声疼，我知道奶奶听了会更心疼。我清醒地记得从血泊中第一个抱起我的人是奶奶，她的眼泪落在我的脸上，催我苏醒。因为喉咙严重充血，我无法咽下食物，是奶奶又像小时候一样，把一口口咀嚼过的食物喂我吃，又是奶奶重新扶我学走路，教我坚强勇敢地面对生活的坎坷……突如其来的灾祸带来的身体和心理上的创伤让我几乎完全崩溃。面对着呼啸而来的火车，竟然没有要躲开的念头。是奶奶，我最亲最爱的奶奶，用她那撕心裂肺的喊声，把我从死亡的边缘呼唤了回来。当我重新站起来时，我第一次体会到信念的力量有多大，人的意志力是多么让人吃惊！

当我重新站起来的时候，我更加发奋、更加努力、抓紧一切的时间学习。老天再一次垂青了不幸但从不言放弃的我。1999年11月，我以文艺特长考入了济南陆军学院军星教育学院音乐队，成为一名潇洒的女兵。摸爬滚打的日子里我告诉自己，不服输，坚持、坚持、再坚持！一年后我成为区队长，第一次带86名官兵，其中69名是男兵；后又被提升为队长，带坦克连274名官兵，全部是男兵。在男兵面前，我证明了女兵的自强。

怀着少年时对艺术的憧憬和梦想，2002年春，我离开了军营，回到家准备考学，去实现自己的大学梦！那一年妹妹在上高三，弟弟在上初中，沉重的压力使父亲含泪拒绝我的考学的要求。经过我一次又一次地苦苦哀求，父亲无奈地以合同形式与我签订了"考学协议"：

条件1：上大学前，自己卖豆芽挣专业课的学费。

条件2：毕业后，承担弟弟上大学、结婚等一切费用。

那白纸、黑字、红色的手印注定了我只有这一次机会，也正是有了这份考学协议，我才有了考大学的可能。可是，要兑现这两个条件是多么不容易！北方的冬天很冷，气温降至零下十几度，但每天晚上我都要至少两次起床为豆芽浇

251

水,调控豆芽室的温度。凌晨三点,我就得起床洗豆芽,然后,骑着摩托三轮车翻山越岭赶到集市上去卖。下雨,我艰难地在泥水洼中前行;下冰雹,玻璃球大小的冰雹打在我的身上,而这个时候顾不上疼,心里唯一担心的是别把我豆芽砸坏了,这是我上大学的希望!最恼火的是,车子经常坏在半路上,推又推不动,拉也拉不走,浑身淋得落汤鸡似的我,狼狈不堪地趴在泥水洼中尝试着修车,雨水和着泪水从我的脸上不断地淌下……也是在这种情况下,我学会了修摩托车。让人意想不到的是,我辛辛苦苦给一家建筑工地送了一年豆芽,他们竟然没给钱跑掉了!我只身一人追到济宁市,三天两夜,硬是把7800元钱给追了回来。这每一张钞票上都洒满了我的泪水和汗水。当我每次攥着一大把零钱来到专业老师面前时,心里满是辛酸,可我只有强忍着把泪水往肚子里咽。

经过努力,我终于盼来了专业合格证,可此时离高考不到2个月。当我想进学校进行系统文化知识的复习时,县里所有的学校都以我没上过高中,怕影响升学率拒绝了我。在我心急如焚的时候,章丘市,一位曾是军人的校长向我伸出了援助之手,正是战友情给了我莫大的帮助。我是万分感激无法言表,那个时候我不断地告诉自己,要改变一切,今年我必须考上!

从此,我放下秤杆子,又拿起笔杆子,开始了46天高中文化知识的学习,在这46个日日夜夜里,白天我待在教室里,饿了啃两口馒头,渴了喝几口凉水;晚上寝室熄灯了,只有厕所通宵供电,于是厕所的灯成了我学习的"台灯",膝盖成了我学习的"课桌",在这中间,酸甜苦辣,喜怒哀乐知多少!当我收到吉首大学的录取通知书时,我激动得落泪了,那泪水中除了幸福激动外,还饱含着只有我自己才知道的苦涩与辛酸。

我明白这份大学生活,是多么得来之不易,我明白赚每一分学费的艰辛,所以每一件事情我都力争做到最好。我没有上过高中,文化和专业的起点比别人低,差距比别人大,我只有靠数倍于别人的努力和勤奋去弥补。每天,我总是第一个跑到琴房练琴;第一个跑到教室,上课坐在离老师最近第一排。大一、大二,我从未睡过午觉,晚上11点熄灯后,点着蜡烛再学习两个小时,才去睡觉;每次去教室、食堂我都一路小跑。双休日在图书馆一待就是一整天,直到晚上图书馆关门,才匆匆赶回宿舍。

有付出总会有回报!大学里,我连续6次获得专业一等奖学金,四次被评为"优秀学生干部",三次被评为"优秀团干";三次被军分区评为"军训优秀教官",并连续两年担任学生会主席。2004年,我被评为"湖南省特困优秀大学生",并光荣地加入中国共产党;2005年,获得"湖南省首届大学生品学奖";2006年,我获得"湖南省三好学生标兵"等,共30余项奖。

在我最苦最难的时候,我也没有感觉到孤独,因为在我的背后,总有许许多多好心人在支持着我,鼓励着我。湖南省教育厅和社会各界给了我无偿的资助,吉首大学给了我无微不至的关怀,音乐舞蹈学院给了我成长的舞台,身边的老师同学给了我无私的爱。我被这一切感动着,我要继续把这种爱传递下去。

在担任学生会主席的两年里,我把学生会的工作当成了一份责任,尽心尽力服务同学,尤其是关注贫困生,帮他们克服心理压力,走出贫困,立志成才。我参与组建了贫困生艺术团,三年来组织大小演出 30 多场,并把所有演出收入全部用于我校贫困生事业。我连续三年在学校发起了向贫困山区捐款捐物的活动,并到西部支教,义务演出,把爱和温暖送到了孩子们的手中。

感谢部队锻炼了我,虽然已经离开军营,但我从来没有忘记一个军人的职责。来到吉首后,这里的学生军训让我再一次穿上了军装。2004—2006 年,我连续三年被吉首军分区、吉首市人民武装部聘为学生军训教官。三年来,由我担任营长,承担了吉首大学和吉首市所有中学、大中专院校的学生军事训练,教他们队列动作,教他们实弹射击,教他们内务条例,教他们国防知识……

军训生活是很艰苦的,作为教官,每天从早到晚不停地工作 19 个小时,只有 30 元钱,而当时也有人请我去做音乐家教,每小时 50 元钱,对于家境贫寒的我,这是多大的诱惑啊!可我最后还是选择了带学生军训,因为我知道,虽然我穷,但我不能把金钱看得很重,重要的是,实现我人生价值的真正含义"服务他人,奉献社会"!每年,所有学校的军训任务完成要近 2 个月的时间,我毕竟是女性,有时候身体扛不住了,病了,我就悄悄跑到医院开点药,打一针,又回到训练场上,3 年来我从来没有请过一天假。喊口令喊得嗓子哑了,我就买个小口哨,用哨音来代替口令。我是学声乐的,嗓子是学声乐的根本,由于嗓子经常性的嘶哑、充血,造成声带严重损伤,这对我学声乐无疑是一个致命的打击。当我知道自己声带的情况时,我哭了,但我没有一丝的后悔。2005 年,我不顾医生的再三叮嘱,再次担负起了军训任务。到军训会操时,嗓子已经哑得说不出话了,我是用手势指挥完成的。我一生也忘不了为了踢好正步,学生们脚上磨出了血泡,也不肯离开训练场的情景,忘不了我训练的方队在经过主席台时那整齐的步伐和嘹亮的口号带给我莫大的欣慰;忘不了全连近 300 名学生同时用手势表达着"张连长,我们永远爱你!"时带给我心灵的那种震撼;更忘不了在军训结束时,学生们流着泪给我敬的最后一个军礼。这一切的一切都让我没有理由后悔。

苦难与挫折是人生的一笔财富,经历了生活的坎坷,定会倍加珍惜!定会更加坚强!

当你有了目标,有了信念,而且没有退路时,你有多大压力,就有多大动力,你的潜能就会发挥到极致,只要你有一颗坚强的心,永不服输的冲劲,永不言弃的追求,你就一定能够为你的人生谱写出一段绚丽的华章!

谢谢大家!

五、阅读材料5

钢玻璃杯的故事

一个农民,初中只读了两年,家里就没钱继续供他上学了。他辍学回家,帮父亲耕种三亩薄田。在他19岁时,父亲去世了,家庭的重担全部压在了他的肩上。他要照顾身体不好的母亲,还有一位瘫痪在床的祖母。

20世纪80年代,农田承包到户。他把一块水洼挖成池塘,想养鱼。但乡里的干部告诉他,水田不能养鱼,只能种庄稼,他只好又把水塘填平。这件事成了一个笑话,在别人的眼里,他是一个想发财但有非常愚蠢的人。

听说养鸡能赚钱,他向亲戚借了500元钱,养起了鸡。但是一场洪水后,鸡得了鸡瘟,几天内全部死光。500元对别人来说可能不算什么,对一个只靠三亩薄田生活的家庭而言,不啻天文数字。他的母亲受不了这个刺激,竟然忧郁而死。

后来,他酿过酒,捕过鱼,甚至还在石矿的悬崖上帮人打过炮眼……可都没有赚到钱。

35岁的时候,他还没有娶到媳妇。即使是离异的有孩子的女人也看不上他。因为他只有一间土屋,随时有可能在一场大雨后倒塌。娶不上老婆的男人,在农村是没有人看得起的。

但他还想搏一搏,就四处借钱买一辆手扶拖拉机。不料,上路不到半个月,这辆拖拉机就载着他冲入一条河里。他断了一条腿,成了瘸子。而那拖拉机,被人捞起来,已经支离破碎,他只能拆开它,当作废铁卖。

几乎所有的人都说他这辈子完了。

但是后来他却成了一家公司的老总,手中有两亿元的资产。现在,许多人都知道他苦难的过去和富有传奇色彩的创业经历。许多媒体采访过他,许多报告文学描述过他。

记者问他:"在苦难的日子里,你凭什么一次又一次毫不退缩?"

他坐在宽大豪华的老板台后面,喝完了手里的一杯水。然后,他把玻璃杯子握在手里,反问记者:"如果我松手,这只杯子会怎样?"

记者说:"摔在地上,碎了。"

"那我们试试看。"他说。

他手一松,杯子掉到地上发出清脆的声音,但并没有破碎,而是完好无损。他说:"即使有10个人在场,他们都会认为这只杯子必碎无疑。但是,这只杯子不是普通的玻璃杯,而是用玻璃钢制作的。"

六、阅读材料6

改变心境，勇敢面对逆境

　　曾经有悲观主义哲学家说，我们出生时之所以哇哇大哭，是因为我们预知生命必然充满苦，至于迎接新生命到来的成人之所以满心欢喜，是因为世间又多了一个人来分担他们的苦难。当然，这是消极、负面的论调，人生是苦还是乐，都是内心的感受，一切都得靠我们亲自体验，一如挫折，或许遭遇之时会让我们感到痛苦，但正因为有了它，我们才能更加坚强、勇敢。

　　从前有个悲惨的少年，10岁时母亲因病去世，由于父亲是个长途汽车司机，经常不在家，也无法提供少年正常的生活所需，因此，少年自从父母过世后，就必须自己学会洗衣、做饭，并照顾自己。然而，老天爷并没有特别关照他，当他17岁时，父亲在工作中不幸因车祸丧生，从此少年再也没有亲人了，也没有人能够依靠了。只是，噩梦还没有结束，在少年走出悲伤，开始独立养活自己时，却在一次工程事故中，失去了左腿。然而，一连串的意外与不幸，反而让少年养成了坚强的性格，他独立面对随之而来的生活不便，也学会了拐杖的使用，即使不小心跌倒，他也不愿请求别人伸手帮忙。最后，他将所有的积蓄算了算，正好足够开个养殖场，但老天爷似乎真的存心与他过不去，一场突如其来的大水，将他最后的希望都夺走了。少年终于忍无可忍了，气愤地来到神殿前，怒气冲天地责问上帝："你为什么对我这样不公平？"上帝听到责骂，现身后满脸平静地反问："喔，哪里不公平呢？"少年将他的不幸，一五一十地说给上帝听。上帝听了少年的遭遇后说："原来是这样，你的确很凄惨，那么，你干吗要活下去呢？"少年听到上帝这么嘲笑他，气得颤抖地说："我不会死的，我经历了这么多不幸的事，已经没有什么能让我感到害怕，总有一天我会靠我自己的力量，创造自己的幸福。"上帝这时转身朝向另一个方向，并温和地说："你看，这个人生前比你幸运得多，他可以说是一路顺风地走到生命的终点，不过，他最后一次的遭遇却和你一样，在那场洪水里，他失去了所有的财富，不同的是，他之后便绝望地选项择了自杀，而你却坚强地活了下来。"

　　或许，从我们出生，哭出了生命中的第一声时，我们就开始感受到，人生必定充满了泪水与艰辛，但是，也唯有这些艰难，才能突显出生命的可贵与不凡，让我们在撒手人寰的时候笑着离开。其实，许多人的命运都向这个少年一般，经历了种种痛苦与磨难，最后的结果会有所不同，因为每个人承担磨难的心境不同，唯有经过磨炼的生命，才能表现出坚强的生命力，也唯有历经风风雨雨的人，才知道生命的难得与珍贵。

七、阅读材料7

俞敏洪的一次演讲

人的生活方式有两种,第一种是像草一样活着。你尽管活着,每年还在成长,但是你毕竟是一棵草;你吸收雨露阳光,但是长不大。人们可以踩过你,人们不会因为你的痛苦而产生痛苦;人们不会因为你被踩了,而来怜悯你,因为人们本身就没看到你。所以,我们每一个人都应该像树一样成长。即使我们现在什么都不是,但是只要你有树的种子,即使被人踩到泥土中间,你依然能够吸收泥土的养分,自己成长起来。也许两年、三年你长不大,但是十年、八年、二十年,你一定能长成参天大树,当你长成参天大树以后,遥远的地方,人们就能看到你;走近你,你能给人一片绿色、一片阴凉,你能帮助别人。即使人们离开你以后,回头一看,你依然是地平线上一道美丽的风景线。树,活着是美丽的风景,死了依然是栋梁之材。活着或死了都有用,这就是我们每一个同学做人的标准和成长的标准。

当一个人为别人活着的时候,就非常麻烦。因为别人的标准是不一样的,没有坚持了自己的追求而想要的东西,你的尊严和自尊是得不到保证的,因为你总是在中间飘摇。对于我们来说,保持自己尊严和自尊的最好的方法是什么呢? 就是说你有一个梦想,通过最基本的一个步骤,你就可以开始追求。比如说最后你想取代我,成为新东方的董事长和总裁,你能不能做到? 只要你有足够的心态和足够做事情的方法,以及胸怀,肯定是能做到的。

凡是想要一下子把一件事情干成的人,就算他干成这件事情,他也没有基础,因为等于是在沙滩上造的房子,最后一定会倒塌。只有慢慢地一步一步把事情干成的,每一步都给自己打下坚实的基础,每一步都给自己一个良好的交代,再重新向未来更高去走每一步的人,他才能够把事情真正地做成功。

当你决定了一辈子干什么以后,你就要坚定不移地干下去,就不要随便地换。你可以像一条河流一样,越流越宽阔,但是千万不要再想去变成另外一条河,或者变成一座高山。有了这样一个目标以后,你生命就不会摇晃,不会因为有某种机会,你就到处乱窜,这样你才能够做出事情。

我们未来生活的一种重要能力,叫作忍辱负重的能力。很多社会名流会遇到很多很多你不能忍受的事情,但是你不得不忍受。而你不忍受就不可能成功。为什么,因为你不忍辱负重,你就没有时间,你就没有空间,没有走向未来的空间。如果你想走向未来,最后变得更加强大、更加繁荣,你就必须要给自己留下足够的时间和空间。轮到我们自己的生命,要想为一个伟大的目标而奋斗的时候,你排除也得必须排除,你生命中一切琐碎的干扰,因此你就必须忍辱负重。

不管我们是什么年龄,我们哪能做一时气不过的事情。这个世界上让你气不过的事情太多了,只有你气得过的时候,这个世界才在你面前才能展开最光辉的一面。

我有这么一个比喻,每一条河流都有自己不同的生命曲线。长江和黄河的曲线,是绝对不一样的。但是每一条河流都有自己的梦想,那就是奔向大海。所以不管黄河是多么得曲折,绕过了多少的障碍;长江拐的弯不如黄河多,但是她冲破了悬崖峭壁,用的方式是不一样的,但是最后都走到了大海。当我们遇到困难时,不管是冲过去还是绕过去,只要我们能过去就行。我希望大家能使自己的生命向梦想流过去,像长江、黄河一样流到自己梦想的尽头,进入宽阔的海洋,使自己的生命变得开阔,使自己的事业变得开阔。但是并不是你想流就能流过去,其实这里面就具备了一种精神,毫无疑问就是水的精神。我们的生命有时候会是泥沙,尽管你也跟着水一起往前流,但是由于你个性的缺陷,面对困难的退步或者说胆怯,你可能慢慢地就会像泥沙一样沉淀下去,一旦你沉淀下去,也许你不用为前进而努力了,但是你却永远见不得阳光了。你沉淀了下去,上面的泥沙就会不断地把你压住,最后你会暗无天日。所以我建议大家,不管你现在的生命是什么样的,一定要有水的精神。哪怕被污染了,也能洗净自己。像水一样,不断地积蓄自己的力量,不断地冲破障碍,当你发现时机不到的时候,把自己的厚度给积累起来,当有一天时机来临的时候,你就能够奔腾入海,成就自己的生命。

渡过难关是一种心态,你想要跨过去的话,就必然能跨过去。

很多人在工作的时候,带着怨气和怨恨在工作,你的工作就永远做不好。

如何能够把事情做得更成功的几个要点:第一要点,如何尽可能把自己的长期目标和短期目标结合起来。我们要先分清楚,哪些事情是我们想一辈子干的事情,哪些事情是一下子干完,我们就可以不用干的事情。中国有句话叫急事慢做,你越着急的事情,你做得越仔细、越认真,越能把事情做好。而你越着急的事情,做得越快反而越做得七零八落,我把这个急事也叫作大事。第二个要素就是要决定自己一辈子干什么。那么还有一个我觉得非常重要的,就是平时做事情的时候,对时间的计划性。还有一点,就是成功要自我约束。任何时候,当你前面面临一个巨大的诱惑,和其他任何可能产生诱惑的东西的时候,如果你觉得自己停不下来,你千万别去追那个东西。因为你追了那个东西停不下来,最后栽跟头的一定就是你。

千万记住一点,做任何事情的时间都是能挤出来的。

伟大与平凡的不同之处,一个平凡的人每天过着琐碎的生活,但是他把琐碎堆砌出来,还是一堆琐碎的生命。所谓伟大的人,是把一堆琐碎的事情,通过一个伟大的目标,每天积累起来以后,变成一个伟大的事业。

我的核心价值观就是,以善为生,用善良的心态来对待自己的生命和别人的生命。

有两句话我是比较欣赏的。生命是一种过程;事业是一种结果。

我们每一个人是活在每一天的,假如说你每一天不高兴,你把所有的每一天都组合起来,就是你一辈子不高兴。但是假如你每一天都高兴了,其实你一辈子就是幸福快乐的。有一次,我在往黄河边上走的时候,我就用矿泉水瓶灌了一瓶水。大家知道黄河水特别得浑,后来我就放在路边,大概有一个小时左右。我非常吃惊地发现,四分之三已经变成了非常清澈的一瓶水,而只有四分之一呢,是沉淀下来的泥沙。假如说我们把这瓶水,清水部分比喻我们的幸福和快乐,而把浑浊的、沉淀的泥沙,比喻我们痛苦的话,你就明白了;当你摇晃一下以后,你的生命中整个充满的是浑浊,也就是充满的都是痛苦和烦恼。但是当你把心静下来以后,尽管泥沙总的分量一点都没有减少,但是它沉淀在你的心中,因为你的心比较沉静,所以就再也不会被搅和起来,因此你生命的四分之三,就一定是幸福和快乐的。

人的生命道路其实很不平坦,靠你一个人是绝对走不完的,这个世界上只有你跟别人在一起,为了同一个目标一起做事情的时候,才能把这件事情做成。一个人的力量很有限,但是一群人的力量是无限的。当五个手指头伸出来的时候,它是五个手指头,但是当你把五个手指头握起来的时候,它是一个拳头。未来除了是你自己成功,一定要跟别人一起成功,跟别人团结在一起,形成"我们",你才能把事情做成功。

【推荐书目】

(1)《这里的黎明静悄悄》

(2)《小妇人》

(3)《牛虻》

(4)《基度山伯爵》

(5)《呼啸山庄》

(6)《简·爱》

(7)《巴黎圣母院》

(8)《泰戈尔诗选》

(9)《老人与海》

(10)《热爱生命》

课后训练与思考

1.大学生活中,如何采取有效的方式提升自身的幸福感?

2.对着镜子看看自己,说说自己身上的优点和自己受欢迎之处。

3.在大学校园中开展生命教育的重要意义。

4.通过阅读本章的相关案例及阅读材料,试想一下,有的主人公多重灾难集于一身依然能顽强地战胜困难,活得神采飞扬,假如你在生活中遇到困难,该如何面对?

参考文献

[1] 包陶迅.现代生活与心理健康[M].沈阳:辽宁教育出版社,2011.

[2] 边玉芳.心理健康[M].上海:华东师范大学出版社,2006.

[3] 陈鹏.大学生心理健康理论[M].北京:北京大学出版社,2009.

[4] 陈祎鸿.大学生心理健康与自我调适[M].兰州:兰州大学出版社,2009.

[5] 段鑫星,程婧.大学生心理危机干预[M].北京:科学出版社,2006.

[6] 段鑫星,赵玲.大学生心理健康教育[M]北京:科学出版社,2003.

[7] 樊富珉.大学生心理素质教程[M].北京:北京出版社,2002.

[8] 方州.心理魔法课堂[M]北京:中国华侨出版社,2002.

[9] 孤草.逆境心理学[M].北京:大众文艺出版社,2001.

[10] 郭丽.大学生人际交往心理个案咨询[M].广州:华南理工大学出版社,1999.

[11] 侯丽萍,张慧全.大学生心理健康与心理素质训练——适应·发展·幸福·成才[M].长春:东北师范大学出版社,2011.

[12] 胡礼祥.成功跨越:从中学到大学[M].杭州:浙江人民出版社,2006.

[13] 胡卫东.人际关系心理学[M].沈阳:辽宁大学出版社,1995.

[14] 黄希庭.心理学与人生[M].广州:暨南大学出版社,2005.

[15] 黄希庭,郑涌.大学生心理健康与咨询[M].北京:高等教育出版社,2000.

[16] 李素梅.心理健康与大学生活[M].武汉:华中科技大学出版社,2011.

[17] 李媛.心理健康与创新能力[M].成都:电子科技大学出版社,2008.

[18] 蔺桂瑞,样芷英.大学生心理健康与人生发展[M].北京:高等教育出版社,2010.

[19] 刘晓哲,严玲.大学生健康心理学[M].北京:北京师范大学出版社,2011.

[20] 马建青,王晓刚.高校班级心理委员培训教程[M]杭州:杭州出版社,2010.

[21] 梅萍等.当代大学生生命价值观教育研究[M].北京:中国社会科学出版社,2009.

[22] 莫雷,卢秀安等.心理学[M]广州:广东高等教育出版社,2000.

[23] 聂振伟.大学生心理健康教育[M].大连:辽宁师范大学出版社,2005.

[24] 欧阳辉.选择改变人生[M].沈阳:沈阳出版社,2007.

[25] 欧阳辉.应用社会心理学[M].北京:中国广播电视出版社,2004.

[26] 欧阳辉,张澜,闫华.大学生心理健康教育与咨询[M].沈阳:沈阳出版社,2005.

［27］邵璀菊,唐建忠,韩云萍.新编大学生心理健康教育［M］.北京:原子能出版社,2009.

［28］石咏琦.放开自己——有效时间管理法则［M］.北京:北京大学出版社,2006.

［29］陶国富,王祥兴.大学生社会心理［M］.上海:华东理工大学出版社,2005.

［30］汪丽华.从心到灵的生命守护［M］.北京:中国广播电视出版社,2011.

［31］王剑,王和平.大学生心理健康教育——呵护心灵 健康成长［M］.长春:吉林大学出版社,2011.

［32］王群.大学生心理健康教育［M］.上海:复旦大学出版社,2005.

［33］王晓刚.大学生心理健康［M］.北京:清华大学出版社,2008.

［34］王志峰.大学生心理健康与人生规划［M］.北京:中央编译出版社,2011.

［35］吴薇莉,陈秋燕.心理素质教育与训练［M］.成都:四川科学技术出版社,2005.

［36］夏国新.新编实用管理心理学［M］.北京:中央民族大学出版社,1999.

［37］向群英,唐雪梅,赖芳.大学生心理素质教育与训练［M］.北京:科学出版社,2010.

［38］闫华,张澜,欧阳辉.当代大学生心理健康教育——认知与训练［M］.长春:吉林人民出版社,2010.

［39］杨艳玲.大学新生学习适应研究［M］.郑州:河南大学出版社,2005.

［40］叶松华.大学生生命教育［M］.杭州:浙江大学出版社,2011.

［41］叶星,吴建斌.心理健康指导［M］.杭州:浙江科学技术出版社,2011.

［42］吁影录.大学生心理健康教育［M］.沈阳:辽宁大学出版社,2008.

［43］张春兴.现代心理学［M］.上海:上海人民出版社,1994.

［44］张厚粲.大学心理学［M］.北京:北京师范大学出版社,2001.

［45］张泽玲.当代大学生心理素质教育与训练［M］.北京:机械工业出版社,2004.

［46］张志光.社会心理学［M］.北京:人民教育出版社,1996.

［47］赵文杰.大学生心理卫生［M］.上海:复旦大学出版社,2004.

［48］周蓓,周红玲.大学生心理健康——案例教程［M］.北京:人民邮电出版社,2009.

［49］周晓虹.现代社会心理学［M］.上海:上海人民出版社,1997.

［50］佐斌.大学生心理发展［M］.北京:高等教育出版社,2004.

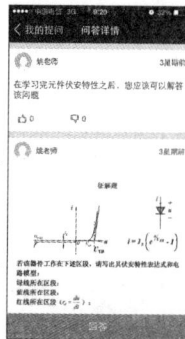
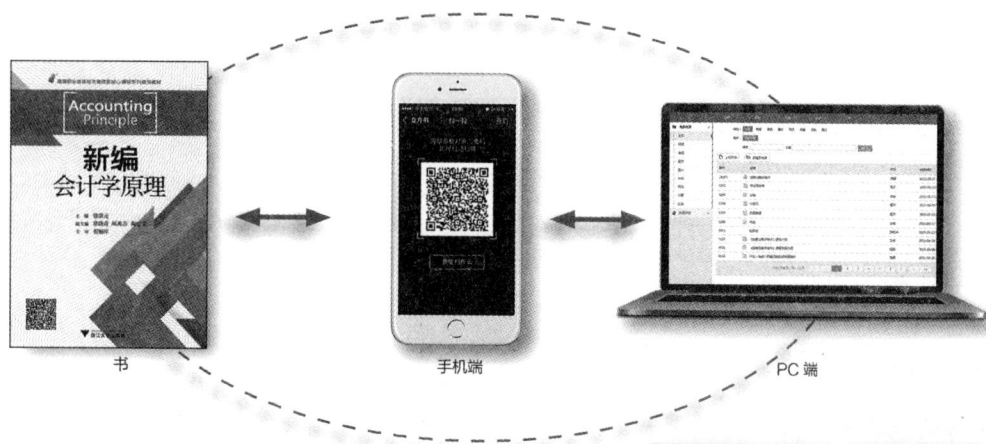